PAGINATION MULTIPLE

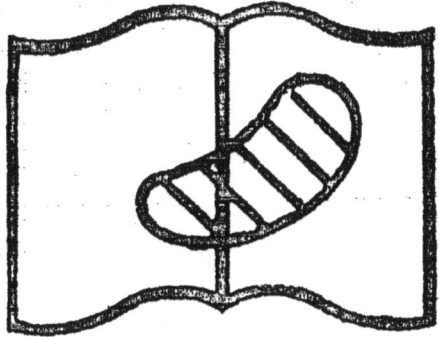

Illisibilité partielle

VALABLE POUR TOUT OU PARTIE
DU DOCUMENT REPRODUIT

ESSAI

SUR

L'HISTOIRE DE LA COSMOGRAPHIE

ET DE LA CARTOGRAPHIE

PENDANT LE MOYEN-AGE.

ESSAI

SUR L'HISTOIRE

DE LA COSMOGRAPHIE

ET DE LA CARTOGRAPHIE

PENDANT LE MOYEN-AGE,

ET SUR LES

PROGRÈS DE LA GÉOGRAPHIE

APRÈS LES GRANDES DÉCOUVERTES DU XV° SIÈCLE,

POUR SERVIR D'INTRODUCTION ET D'EXPLICATION A L'ATLAS COMPOSÉ DE MAPPEMONDES
ET DE PORTULANS, ET D'AUTRES MONUMENTS GÉOGRAPHIQUES, DEPUIS
LE VI° SIÈCLE DE NOTRE ÈRE JUSQU'AU XVII°.

PAR

LE VICOMTE DE SANTAREM

DES ACADÉMIES DES SCIENCES DE LISBONNE, DE BERLIN, DE L'INSTITUT
DE FRANCE, DES SOCIÉTÉS DE GÉOGRAPHIE DE BERLIN, FRANCFORT,
LONDRES, PARIS, ET DE SAINT-PÉTERSBOURG, ETC.

TOME PREMIER.

PARIS

IMPRIMERIE MAULDE ET RENOU

RUE BAILLEUL, 9-11.

1849

TABLE

DES MATIÈRES

CONTENUES DANS LE PREMIER VOLUME.

———————

PREMIÈRE PARTIE.

Des cosmographes du moyen-âge, de leurs systèmes; des connaissances géographiques des savants de l'Europe, pendant
la même époque, relativement à la forme de la terre, et de
ses divisions; de leurs théories des zones habitables et inhabitables, et de la configuration qu'ils donnaient à l'Afrique
avant les grandes découvertes des Portugais au XVe siècle. p.   1

Ve SIÈCLE.

VIe SIÈCLE.

VIIe ET VIIIe SIÈCLES.

a

IX⁰ SIÈCLE.

X⁰ SIÈCLE.

XI⁰ SIÈCLE.

XII⁰ SIÈCLE.

XIII⁰ SIÈCLE.

XIV⁰ SIÈCLE.

XV⁰ SIÈCLE.

DEUXIÈME PARTIE.

INTRODUCTION

La géographie est de toutes les sciences celle qui fait le mieux voir par quelle route longue et pénible l'esprit humain sortit des ténèbres de l'incertitude, et parvint à des connaissances étendues et positives (1).

Et en effet, le lecteur verra, dans cet ouvrage, que la connaissance du globe que nous habitons est restée à peu près la même chez les Européens pendant l'espace de dix siècles. Les savants de l'Europe, les hommes les plus éminents depuis la chute de l'empire Romain, au Ve siècle, jusqu'aux grandes découvertes des Portugais, ne firent que suivre servilement les doctrines des anciens.

Quelques géographes du moyen-âge, pour imiter en tout les anciens, composèrent des poèmes

(1) Murray, *Histoire des Voyages en Afrique*, t. I.

géographiques, comme le témoigne le poëme géographique composé au VIII° siècle et aujourd'hui conservé à la bibliothèque de Paris, ainsi que les manuscrits de l'*Image du Monde*, d'Omons, les poëmes attribués à Gauthier de Metz, la géographie de Berlinghieri et d'autres. Ils imitèrent Denis le *Périégète*, Aviénus, Priscien, Scymnus de Chio, et d'autres géographes anciens. Aussi, un auteur a eu raison de dire que l'astronomie avait fait plus de progrès que la géographie, et qu'on connaissait mieux le ciel que la terre.

D'une part, la monotonie des ouvrages du moyen-âge, les difficultés qu'offrait la lecture de plusieurs manuscrits de cette longue période de l'histoire, dans lesquels se trouvent éparses quelques rares notions géographiques ; de l'autre part la patience qu'il fallait pour examiner, pour étudier sous ce point de vue les maigres chroniques de cette époque, ou les grands ouvrages consacrés à la théologie et aux sciences ecclésiastiques qui renferment parfois des renseignements géographiques (1); enfin à toutes ces difficultés, faites

(1) Lorsqu'on parcourt la Bibliothèque de Fabricius, renfermant le catalogue des auteurs du moyen-âge; lorsque l'on consulte celle d'Eccard, sur le même sujet; celles d'Oáin, de Meusel, de Schœl et autres bibliographes, on reconnaît que la plupart des auteurs de cette période historique ne renferment que des matières ecclésiastiques. Le nombre

pour décourager le zèle le plus ardent, ajoutons encore la direction unique des esprits qui, dès l'époque de la restauration des sciences au XVe siècle, se portèrent sur l'étude exclusive de l'antiquité classique : telles furent les causes auxquelles nous devons attribuer le silence gardé sur les connaissances cosmographiques et sur la cartographie du moyen-âge, par tous ceux qui se sont occupés des sciences géographiques après le grand siècle.

Les différents éditeurs des éditions nombreuses de Ptolémée, publiées depuis la fin du XVe siècle jusqu'à la moitié du XVIIe, ont pris le soin dans les dissertations ajoutées à quelques uns de ces travaux, de mentionner les progrès des découvertes maritimes, mais ils n'en ont pas moins laissé subsister la même lacune.

Ortélius, Bernard Varenius, Gronovius, Cluverius (1) Bertius, d'Anville, Mannert, Gosselin, Ren-

___

des annalistes, des historiens, et notamment des géographes, est si peu considérable, qu'on trouvera à peine un auteur sur cent où l'on puisse recueillir quelques notions touchant la cosmographie et la géographie ; et lorsque parfois on y découvre quelques données, celles-ci se trouvent tellement noyées dans la multitude des matières différentes, que c'est un travail des plus pénibles de les extraire et de leur donner une forme systématique.

(1) Philippe Cluverius Introductionis in universam Geographiam tam veterem quam novam, lib. VI, Tabulis æneis illustrati. Accessit P. Bertii, *Breviarium orbis Terrarum*, Amsterdam, 1661, Elzevir.

nell, ne se sont occupés que de la géographie des anciens ou des modernes; Mentelle a fait de même (1).

Sanson, dans son *Introduction à la Géographie*, publiée en 1681, ne dit pas non plus un seul mot des systèmes cosmographiques du moyen-âge, ni des cartes de cette époque.

De même, le célèbre géographe *Delisle* ne nous a rien laissé sur la partie de la science qui fait le sujet de notre ouvrage.

Ce savant géographe a eu le dessein de publier une introduction à la géographie dans laquelle il promettait de donner les raisons des changements qu'il avait faits dans ses cartes; mais il ne l'a point exécuté. Dans les Mémoires de l'Académie des Sciences, et dans le Journal des Savants de l'année 1700, on rencontre quelques Mémoires sur ce sujet; mais on n'y trouve rien qui ait trait à la cosmographie et aux cartes du moyen-âge.

Brusen de La Martinière, dans son *Essai sur l'origine et les progrès de la Géographie*, publié en 1722, s'est borné à parler de la mappemonde de Charlemagne, et il ajoute que, depuis la fin du V° siècle, il faut descendre jusqu'au XII° siècle, où

---

(1) Mentelle publia seize volumes in 8° de sa *Géographie Mathématique* faite en commun avec Malte-Brun.

vivaient *Eusthate* et *Édrisi*, pour trouver des géographes. Et, en effet, il consacra quelques lignes à certains géographes orientaux. Dans cet écrit, qui contient cinquante pages, il expose les systèmes cosmographiques des anciens; mais il ne dit pas un mot des systèmes cosmographiques du moyen-âge (1).

L'Ecossais *Gutherie*, dont l'ouvrage géographique fut favorisé d'une telle vogue, qu'en France seulement il eut les honneurs de quatre traductions, a, suivi, dans son introduction, le cours de l'histoire jusqu'à l'invasion des Barbares au V siècle; mais lorsqu'il arrive au moyen-âge, il se borne à des détails concernant plutôt l'histoire du commerce, et ne donne aucune lumière sur l'état des connaissances cosmographiques et des cartes.

Busching qui, suivant un auteur, est un des créateurs de la géographie moderne, ne s'est pas occupé non plus, malgré ses immenses connais-

---

(1) L'écrit géographique de La Martinière a été publié dans le t. II des *Mémoires Historiques et Critiques* du mois d'octobre 1722, publiés à Amsterdam.

Le titre exact de cette production est le suivant :

Essai sur l'origine et les progrès de la Géographie, jusqu'à la découverte de l'Amérique, avec des remarques sur les principaux Géographes grecs et latins, adressé à MM. les Membres de l'Académie royale d'Histoire de Lisbonne.

sances et ses grandes recherches, du sujet que nous traitons dans cet ouvrage (1).

Pinkerton s'est appliqué spécialement à la géographie moderne (2) et à celle des voyages (3). Les Recherches du même géographe sur l'origine et les divers établissements des Scythes ou Goths (4), ne sont point venues combler la lacune que nous avons signalée.

L'abbé de Gourné, dans son Introduction à la géographie ancienne et moderne, publiée à Paris en 1741, ne donne pas non plus une histoire de l'état des connaissances cosmographiques et cartographiques pendant le moyen-âge. Dans la préface, qui occupe 98 pages, et qui a pour titre : *Essai sur l'Histoire de la Géographie*, il traite ex-

---

(1) Voyez le recueil de Büsching, intitulé : *Magasin pour l'Histoire et la Géographie des temps modernes*, en 22 vol. in-4°, 1767-1788. — Voyez aussi un journal spécialement consacré à l'annonce et à la critique des cartes géographiques (*Notices hebdomadaires*. Berlin, 1773 à 1787).

(2) Voyez Pinkerton et la traduction française annotée par M. Walckenaer et Eyriès. Le chapitre 1er, qui est consacré à la géographie historique, ne parle cependant que de la géographie ancienne et moderne, et point de celle du moyen-âge.

(3) Voyez Supplement containing retrospective views of the origin, progress of discoveries by sea and land, in ancient, modern, and most recent times, catalogue of the books of voyages and travels, general index; 1 vol. L'ouvrage entier en 17 volumes renferme des extraits des meilleures relations écrites dans toutes les langues de l'Europe depuis le moyen-âge jusqu'à présent.

(4) Paris, 1804, in 8°.

clusivement des auteurs de l'antiquité ; et lorsqu'il arrive à parler du moyen-âge, il cite à peine deux écrivains de cette époque, Edrisi, géographe arabe (1), Nicolas d'Oresme (2), et Oronce Phinée, qui vécut au XVIe siècle.

Robert de Vaugondy publia, en 1755, un *Essai sur l'Histoire de la Géographie*. Il consacre à la géographie du moyen-âge, à peine huit pages dont cinq sont relatives aux géographes arabes et les trois autres à reproduire ce que l'abbé Lebeuf avait écrit sur la mappemonde des chroniques de Saint-Denis et sur Nicolas d'Oresme, et il se borne à mentionner simplement la traduction des livres cosmographiques d'Aristote, exécutée par cet auteur. Les cartes de Berlinghieri, publiées en 1470, dont il parle, n'appartiennent pas à la cartographie du moyen-âge. Ainsi, dans l'ouvrage de Vaugondy, on ne rencontre rien sur les divers systèmes cosmographiques adoptés ou suivis pendant le moyen-âge, ni sur la cartographie générale de cette époque.

Sprengel, dans son *Essai d'une histoire de la géographie*, publié en 1792, consacra près de trois cents pages à la géographie du moyen-âge; mais

(1) Voyez dans ce volume p. 329.
(2) Voyez ce que nous disons de ce cosmographe, p. 137 et 192.

il n'a point traité des systèmes cosmographiques et des cartes de la même époque.

Après lui, Graber publia, en 1802, un long mémoire sur la géographie de la même époque; mais on n'y rencontre pas non plus des notions sur les systèmes cosmographiques.

Playfair, dans son ouvrage intitulé : *A System of Geography*, publié en 1808, consacra quelques pages à la géographie du moyen âge, et reproduisit trois représentations graphiques de cette époque, dont nous parlons ailleurs. Dans son introduction, qu'il intitule : *Histoire de l'origine et des progrès de la Géographie*, dissertation qui fournit 192 pages in-4°, vingt seulement sont consacrées à l'ensemble de la géographie du moyen-âge. La majeure partie de ce nombre est relative aux Arabes et aux voyages en Tartarie. Ce savant géographe mentionne quelques monuments cartographiques, savoir : les mappemondes de Saint-Gall et de Charlemagne, celles de Turin et du manuscrit de Mathieu Paris, conservé au Musée Britannique. Il parle aussi des cartes topographiques de l'Angleterre, d'après Gough, et de celle d'Hereford, dont cet auteur a donné une portion. Il parle également de celle du X* siècle, donnée par Strutt; enfin, de celles de Sanuto, de Ranulphus Hydgen, de Fra Mauro et du globe de Behaim de 1492. Il mentionne en tout onze monuments géographiques, et il renferme tous les détails sur ces cartes en deux pages, tandis que dans le premier volume de notre ouvrage, nous consacrons plus de deux cents pages à l'analyse générale des cartes dressées pendant cette période historique, et deux volumes aux analyses spéciales des mêmes monuments.

Schœll, dans son Histoire de la Littérature romaine, consacre à peine dix-huit pages à la géographie depuis la mort d'Adrien, c'est à-dire depuis l'année 117 après l'ère chrétienne, jusqu'au commencement du VI⁰ siècle, et de ces dix-huit pages, il faut retrancher encore la partie qui appartient à l'histoire de la géographie ancienne, de manière que la portion consacrée aux premiers siècles du moyen-âge n'occupe pas plus de quatre pages.

Le docteur Leyden et Murray, dans leur *Histoire complète des découvertes en Afrique*, traitent, il est vrai, des essais de géographie systématique que les anciens nous ont laissés relativement à l'Afrique; mais ils ne parlent point des travaux analogues du moyen-âge. Ce qui concerne cette partie du globe est renfermé dans le chapitre V de leur ouvrage, chapitre consacré tout entier aux voyages et aux découvertes des Arabes dans cette vaste contrée, et nullement à leurs connaissances cosmographiques.

Hugh Murray s'est aussi occupé de la géographie du moyen-âge dans son excellent ouvrage intitulé : *An Encyclopedia of Geography*, publié en 1834 ; mais il y consacre à peine six pages à la géographie de cette époque.

Quelques mots suffiront pour prouver combien notre ouvrage diffère de celui du savant géographe que nous venons de nommer. La plus grande portion des six pages est consacrée à la géographie des Arabes ; il cite, en dix lignes, les noms des géographes de cette nation, et se borne à indiquer qu'ils ont cultivé les mathématiques et l'astronomie ; ensuite il donne une notice résumée des explorations de ce peuple, et du système cosmographique d'Édrisi ; mais il ne produit pas les différents systèmes de Kasouiny, d'Ibn-Wardy et autres. Enfin, toute la géographie, la cosmographie et les explorations des Arabes y sont renfermées dans deux pages.

La partie relative aux connaissances des géographes occidentaux, pendant le moyen-âge, se trouve renfermée en quatre pages. L'auteur y résume certaines données historiques sur les missions qui propagèrent le christianisme dans le nord de l'Europe, sur les voyages en Tartarie et sur les explorations de Marco Polo.

Dans ce livre, d'une incontestable utilité, on ne rencontre cependant pas l'exposition des théories et des systèmes cosmographiques et cartographiques suivis pendant les dix siècles du moyen-âge.

Cet auteur a reproduit néanmoins trois monuments cartographiques du moyen-âge, mais plus réduits encore que les reproductions de ses devanciers. Ces trois monuments sont : la mappemonde d'Édrisi, donnée antérieurement par le docteur Vincent, et celles de Sanuto et de Fra Mauro, qui avaient été publiées par Bongars en 1611 et par Zurla en 1818.

Nous ferons remarquer que si la mappemonde d'Édrisi, reproduite par ce savant, ne représent pas tous les systèmes de la cosmographie et de la cartographie arabe, de même les mappemondes de Sanuto et de Fra Maurone représentent pas non plus tous les systèmes cosmographiques suivis ou adoptés pendant les dix siècles du moyen-âge.

Ainsi, la mappemonde de Fra Mauro, telle

qu'elle a été reproduite par Zurla, et après lui par M. Murray et Julius Lowenberg, dépouillée de ses nombreuses légendes, ne donne pas la moindre idée de la grande importance géographique de ce précieux monument.

Malte-Brun est, après Sprengel, celui qui donne le plus de notions sur la géographie du moyen-âge, dans le tome Ier de son Précis de l'Histoire de la Géographie ; mais ce savant n'afait qu'indiquer les différents voyages entrepris pendant cette période ; il n'a nullement constaté l'état de la science cosmographique et cartographique dans les différentes époques du moyen-âge (1). Le livre XVIe de son grand ouvrage est consacré à une certaine partie du moyen-âge, à savoir de l'année 700 à 1400 ; il commence par dire qu'on ne peut fixer les détails à une époque où la science géographique avait presque disparu sous les ruines du monde ; il donne ensuite quelques lignes à Cosmas, à Moyse de Chorène, à Jornandès, à Paul Diacre et au géographe de Ra-

---

(1) Il cite le voyage de Eino en Palestine, ceux de S. Boniface, pour les peuples qui confinaient à l'orient avec le royaume des Francs ; de Ditmar, pour la description des Polonais et de la Sibérie ; d'Othon, évêque de Bamberg, à l'île de Rugen dans la Baltique ; d'Adam de Brême, et de Giraldus Cambrensis qui, sous Henri II, écrivit une description du pays de Galles et un tableau de l'Irlande rempli de fables.

venne (1): puis il ajoute quelques détails sur la
mappemonde de la bibliothèque de Turin (2),
qui, selon Sprengel, peut servir à l'explication
du géographe de Ravenne. De sorte que toute
la géographie et la cartographie du moyen-âge,
dont il est question dans le livre, de Malte-Brun,
renfermant l'espace de huit siècles, n'occupe que
cinq pages : le reste du livre, que nous venons
de citer, est consacré aux connaissances des
Arabes. Malte-Brun analyse en huit pages tous
les travaux spéciaux des principaux géographes
arabe (3).

Il est vrai qu'il reprend ailleurs la géographie
du moyen-âge, mais nullement pour parler de
cosmographie ; il fait mention du voyage des
frères *Zeni* au nord de l'Europe (4), et des notions sur le nord de ce continent laissées
par Alfred Le Grand. Enfin, dans le livre XIX,

(1) Malte-Brun a consacré une page seulement à la cosmographie de
Cosmas, six lignes à l'œuvre géographique attribuée à Moyse de Chorène ; à Jornandès et à Paul Diacre, à peine quelques lignes ; au géographe de Ravenne, douze lignes ; et en huit lignes il cite les voyages
en Terre-Sainte d'Adman, Willibald au VIIIᵉ siècle ; du moine Bernard
à Contantinople, au IXᵉ siècle, par Hayton.

(2) Voyez cette mappemonde dans notre Atlas.

(3) Il a omis Istachry, Albeyrouny, Ibn-Saïd, Kasuiny, Bekri, Bena-
caty, et autres dont nous parlons dans cet ouvrage.

(4) Voyez Malte-Brun, liv. XVIII.

il passe rapidement en revue les voyages dans le midi de l'Europe depuis le XI° siècle jusqu'à 1400 (XV° siècle). Il consacre quelques lignes à Dicuil, au Doomsdaybook, et il revient ensuite aux conquêtes des Arabes et des Turcs, à l'histoire des Mongols aux XI° et XIV° siècles, et aux voyages en Tartarie.

Malte-Brun, tout en faisant des rapprochements historiques avec ces voyages, consacre à peine six pages et demie à toutes ces relations.

Nous sommes entrés dans ces détails pour montrer que Malte-Brun, tout en étant un des géographes modernes qui a le plus parlé de la géographie pendant le moyen-âge, ne nous a laissé, dans son ouvrage, aucune notion sur l'histoire des connaissances des cosmographes de cette époque, et de leurs systèmes. Nous montrerons ailleurs ce qu'il savait relativement à la cartographie de la même époque.

Après Malte-Brun, le savant géographe anglais, Desborough Cooley, consacra aussi quelques chapitres de son Histoire générale des Voyages à la géographie du moyen-âge.

Mais dans ce livre d'un grand intérêt et d'une lecture très attrayante, nous ne rencontrons rien non plus au sujet de la cosmographie et de la géographie systématique du moyen-âge (1). A peine est-il question, en peu de lignes, du système de Cosmas.

En 1840, M. Julius de Lowenberg publia, à Berlin, en allemand, une Histoire de la géographie en un volume in-8° : il y consacra douze pages à la géographie des Occidentaux pendant le moyen-âge, et vingt-six à celle des Arabes. Il mentionne, comme Malte-Brun, son devancier, les voyages effectués pendant cette période. Dans une des tables qu'il joint à la fin de son livre, il donne la liste chronologique des voyageurs du moyen-âge, jusqu'à celui de Magellan, en 1522.

En ce qui concerne les cosmographes occidentaux, il consacre plusieurs lignes au système de Cosmas. Il mentionne de nouveau les mappemondes de Saint-Gall, de Charlemagne, et de Turin ; enfin, il parle du planisphère renfermé dans la chronique rimée d'Angleterre d'Harding, du commencement du XVe siècle. Il consacre quelques

(1) Le livre II, du tome 1er est consacré à la géographie des Arabes, ou plutôt à leurs voyages.

Le livre III ne traite que des progrès de la géographie pendant le moyen-âge; il renferme les découvertes des Normands; les voyages des Frères Mineurs en Tartarie, et ceux de Marco Polo, d'Odéric de Partenau, de Mandeville, de Pegoletti, et de Clavijo.

lignes à la mappemonde d'Edrisi, donnée par le docteur Vincent, et aux idées cosmographiques renfermées dans le *Koran* et dans le *Souna*.

Nous avons donc pensé qu'il ne serait pas sans utilité pour la science de remplir cette lacune; et nous avons entrepris la tâche de composer ce livre. Si notre travail ne satisfait pas entièrement à toutes les conditions d'un Essai de l'histoire d'une partie de la science, il offrira du moins une grande collection de matériaux, dont plusieurs sont tirés de manuscrits et d'ouvrages rares, et dont les savants n'ont jamais fait usage.

Dans le cours de nos études géographiques, nous avons souvent cherché à connaître quelles étaient la géographie systématique et les connaissances cosmographiques du moyen-âge; et dans 380 ouvrages sur la cosmographie, publiés depuis le commencement du XVIᵉ siècle (1), nous n'avons pu trouver la moindre notion satisfaisante à ce sujet.

Dans l'ouvrage encyclopédique de Zara, l'un des hommes les plus instruits du XVIIᵉ siècle, on ne lit rien relativement à la cosmographie et à

---

(1) Le lecteur rencontrera à la fin du dernier volume de cet ouvrage une relation chronologique des ouvrages cosmographiques publiés depuis le commencement du XIVᵉ siècle.

la géographie du moyen-âge. Il cite à peine
Orose et Sanuto. Il est vrai que, dans l'ouvrage
remarquable de ce savant (1), l'on rencontre
bien un chapitre consacré à la cosmographie
et à l'hydrographie (2), mais l'auteur s'est borné
à l'indication des principes et des parties dont se
compose cette science.

Le lecteur trouvera déjà dans ce premier
volume les systèmes cosmographiques de plus de
cent auteurs du moyen-âge, c'est-à-dire des époques antérieures aux grandes découvertes.

Quelques auteurs modernes, qui ont maintenant sous les yeux les relations des voyages en
Orient de Marco Polo et des Frères Mineurs,
enfin les récits géographiques que les Arabes
nous ont laissés de leurs voyages pendant le
moyen-âge, penseront peut-être, en voyant l'i-
gnorance des cosmographes et des cartographes
de cette époque, que ni les uns ni les autres
ne représentent l'état de la science aux époques
dont il s'agit, mais seulement l'état de leur sa-

---

(1) L'ouvrage de Zara a pour titre : *Anatomia ingeniorum et scien-
tiarum sectionibus quatuor comprehensa.* — Venise, 1615.

Cet ouvrage est devenu très rare (Voyez Vogt, cat. lib. Rarior.)
Nous en avons trouvé un exemplaire à la bibliothèque de Paris.

(2) Zara, — ouvrage cité pag. 235.

voir individuel. Nous nous permettrons de faire observer, en voyant tous les auteurs, les hommes les plus éminents, et tous les cosmographes, soutenir les mêmes doctrines et donner dans leurs traités de géographie les mêmes notions, qu'il n'est pas permis d'avancer ou deprétendre que c'est le produit isolé de leurs connaissances individuelles, et non pas l'état de la science qu'on trouve dans leurs livres.

Nous ajouterons, à ce qui précède une autre observation : un ou plusieurs individus peuvent bien faire de grandes découvertes; mais si ces richesses demeurent ignorées du public, elles ne sauraient être considérées comme réellement acquises à la science tant qu'elles ne se généralisent pas et qu'elles ne deviennent par conséquent l'objet de l'enseignement et le patrimoine tous. C'est en effet ce qui arriva aux relations de de Marco Polo, à celles des voyageurs en Tartarie, des XIIIe et XIVe siècles, et à d'autres encore ; et bien que Plan-Carpin nous apprenne qu'il a laissé prendre copie de sa relation en Pologne, en Belgique, en Allemagne et à Liége (1), les Patriarches de la science n'en con-

---

(1) Voyez Mémoires de la Société de Géographie, t IV, Introduction, par M. d'Avezac, p. 49.

tinuèrent pas moins à suivre les mêmes idées
systématiques, se bornant, dans leurs ouvrages,
à reproduire sans critique les notions acquises
par l'antiquité ou transmises par les auteurs
ecclésiastiques des premiers siècles de l'église.
Malgré tout l'empressement avec lequel on ac-
cueillait alors les récits des voyageurs, ces récits
étaient considérés comme des romans, comme
des choses entièrement fabuleuses; ils n'exer-
çaient aucune influence directe ni sur les bases
fondamentales de la science, ni sur la connaissance générale de notre globe, ni sur celle des
pays lointains. On peut dire du reste que le mot
mirabilia du moyen-âge est assez significatif; ce
mot nous dispense de nous arrêter davantage à
démontrer que les récits auxquels on donnait ce
nom ne changeaient en rien les connaissances systématiques des savants et par conséquent l'état de
la science.

Il est permis aujourd'hui de faire l'histoire de la
géographie du moyen-âge en traçant des tableaux
animés et pleins d'intérêt, en reprenant les récits
des voyageurs des époques passées dont on a recueilli les relations dans les temps modernes seulement, et en les rapprochant des faits de l'histoire contemporaine, enfin en donnant à cet en-

semble le nom et la forme d'une histoire de la géographie au moyen-âge. Mais est-ce là l'état de la science à ces époques? Est-ce là ce que savaient et ce que connaissaient généralement du globe que nous habitons les géographes et les savants du moyen-âge? Nous ne le pensons pas. L'état vrai de la science et des connaissances générales se trouve tout entier dans les ouvrages des cosmographes, dans les historiens et dans les cartes dressées pendant cette longue période historique.

Maintenant nous dirons ici quelques mots sur le plan que nous avons suivi relativement à l'exposition des doctrines des cosmographes du moyen-âge, depuis la chute de l'empire romain au V° siècle jusqu'aux découvertes des Portugais au XV° siècle, matière qui fait le sujet de la première partie de notre ouvrage.

Nous avons suivi, autant que nous l'avons pu, la méthode adoptée par Delambre dans son Histoire de l'Astronomie au moyen-âge, en reproduisant des extraits des auteurs; nous avons même fait plus, nous avons donné souvent les textes en entier. Le savant astronome avait consacré un chapitre à chaque auteur; nous avons classé les cosmographes par ordre chronologique

et par siècles, et nous avons aussi, comme Delambre, consacré un article à chaque cosmographe; cette marche nous a semblé non-seulement
plus méthodique, mais encore plus propre à
mettre en lumière l'état de la science dans chaque siècle.

Nous plaçons aussi en tête de chaque période historique une préface, de manière que la deuxième
partie serve d'introduction spéciale à celle qui renferme les articles concernant chaque cartographe
et sa représentation graphique ou le monument
géographique qu'il a tracé.

Nous nous sommes toujours reporté aux
sources originales, en vérifiant avec soin les citations. Les notes et additions que nous rejetons à
la fin contiennent des discussions et des notices
étendues dont quelques unes ont beaucoup d'importance. Les nombreuses citations et surtout la
table méthodique et raisonnée des matières que
nous plaçons à la fin de chaque volume, mettront
le lecteur à même de connaître les ouvrages qui
peuvent lui servir dans ses propres recherches
sur les sujets que nous traitons.

En ce qui concerne les cosmographes, nous
n'avons fait que produire les vues générales et
les systèmes particuliers, sans nou sengager dans

des discussions et de longs commentaires sur chacun, ce qui non-seulement rendrait la déduction
historique extrêmement obscure, mais même n'at-
teindrait pas le but que nous nous sommes proposé, savoir, celui de montrer quel était l'état de
la science à ces époques, et de rendre aussi claire
que possible l'explication des représentations
graphiques où se trouvent figurées toutes les
théories systématiques de la cosmographie et de
la géographie du moyen-âge antérieurement aux
grandes découvertes.

Les textes que nous citons des auteurs du
moyen âge ont été transcrits exactement. Dans
presque tous, le style est d'une mauvaise lati-
nité.

Notre savant confrère, M. Hallam, avait déjà
constaté que les écrivains du XIII⁰ siècle font
preuve d'une incroyable ignorance, non seulement sur la pureté de la langue, mais sur les règles les plus communes de la grammaire. Les
philosophes scolastiques négligeaient entièrement
leur style, et se croyaient permis d'enrichir le latin
d'expressions qui leur paraissaient rendre leur
pensée. Dans les écrits d'Albert-le-Grand, dont
Fleury a dit qu'il ne voyait de grand en lui que
ses volumes, les fautes de syntaxe les plus gros-

sières se rencontrent à chaque instant (1). Les esprits impartiaux doivent voir, d'après cela, combien il nous était difficile de composer avec de tels éléments une œuvre de goût et de style. Aussi, à ceux qui nous reprocheront de n'avoir pas fait une œuvre attrayante, nous répondrons qu'en matière de goût les plus habiles se méprennent quelquefois même dans leur propre langue, et nous leur recommanderons le précepte d'Aristote, suivant lequel, pour bien juger, il faut se faire arbitre et non pas adversaire. Il est juste de tenir compte des peines infinies que coûtent de pareilles recherches ; le travail seul de réunir et de coordonner les notions éparses qu'on découvre dans des milliers d'auteurs, serait déjà d'une grande utilité pour la science, mais il devient de la plus grande importance lorsqu'on y retrouve tous les systèmes qui forment les bases de la véritable histoire des connaissances cosmographiques pendant les différents siècles du moyen-âge.

Il est vrai que nous aurions fait une œuvre plus importante si nous avions traité toutes ces questions dans leurs liaisons avec les événements his-

(1) Voyez Hallam, *Histoire de la Littérature de l'Europe au moyen-âge*, t. I, p. 77.

toriques, et par conséquent d'un point de vue
plus élevé; mais nous avons eu toujours le mal-
heur, pendant toute notre longue carrière littéraire, d'être constamment forcé par des circonstances indépendantes de notre volonté, de publier
nos ouvrages avant de terminer les recherches
et les travaux indispensables qu'elles compor-
taient pour les rendre aussi utiles à la science
que nous l'aurions désiré. Nous avons craint
cependant, en grossissant notre récit de tran-
sitions continuelles, incompatibles avec des vues
d'ensemble, d'amoindrir la force des preuves
démonstratives, si importantes dans un ouvrage
de ce genre.

De tous nos écrits, aucun n'a été plus rapidement rédigé que celui ci.

La plus grande partie fut rédigée et impri-
mée au milieu de l'émotion générale produite par
les grands événements sociaux de notre temps,
qui, avec la rapidité de l'éclair, ont changé l'état
politique d'une grande partie de l'Europe et fait
écrouler des institutions qui avaient défié les
siècles. Grand nombre de pages furent écrites
au son lugubre et terrible du canon et de la
fusillade de la plus redoutable guerre sociale.
Et comme plus d'une fois, dans les vicissitudes

de notre vie, l'étude et le travail avaient été notre
refuge, cette fois encore c'est l'étude et le travail
qui ont atténué nos inquiétudes sur le sort de
l'humanité, sur celui des sciences et des lettres.

Notre ouvrage doit donc se ressentir de ces
émotions, et nous aurions hésité à le livrer au
public, si plusieurs savants ne nous eussent en-
couragé, entre autres un des hommes les plus
éminents, M. Letronne, qui nous a conseillé
même d'en faire la lecture de quelques parties à
l'Institut (1).

Nous sommes rassuré sur le sort de notre livre, non-seulement par les encouragements que
nous avons reçus d'hommes compétents, mais
aussi parce que nous n'avons pas trouvé qu'il
existât un ouvrage antérieur au nôtre sur le même
sujet, un ouvrage où nous eussions pu puiser soit
la méthode, soit les idées ou les données.

Nous en dirons autant de ce qui concerne les
monuments de la cartographie du moyen-âge.
Aucun travail d'ensemble à la fois chronologique

(1) Nous avons lu en effet à l'Académie des Inscriptions et Belles-
Lettres, sous forme de Mémoires, des portions considérables de la première et de la deuxième partie de cet ouvrage, dans les séances des 3 novembre et 31 décembre de l'année dernière 1847, et dans celles des
14 janvier, 24 et 31 mars, 7, 14, 19 et 28 avril, et dans celle du 26 mai
de cette année 1848.

et systématique sur ce sujet n'avait été mis en lumière; aucun même n'avait été annoncé avant la publication de la première livraison de notre Atlas et de nos recherches en 1841 et 1842 (1). Quoique nous ayons déjà constaté ce fait, en apportant les preuves inexorables des dates et des documents, dans une autre publication, nous croyons devoir mentionner ici la série chronologique des travaux spéciaux ou fragmentaires exécutés par plusieurs savants avant la publication de la première livraison de notre Atlas.

Cette énumération montrera la marche que les études de la cartographie du moyen-âge ont sui-

(1) L'ouvrage d'*Ortelius* même, diffère essentiellement du nôtre. Ce savant géographe rendit un immense service à la science en séparant entièrement la géographie ancienne de la géographie moderne. Il publia, il est vrai, un Recueil des meilleurs cartes de tous les pays du monde, celles qui existaient, en 1570, tant manuscrites que gravées; et sa mappemonde, donnée dans son *Theatrum orbis terrarum*, présente déjà un système différent de celui de Ptolémée, adopté antérieurement par un grand nombre de dessinateurs de mappemondes. La liste des cartes dont il s'est servi, montre combien notre publication diffère de celle de ce savant réformateur de la géographie. Aucune des cartes qu'il cite n'est antérieure au XVI° siècle. La plupart même sont de la seconde moitié de ce siècle.

Il est inutile de montrer ici que le même savant ne s'est point occupé de l'état des connaissances cosmographiques et cartographiques pendant les dix siècles du moyen-âge.

Dans le second volume de notre ouvrage, nous nous occuperons plus en détail des cartes dont *Ortelius* s'est servi.

vie jusqu'au moment où, par ces mêmes études, par des publications partielles et par des travaux monographiques, on est arrivé à entreprendre une publication d'ensemble, méthodique, chronologique et scientifique, et comme nous y avons nous-même été amené par nos propres recherches.

On ne s'est occupé des anciennes cartes géographiques qu'à une époque très rapprochée de notre temps, et même ceux qui ont commencé à en parler citent, pour la plupart, tout au plus un monument isolé, sans en connaître la valeur et sans pouvoir le comparer à d'autres du même genre.

Nous signalerons ici, d'abord, ceux qui ont simplement parlé des différents monuments cartographiques du moyen-âge, avant notre publication effectuée en 1842, et ensuite les auteurs qui ont publié, jusqu'à la même époque, des cartes anciennes.

Au nombre de ceux qui se sont bornés à parler des cartes du moyen-âge, nous citerons l'abbé Lebeuf; c'est le premier auteur dont un monument géographique isolé du moyen-âge ait attiré l'attention; il signala à l'Académie des Inscriptions, en 1743, la mappemonde du temps de Charles V (dit Le Sage), qui se trouve dans le manuscrit des chroniques de Saint-Denis à la Bibliothèque de Sainte-Geneviève (1).

Pour donner au lecteur une idée du peu de connaissances que l'on possédait alors sur ces matières, il suffira de transcrire ce que dit le savant académicien à ce sujet :

« Une carte (dit-il) en forme de globe, où sont « figurées les trois parties du monde alors con-« nues, mais avec des proportions si peu exactes, « qu'elles ne peuvent servir qu'à faire voir com-« bien la géographie était imparfaite en France « au XIV⁰ siècle, la ville de Jérusalem est placée « au milieu du globe (2). »

Robertson et d'autres ont même pensé que cette carte était la plus ancienne carte connue du moyen-âge ; et aucun n'a pu s'expliquer la raison qu'avait eue le dessinateur pour placer la ville de Jérusalem au centre de la terre (3).

En 1758, Zanetti traita de la carte des frères Pizzigani de 1367 (4). Cinq années après, Robert

---

(1) Voyez nos *Recherches sur la découverte des pays situés au sud du cap Bojador* (Paris, 1842), p. 93, 94 et 95, note 2.

(2) Voyez t. XVI de l'*Histoire de l'Académie des Belles-Lettres*, p. 185.

(3) Voyez p. 183.

(4) Voyez Zanetti, *Del Origine di alcune arte,* etc. Venise, 1758.

de Vaugondy parla de la mappemonde de Sainte-
Geneviève d'après l'abbé Lebeuf.

En 1779, Mitarelli fit mention de la mappemonde de Fra Mauro (1); il indiqua également
le portulan de Gracioso Benincasa de 1471 (2).

En 1780, Paciaudi parla aussi de la carte des
frères Pizzigani et d'autres, et dans l'année suivante, d'Anse de Villoison écrivit au sujet de celle
d'Andrea Bianco de 1436 (3). En 1789 l'abbé Borghi
signala une carte catalane anonyme trouvée dans
le marquisat de Sobrello en Italie. Et dans la
même année aussi Antonio Raymondo Pasqual signala la carte de Gabriel Valseca de 1439. Cladera
mentionna, en 1794, la carte valencienne en
six feuillets de Jean d'Ortis, de 1496, acquise en
Portugal par le célèbre Perez Bayer. En 1806,
M. Pezzana, bibliothécaire de Parme, traita aussi
de la carte de *Becario* de 1435 (4). Dans la même
année Villanueva signala l'existence de la carte
de 1413 de Mecia Villa d'Est, conservée au cou-
vent des Chartreux de Val de Christo près Sé-

(1) Dans sa Bibliotheca codicum Mss. monasterii S. Michaelis Ve-
netiarum prope morianum, etc. (Venise, fol. mag. col. 628, p. 757).
(2) Même ouvrage, p. 122.
(3) Voyez la Lettre de ce savant, sur ce sujet, dans le tome II des
Lettres Américaines de Carli, p. 319.
(4) Voyez Nota de Pezzana, *concernant la carte de Parme.*

gorbe. Dans l'année suivante (1807), M. Barbier du Bocage analysa un atlas manuscrit du XVI° siècle de la bibliothèque de M. de Talleyrand (1). M. Brack fit, dans l'année suivante (1808), des annotations au travail de Pellegrini sur la carte de Parme des Pizzigani. Dans l'année suivante (1809), M. Walckenaer signala pour la première fois, aux savants, la carte ou atlas catalan du XIV° siècle de la Bibliothèque de Paris (2), et, en 1818, Zurla en cita plusieurs dans sa Dissertation sur les anciennes cartes construites par les Vénitiens (3).

(1) Voyez *Moniteur universel* de l'année 1807, p. 161.
(2) Voyez *Annales des voyages*, 1re série, t. VII, année 1809, p. 243.
(3) Voici les monuments géographiques cités par Zurla, dans sa Dissertation :
1321. — Mappemondes et cartes de Marino Sanuto.
1367. — Carte des frères Pizzigani.
1426. — Carte de Jacobo de Iiroldis, de Venise.
1436. — Mappemonde et carte d'Andrea Bianco.
1444. — Portulan de Pietro Loredan. Ce portulan avait été cité par Biondo, *Italia illustrata* (Regione 8, p. 373).
1444. — Portulan de Piero di Versi.
1459. — Mappemonde de Fra Mauro.
1463. — Portulan de Benincasa, déjà cité par Morelli, dans sa *Bibliotheca Pinelliana*.
1470. — Portulan du même auteur, dans la même Bibliothèque.
1473. — Un autre portulan du même auteur, en la possession de Zurla.
1483. — Un *Isolario* de la mer Égée, imprimé et composé par Bartolomeo da li Sonetti Veniziani.
Du fameux portulan de la Bibliothèque Cornaro, dans lequel on trouve des cartes des auteurs dont les noms suivent : 1° de Pietro

En 1822, l'abbé Andrès cita plusieurs cartes dans sa Dissertation sur la carte de Pareto (1).

Rosati, 2° Juan de Napoli, 3° de Gracioso Benincasa, 4° de Francesco Becaro, 5° de Nicolo Fiorin, 6° de Francesco Cesano, 7° de Juan Seligo, 8° d'Alvice Cesano, 9° Domenego de Zane, 10° de Nicolo Pasqualini, 11° de Benedetto Pesina (année 1484), 12° Ponente Boscaino, 13° de Christophoro Seligo.

Zurla, qui a examiné cette belle collection de cartes, dit qu'elles marquent tous les ports fréquentés alors, mais que pour l'Afrique occidentale, elles ne vont pas au-delà de Mogador... (*A. Atlantico fino a Mogador al sud*), et on excepte celle de Seligo, de la fin du XV° siècle, et dont nous avons traité dans nos Recherches, p. 117, 297 et 298.

1478. — Mappemonde murale d'Antonio Leonardi, prêtre vénitien. Cette mappemonde fut détruite dans l'incendie de l'année 1483.

Mappemonde de Bernardo Silvano, du XVI° siècle, et que nous avons citée dans nos Recherches, p. 113, 312.

1528. — Portulan de Pietro Coppo de Isola, dans l'Istrie, auquel il a joint sept cartes géographiques gravées sur bois, dans l'une desquelles on remarque le monde alors connu. *Agostino Bendoni* le publia, et ce livre est très rare.

(1) Voici les cartes citées par Andrès :

1307. — Carte qui se trouve dans l'ouvrage intitulé *Flos historiarum terræ orientalis*, composé par Aytone Turchi, qui se conservait dans la Bibliothèque Laurenziana, à Florence.

Il cite aussi les deux mappemondes de Sanuto, qui se trouvent en original à la Vaticane et à Venise. Et il parle également de la mappemonde des chroniques de Saint-Denis, d'après l'abbé Lebeuf. Il parle aussi de la carte catalane de la Bibliothèque de Paris, citant M. Walckenaer, et de celle des Pizzigani, d'après Zanetti et Paciaudi.

1373, 8 juin. — Portulan dressé par *Franzescho Pizzigani Veneziano in Venexia, me fecit* MCCCLXXIII.

Andrès indiqua que ce portulan se trouvait à la Bibliothèque de Saint-Mathieu de Murano, dans le Codex n° 1502 des manuscrits, et qu'il n'était pas mentionné dans le catalogue imprimé qui existait en 1822.

Mais malheureusement cet intéressant monument géographique paraît avoir été égaré. Malgré les pressantes recommandations faites

En étudiant la marche suivie relativement aux cartes et monuments de la géographie, on s'aperçoit que ce ne fut qu'après les publications de Zurla, en 1818, et après celle du jésuite espagnol Andrès, en 1822, que quelques savants commencèrent à s'occuper, d'une manière plus générale, des cartes du moyen-âge.

Et, en effet, la Dissertation de Zurla, où l'on trouvait déjà vingt-sept de ces monuments analysés ou indiqués; celle d'Andrès, qui en mentionnait trois autres nouveaux, tout cela commença à donner l'impulsion aux recherches des cartes du moyen-âge, notamment pour la formation des collections publiques de Londres et de Paris (1).

Trois années après la publication d'Andrès, en 1825, M. Jomard proposa à la Société de géographie la publication d'une carte du moyen-

par S. E. M. le comte de Lützow, ambassadeur d'Autriche à Rome, à M. le comte de Palfi, gouverneur de Venise en 1847, et les recherches que ce seigneur fit faire, on n'a pas pu le découvrir.

Andrès cite aussi, d'après Carli, dans le t. XIX, p. 233 de son ouvrage, la carte de *Giacomo Giraldi*, de 1426, et celle de Bedracius (*Becario*) de Parme.

(1) Le dépôt des cartes et plans à Paris n'est pas le premier établissement de ce genre fondé dans nos temps modernes. Il y a plus d'un siècle (1721), Buache, élève du célèbre géographe Delisle, fut chargé par le roi de classer et de mettre en œuvre les matériaux qui y avaient été rassemblés. (Voyez Walckenaer, *Biographie universelle*, t. VI, p. 188.)

âge (1); mais cette proposition n'eut pas de suite.

La publication faite en 1806 par Zurla de sa notice sur la précieuse mappemonde de Fra-Mauro, en donnant les nombreuses légendes renfermées dans ce monument (2), appela dès lors l'attention des savants, et vingt-trois années après (1829), M. Jomard communiqua à la même Société deux lettres, l'une de M. C. Moreau, et l'autre de M. John Barrow contenant des renseignements sur la *copie très exacte* de la mappemonde de Fra Mauro qui se trouve au Musée britannique (3), et dans l'année suivante (séance du 6 août), il communiqua le *fac similé* colorié de la carte du Xe siècle de la bibliothèque cottonnienne donnée par Playfair (4), et il indiqua l'existence d'une mappemonde turque de l'année 1559, qui a été retrouvée à Venise dans les archives du Conseil des Dix, gravée sur quatre tables en bois (5).

(1) Voyez Bulletin de la Société de géographie, t. IV, première série, p. 48.

(2) Voyez Zurla, *Il Mappamondo di Fra Mauro descritto e illustrato* Venesia, 1806, petit in-folio.

(3) Ibid., t. XIV, première série, p. 132.

(4) Bulletin de la Société de géographie, t. XII, deuxième série, p. 282.

(5) Ibid. Ce planisphère a été construit par un Tunisien, nommé Adji-Ahmed. La nouvelle Espagne, découverte en 1518, y est figurée.

Trois années après (1833), le même savant indiqua à la Société de géographie (1) l'existence du portulan de Gracioso Benincasa de 1466, et M. Jaubert proposa la publication des soixante-douze petites cartes arabes du manuscrit de la Géographie d'Édrisi, conservé au département des Mss. de la Bibliothèque nationale de Paris.

En 1835, M. d'Avezac donna quelques détails, qu'il avait reçus d'Angleterre, sur des cartes des IXe, X^e et XIe siècles, qui se trouvent soit au British Muséum, soit à Cambridge (2).

Dans la même année parut le savant ouvrage de M. de Humboldt, intitulé : *Examen critique de l'Histoire de la Géographie du nouveau continent.* Dans cet ouvrage, l'illustre savant a fait mention de quelques uns des monuments de la géographie du moyen-âge (3). Nous en avons cité plusieurs dans un de nos travaux (4).

Dans la séance du 21 octobre de la même an-

(1) Séance du 8 novembre 1833.

(2) Bulletin de la Société de géographie, t. III, deuxième série, p. 211. Dans le procès-verbal de la séance du 6 mars 1835, on ne précise pas quelles étaient les cartes dont il était question ; mais on verra ailleurs quelles étaient ces productions géographiques.

(3) Cartes citées par M. de Humboldt.

(4) Voyez nos Recherches sur Vespuce.

née 1835, on a parlé d'un globe terrestre en cuivre du XVI° siècle (1).

Dans l'année suivante (1836). M. Blau, de l'Académie de Nancy, fit mention de la petite mappemonde de Reims, dont il possédait un *fac simile*.

Dans la même année, M. Tastu signalait la carte catalane de Mecia de Villa Destes de 1413, d'après la description que lui en fit l'évêque d'Artorga, Torrès d'Amat, dans une lettre que ce prélat lui adressa. Mais malheureusement cette description de M. d'Amat est si peu géographique qu'il est impossible d'apprécier les véritables connaissances du cosmographe catalan (2).

Nous ne signalerons pas ici les citations que quelques savants ont postérieurement repro-

(1) Voici ce que nous lisons à cet égard dans le procès-verbal de la séance.

Ce globe est en cuivre doré ; selon M. Jomard, il a quelques rapports avec la mappemonde de Jean Ruych, quoique plus récent.

(2) Si la carte en question est de 1413, comment M. d'Amat pouvait-il y reconnaître les îles du cap Vert découvertes seulement vers la fin de ce siècle par Antonio de Noia, et qu'on ne rencontre dans aucune carte avant celle de Benincasa, de 1471, dressée après les voyages de Cadamosto?

. Ensuite, quels sont *los confines de la Azia*, dont il parle ? Où donc s'arrêtaient pour l'Asie les connaissances de l'auteur de la carte? De même, pour l'Afrique, quel est le prolongement de la carte en question *hasta la Guinea* ? Est-ce la Guinée des cartes du moyen-âge, ou bien la vraie Guinée? Quant à ce point, il ne nous semble pas douteux que la Guinée

duites au sujet de ces mêmes monuments ; nous trouvons plus méthodique et plus juste même d'indiquer ceux qui en ont premièrement fait mention.

Quant au globe de Schoner, c'est M. de Humboldt qui, dans l'année précédente, en avait fait mention dans son Examen critique (†).

Dans l'année 1837, au mois de janvier, nous avons lu, à la Société de géographie, une partie de nos Recherches sur Améric Vespuce et ses voyages (2) ; et dans ce travail nous avions cité plus de cent cinquante ouvrages de géographie et de voyages, et notamment un grand nombre de cartes et de portulans.

Dans la séance du 4 août 1837, M. Jomard annonça à la Société l'acquisition, par la Bibliothèque de Paris, de deux cartes du XIIIe siècle, et il donna également la nouvelle de l'acquisition,

---

marquée dans une carte du commencement du XVe siècle, ne pouvait être autre que la Guinée des géographes du moyen-âge, qu'ils plaçaient immédiatement après l'Atlas.

Or, les indications de ces particularités et des détails relatifs à la géographie auraient mieux valu que les légendes qu'on rencontre dans la même carte relativement aux *perros*, aux chiens Albanais.

(1) Voyez t. VI du Bulletin de la Société de géographie, deuxième série, p. 327.

(2) Bulletin de la Société de géographie, t. VII, deuxième série, p. 65, cahier de Paris.

par le même dépôt, du portulan de Benincasa de 1467.

Enfin, dans le mois de septembre de cette année, parut la suite de nos Recherches sur Vespuce; et, dans ce travail, nous avons cité, par ordre chronologique, un grand nombre de cartes, donné une liste de toutes les éditions de Ptolémée, et reproduit diverses notes qui se trouvent dans ces cartes précieuses (1).

Dans l'année suivante, 1838 (séance du 6 juillet), M. d'Avezac communiqua à la Société de géographie l'extrait de deux lettres de M. Wright relatives aux cartes suivantes, qui se trouvent dans le Musée britannique, savoir : la mappemonde du XIII siècle, renfermée dans un manuscrit de Mathieu Paris, et la carte itinéraire des pélerins au moyen-âge (2).

Dans l'année 1839, M. Berthelot, ayant occasion d'analyser la note de mon savant ami M. de Navarrete, sur le cosmographe Alonzo de Santa-Cruz, mentionna l'Isolario général que Philippe II avait fait dresser en 1560 (3).

(1) Voyez t. VIII, du Bulletin de la Société de géographie, deuxième série, p. 145 à 146.

(2) Voyez t. X, du Bulletin de la Société de géographie, deuxième série, p. 61, 62 et p. 173.

(3) Ibid., t. X, cahier de Paris, p. 87.

Dans l'année 1840, c'est-à-dire, un an avant la publication de notre Atlas, M. Jomard considérait encore les monuments géographiques des XVᵉ et XVIᵉ siècles comme les monuments les plus anciens (1).

Depuis ce temps, nous avons donné déjà dans notre Atlas cinquante mappemondes ou monuments géographiques antérieurs au XVᵉ siècle (2), époque signalée par ce savant comme étant celle où ces monuments deviennent extrêmement rares, et les recherches que nous avons faites, augmentant le nombre des monuments de la géographie déjà connus, le portent, jusqu'au XVIᵉ siècle inclusivement, à deux cent trente-deux.

Nous venons d'énumérer chronologiquement les auteurs qui se sont bornés à citer ou à analyser certains monuments cartographiques du moyen-âge. Maintenant nous indiquerons ceux

(1) Voyez t. XIV du Bulletin de la Société de Géographie de Paris, IIᵉ série, p. 438. Le savant conservateur y dit : « Les monuments géographiques *des premiers temps*, c'est-à-dire des *XVᵉ et XVIᵉ siècles*, deviennent de plus en plus rares. Ces objets précieux sont recueillis à mesure dans les Bibliothèques de l'Europe, où ils s'immobilisent en quelque sorte, et il devient tous les jours plus difficile d'en découvrir de nouveaux *échantillons*. »

(2) Nous donnons dans notre Atlas : 11 mappemondes du XVᵉ siècle, — 11 du XIVᵉ siècle, — 15 du XIIIᵉ siècle, — 8 du XIIᵉ siècle, — 6 du XIᵉ siècle, — 6 du Xᵉ siècle, — 1 du IXᵉ siècle, — 1 du VIIIᵉ siècle, — enfin, 1 du VIᵉ siècle.

qui ont publié isolément quelques uns de ces monuments, soit en entier, soit en fragments, avant l'année 1842.

La plus ancienne publication de ce genre est celle que fit Bongars, en 1611, de la mappemonde et des cartes de Marin-Sanuto, tirées d'un manuscrit du Vatican du XIVe siècle (1).

Montfaucon est venu ensuite, en 1707, publier la mappemonde de Cosmas, tirée également d'un manuscrit du Vatican du Xe siècle (2).

En 1730, Doppelmayer publia le globe dressé par le célèbre Martin de Behaim, en 1492, conservé à Nuremberg (3).

En 1749, Pazzini publia dans son Catalogue des manuscrits de la Bibliothèque royale de Turin, la mappemonde qui se trouve à la suite d'un manuscrit de l'Apocalypse du VIIIe siècle.

En 1770, Lorrenzana, archevêque du Mexique, donna, à la suite de son ouvrage, la carte marine de Domingo del Castillo, dessinée au Mexique en 1541.

En 1777, Strutt publia dans sa Chronique de

---

(1) Bongars, *Gesta Dei per Francos.*

(2) Montfaucon, *Collectio Nova Patrum*, t. II, p. 113-343. Le docteur Vincent a reproduit ce monument dans son ouvrage publié en 1797.

(3) Doppelmayer, *Histoire des Mathématiciens de Nuremberg.*

l'Angleterre une sphère ecclésiastique dressée par un artiste anglo-saxon, tirée d'un manuscrit curieux de la Bibliothèque Harléenne, et il y donna également un système cosmographique des Anglo-Saxons, qui se trouve dans un manuscrit de la même Bibliothèque. Dans l'année suivante, il publia la mappemonde rectangulaire du Xᵉ siècle, qui se trouve dans la même Bibliothèque.

En 1778, de Murr publia aussi une partie du globe de Martin de Behaim de Nuremberg (1).

Deux années après (1780), Gough publia quelques cartes anciennes de l'Angleterre dans son ouvrage qui a pour titre : *An Essay on the rise and progress of Geography in Great-Britain and Ireland* (2).

En 1783, Formaleone publia la mappemonde d'Andréa Bianco, dressée en 1436, et une carte du portulan de ce cosmographe (3). Douze années après (1795), Sprengel publia la partie de la

---

(1) De Murr publia la planche renfermant une partie de la mappemonde dont il est question dans son *Histoire diplomatique* du chevalier Martin de Behaim.

Cladéra, savant espagnol, reproduisit cette même partie dans ses *Investigaciones historicas*.

(2) Voyez nos Recherches sur les découvertes en Afrique, publiées en 1842, p. 274.

(3) Ibid., p. XXIII de l'Introduction; et sur le cosmographe Andréa Bianco, voyez le même ouvrage, p. XX et 110.

mappemonde de Diego Ribero de 1529 renfermant l'Amérique (1) ; et dans l'année suivante, de 1790, le comte Potocki publia aussi un fragment du portulan de Vesconte de 1318, et un autre de la carte de *Fedruci* d'Ancône.

En 1804, Heeren publia de nouveau la mappemonde du musée Borgia.

Deux années après (1806), Buache publia deux fragments extrémement réduits de la carte des frères Pizzigani de 1367, et de celle des côtes occidentales du Portugal et de l'Afrique, par Andrea Bianco, que Formaleone avait publiée en 1783 (2).

En 1808, Playfair publia la mappemonde rectangulaire du Xe siècle, de la Bibliothèque cottonnienne (3), monument que Strutt avait précédemment donné.

En 1818, Spohn publia, à la suite de son Nicéphore Blemmyde, cinq petites mappemondes tirées des manuscrits des bibliothèques de Flo-

---

(1) Sprengel publia une brochure sur cette carte, dont le titre courant est : Ueber Diégo Ribero's Weltkarte 1529.

(2) Déjà, en 1806, Buache avait pu obtenir une copie exacte de la célèbre carte de Parme des frères *Pizzigani*. Cette copie était faite sur vélin et absolument conforme à l'original. Ce géographe devait ce précieux monument à la bienveillante intervention du général Clarck. (Voyez son Mémoire intitulé *Recherches sur l'île Antillia*, dans le t. VI des Mémoires de l'Institut, p. 22.)

(3) Voyez nos Recherches, citées p. 275.

rence. Dans la même année, Zurla publia, à la suite de sa Dissertation sur les anciennes cartes construites par des Vénitiens, la mappemonde de Fra Mauro extrêmement réduite.

Quatre années après (1822), l'abbé Andrès publia la carte de *Bartholomeo Pareto*, de 1455 (1).

En 1827, Baldelli publia, dans l'atlas qui accompagne ses Commentaires sur le *Millione* de Marco Polo, une copie en noir de la mappemonde et d'une carte marine qui se trouve dans un portulan de la Bibliothèque des Médicis à Florence, renfermant des cartes de différentes époques, dont une de 1351 (2).

En 1834, Hugh Murray a reproduit, dans son Encyclopédie géographique, la mappemonde d'Édrisi, et celles de Sanuto et de Fra Mauro, et les a données plus réduites encore que celles données par le Dr Vincent, par Bongars et par Zurla.

Trois années après (1837), M. de la Sagra donna, dans la partie géographique de son *Histoire de l'île de Cuba*, différentes représentations de cette île tirées des cartes du XVIe siècle, et il publia aussi la partie du nouveau continent renfermé

(1) Voy. *Memorie della regale Accademia Ercolanense d'Archeologia*, t. I.

(2) Voyez ce que nous disons au sujet de cette carte dans nos Recherches sur les découvertes en Afrique, citées p. 224.

dans la mappemonde de Juan de la Cosa dressée en 1500.

Dans l'année suivante, 1838, MM. Buchon et Tastu publièrent la carte catalane de 1375, conservée à la Bibliothèque de Paris. M. Naumann publia aussi de son côté, à la suite de son Catalogue des manuscrits de la Bibliothèque de Leipsick, une mappemonde qui se trouve dans un manuscrit de Marcianus Capella de la Bibliothèque de cette ville.

Dans l'année suivante, 1839, M. de Humboldt publia, pour la première fois, la plus grande partie de la célèbre mappemonde de Juan de la Cosa de 1500, à moitié de l'échelle (1).

Ainsi, dans l'espace de plus de deux siècles (1611 à 1839), vingt-trois auteurs se sont bornés à donner, pour la plupart, des fragments des anciennes cartes, et huit seulement publièrent ces monuments en entier.

Or, tous ces monuments ont été reproduits séparément, soit à la suite des ouvrages dont ils faisaient partie, comme la mappemonde et les cartes de Sanuto, et celle de Cosmas publiée par Mont-

(1) Nous ne mentionnons pas les deux petites mappemondes du Ms. de Guidonis, publiées en noir dans le Catalogue des manuscrits de la Bibliothèque de Bourgogne, parce que cet ouvrage a paru en 1842, après la première publication des planches de notre Recueil.

faucon, avec le texte de cet auteur, soit pour servir de preuves et d'éclaircissements. D'autres les donnèrent à titre de simples curiosités; mais, comme il vient d'être démontré, personne n'avait, jusqu'à l'époque de la publication de notre Atlas, réuni dans ces monuments un ensemble systématique et chronologique, pour en former un corps d'ouvrage qui fît remonter aux premiers siècles du moyen-âge, et suivre le cours des temps jusqu'à l'époque qui suivit les grandes découvertes, la réforme d'Ortelius, et la nouvelle projection de Mercator.

Les recherches que nous avions faites, il y a plus de vingt ans, à la prière de notre savant ami et confrère à l'Académie de Madrid, feu Navarrète (1), pour recueillir d'anciennes cartes, nous avaient démontré l'immense utilité que l'histoire de la géographie et l'histoire des découvertes des peuples modernes pouvaient retirer de l'étude dirigée dans cette voie

Malheureusement, les hautes fonctions publiques que nous avions été appelé à remplir dès l'année suivante, 1827, nous empêchèrent de

---

(1) Voyez notre lettre à M. de Navarrète, datée du 15 juillet 1826, publiée dans le tome III de son grand ouvrage intitulé : *Coleccion de los viages* (Collection des voyages et découvertes des Espagnols, p. 309), et Bulletin de la Société de Géographie de Paris, de 1833.

donner suite à ces études, et l'interruption se
prolongea jusqu'à l'année 1834.

A cette dernière époque, nous recommençâmes
nos recherches sur les cartes anciennes, et l'é-
tude de vingt-cinq éditions de Ptolémée, les résultats de l'Essai que nous avons publié sous le
titre de Notes additionnelles à la lettre écrite à
M. de Navarrète, publiées en 1835 et 1837 (1), sont
venus confirmer davantage l'opinion que nous
nous étions faite du profit à retirer de l'étude
des monuments de ce genre.

Et, en effet, c'est au moyen des légendes qu'on
remarque, dans plus de quarante cartes, que
nous sommes parvenu alors à prouver la priorité de la découverte du nouveau continent par
Colomb; celle du Brésil par Cabral, et que nous
avons pu fixer l'époque exacte où le nom d'Amérique a commencé à être appliqué au Nouveau
continent, et constater l'incertitude des dénominations qui avaient cours de 1493 à 1520.

Nous avons dès lors pensé qu'un travail d'ensemble, exécuté d'après ces monuments, aurait
pour résultat de donner la meilleure histoire de la
science géographique, lorsqu'on aurait mis ces

(1) Voyez Bulletin de la Société de Géographie, t. VIII, IIe série,
p. 145 à 186.

cartes en rapport avec la partie systématique des ouvrages des cosmographes, avec les récits des historiens et des voyageurs.

Convaincu de ce fait, nous avons dans les années 1841 et 1842, à l'occasion de la publication de nos Recherches sur la découverte des pays situés sur la côte occidentale de l'Afrique au delà du cap Bojador, posé, pour la première fois, les bases d'un travail de ce genre.

Nous avons en effet consacré plusieurs chapitres, à démontrer, d'après les auteurs des différents siècles, d'accord avec les cartes anciennes : 1° qu'on n'avait pas acquis la connaissance de ces côtes et de ces pays par l'expérience des navigateurs ou des voyageurs européens avant 1434 ; 2° que, depuis cette époque, les découvertes se succédant avec une remarquable célérité, les cartes disposées chronologiquement retraçaient les progrès successifs de ces mêmes découvertes, et partant les progrès de la science.

Dès lors aussi, frappé de plus en plus des résultats positifs et mathématiques de ces doubles preuves historiques et documentales, nous avons formé le projet de pousser plus loin cette publication systématique et chronologique, en passant de la côte occidentale de l'Afrique à la côte orientale du même continent; de poursuivre cette démonstration en publiant des cartes antérieures qui renferment les côtes de l'Inde jusqu'aux extrémités orientales et septentrionales de l'Asie, les îles et les archipels de la mer orientale, et enfin de publier aussi d'après le même système chronologique, toutes les cartes qui concernent le Nouveau continent ou l'Amérique, à partir de celle de Juan de la Cosa, en 1500, jusqu'au XVIIe siècle.

Nous avons déjà exécuté une partie de cette tâche immense, en publiant plus de cent monuments de ce genre, et, dans ce nombre, cinquante mappemondes ou systèmes dressés antérieurement aux premières découvertes des Portugais en 1434.

L'homme d'étude trouvera déjà dans ce recueil, en rapprochant les monuments des textes qui les expliquent ou qui les éclaircissent, une histoire de la géographie et de la cosmographie, non pas composée d'après de prétendues cartes du moyen-âge, formulée au gré de l'imagination ou des opinions des modernes, mais fidèlement tracée par les monuments originaux des cartographes mêmes des différents siècles.

Nous divisons notre ouvrage en cinq parties : dans la première, nous traitons de l'état des connaissances des cosmographes et des géographes de l'Europe au moyen-âge, de leurs systèmes relativement à la forme de la terre, des divisions de sa surface, et principalement de la forme de l'Afrique, telle qu'on l'imaginait avant les découvertes des Portugais et des Espagnols au XVᵉ siècle.

La deuxième partie est consacrée aux cartographes du moyen-âge jusqu'aux découvertes des Portugais, et à l'exposé de leurs systèmes, des sources où ils puisèrent pour la construction de leurs mappemondes, et de leur ignorance relativement à l'existence des pays découverts au XVᵉ siècle.

Dans la troisième partie nous traitons de l'état des connaissances hydrographiques avant les grandes découvertes, état démontré par les portulans et par les cartes marines du moyen-âge.

Dans la quatrième partie, nous signalons les progrès des connaissances cosmographiques et géographiques dus aux découvertes des Portugais et des Espagnols, progrès que l'on suit sur les mappemondes et les représentations graphiques dressées après les découvertes de ces deux peuples aux XV° et XVI° siècles.

Dans la cinquième partie, enfin, nous traitons des progrès de l'hydrographie dus aux découvertes des marins des mêmes nations.

Si cet ouvrage, consacré à l'histoire générale de la cosmographie et de la géographie, et des cartes du moyen-âge et à celle des siècles postérieurs, met de nouveau en relief les grands services que la nation portugaise a rendus en contribuant aux progrès des sciences géographiques et à la connaissance du globe par ses grandes découvertes, c'est là un résultat qui découle tout naturellement des preuves apportées ; et ces preuves ne sont autre chose que le tableau fidèle de l'état où se trouvait la science avant ces découvertes, l'énumération des témoignages innombrables et unanimes des auteurs des XV° et XVI° siècles, et notamment des monuments cartographiques eux-mêmes.

Ainsi, le lecteur impartial verra, nous n'en doutons pas, que nous n'avons pas torturé les textes ni les documents pour les plier au service d'une idée préconçue et entichée de partialité nationale. Mais notre conscience est bien rassurée à cet égard, lorsque nous voyons, au XV· siècle, à l'époque même des découvertes portugaises, figurer parmi les témoignages des auteurs contemporains, celui d'un des hommes les plus illustres, Christophe Colomb (1).

Ce témoignage est d'autant plus précieux et impartial, qu'il est émané du cœur noble et généreux du grand marin qui avait des motifs pour se plaindre des Portugais; d'autant plus grave, que ce grand homme l'a consigné dans une de ses lettres aux monarques espagnols lors de son troisième voyage à la découverte du Nouveau continent, lettre toute remplie d'érudition géographique.

Le témoignage de son fils, Ferdinand Colomb, n'est pas moins important: il prouve combien les voyages et les découvertes des Portugais en Afrique, antérieurs au premier voyage de son père, avaient exercé d'influence sur l'esprit de l'illustre navigateur, pour le pousser à la découverte de l'Amérique (2).

_____

(1) « ..... Ni decir del presente de los reys de Portugal, que tovieron corazon para sostener à Guinea *y del descobrir della*, y que gastaron oro y gente à tanta, que quien contasse toda la del reino se hallaria que otra tanta como la mitad son muertos en la Guinea, *y todavía la continuaron.* »

(2) Voyez le passage dont il est question, dans la vie de Christophe Colomb, écrite par son fils Ferdinand Colomb. Ce passage a été

A côté de ces témoignages d'un si grand poids nous rappellerons ici de nouveau celui d'un auteur contemporain qui écrivit sur les découvertes de Colomb, qui était italien aussi et compatriote de Colomb, nous voulons parler d'Antonio Gallo. Cet auteur rapporte que : « Barthélemy, le frère cadet de Christophe Colomb, s'était à la fin arrêté à Lisbonne, où, pour subsister, il s'adonna à dessiner, pour l'usage des marins, des cartes sur lesquelles se trouvaient marqués les ports, mers, côtes, golfes et îles dans de justes proportions. *Là il était témoin, tous les ans, de l'arrivée des navires des Portugais*, qui, quarante ans auparavant, avaient entrepris la navigation de l'Océan, et *avaient découvert des terres et des peuples inconnus aux siècles antérieurs.*

« Éclairé par la conversation de ceux qui revenaient, pour ainsi dire, d'un nouveau monde, et par l'étude des cartes, Barthélemy communiqua à son frère aîné (Christophe Colomb), qui était beaucoup plus instruit que lui dans les choses de la navigation, ses pensées et ses raisonnements ;

transcrit en partie par M. de Humboldt, dans le t. I, p. 80, note 1 de son *Examen critique de l'Histoire de la Géographie du Nouveau continent*. Nous l'avons signalé aussi dans nos Recherches citées, publiées en 1842, p. CVII de l'Introduction, et p. 188.

et il lui démontra qu'en s'éloignant des côtes méridionales de l'Éthiopie, et prenant à la droite la haute mer dans la direction de l'occident, il n'y avait point de doute qu'après un certain trajet on arriverait dans quelque grand continent (1). »

Nous ne pensons pas que personne, de nos jours, puisse avoir la prétention, nous oserions dire la témérité, d'être meilleure autorité, à l'égard des faits dont il s'agit, que Christophe Colomb, et son frère, et son fils, et l'historien génois Antonio Gallo, tous contemporains des découvertes des Portugais.

Et, en effet, quand même les écrits de tous les auteurs européens antérieurs aux grandes navigations et découvertes du XV⁰ siècle, ne présenteraient pas le témoignage et la preuve de l'état d'ignorance des hommes les plus éminents relativement à l'existence des pays découverts à l'époque dont il s'agit, les représentations graphiques du monde à cette époque, les cartes enfin, suffiraient pour le prouver.

C'est donc pour arriver à ces démonstrations que nous avons jugé nécessaire de reproduire,

(1) Voyez Gallo : *De navigatione Columbi per inaccessum antea Oceanum commentariolus.* Apud Muratori, *Rerum Italicarum scriptores,* t. XXIII, p. 302.

non seulement les grandes mappemondes, mais aussi un grand nombre d'autres petites mappemondes identiques, et qu'on peut dire de la même famille de monuments.

Les représentations de ce genre ayant été dressées par les cartographes dès les premiers siècles du moyen-âge, nous les trouvons dans les manuscrits pendant l'espace de six siècles. Nous rencontrons les premières dans les manuscrits du IXᵉ siècle, et les dernières jusque dans le XVᵉ siècle, quelques années avant les premières découvertes des Portugais. Les monuments de ce genre, quoique semblables sous de certains rapports, représentent, à d'autres égards, des théories et des systèmes différents, comme le lecteur le verra dans notre ouvrage.

Dans deux monuments de ce genre, appartenant à des manuscrits des Xᵉ et XIIIᵉ siècles, découverts après l'impression de notre texte, nous voyons les trois parties du monde figurées en trois triangles, d'après l'opinion d'Orose, et renfermées dans un carré d'après les théories des Pères de l'Église.

Au surplus, la rareté des monuments géographiques antérieurs au XIVᵉ siècle étant excessive, nous avons pensé que c'était une bonne fortune pour l'histoire de la science de les donner chronologiquement dans notre Atlas.

La cartographie du moyen-âge serait incomplète sans cette série de monuments, et l'on ne saurait en juger d'après le peu d'intérêt qu'ils auraient inspiré de prime abord, à ceux qui ne les ont pas étudiés et qui n'en pouvaient connaît-la valeur.

Dans un autre volume de cet ouvrage, nous traitons aussi des cartes des différents manuscrits de Ptolémée et des premières cartes gravées qu'on rencontre, non seulement dans les éditions de ce géographe, mais aussi ailleurs, c'est-à-dire des cartes de Jérusalem, de la Palestine et de l'Égypte, et notamment de la carte dressée en 1484 par le compagnon du voyageur Breydenbach.

Nous y parlons également de la mappemonde et des cartes renfermées dans la fameuse chronique de Lubeck, publiée pour la première fois en 1475, et depuis, en 1493 par Schedell; nous nous occupons d'autres cartes qu'on rencontre dans plusieurs ouvrages publiés dans les premières années du XVIᵉ siècle; nous traitons enfin, dans une autre partie de cet ouvrage, des itinéraires du moyen-âge.

En effet, le moyen-âge, de même qu'il a eu ses poëmes géographiques, eut aussi ses itinéraires, à l'exemple de l'antiquité, de même que Jules César avait fait faire l'itinéraire espagnol, Trajan celui de la Dacie, Sévère l'itinéraire de la Perse, Ovide l'itinéraire milésien, et Rutilius celui des côtes de l'Italie, les siècles antérieurs aux grandes découvertes nous ont laissé des itinéraires de pélérinages, dont quelques uns sont assez curieux.

De l'ensemble de ces travaux auxquels nous nous sommes livré, il résultera plus tard, lorsqu'ils seront tous mis en lumière, un grand nombre de faits nouveaux acquis à la science par l'introduction dans la géographie de l'élément historique, expliquant les cartes au moyen des données et des notions de l'histoire, et constatant la succession des découvertes progressives des peuples au moyen des représentations graphiques, enfin exposant les théories systématiques des cosmographes, et produisant en même temps l'application de ces mêmes théories et de ces mêmes systèmes dans les représentations de notre globe.

C'est seulement de la sorte qu'on parviendra à réaliser la pensée si profonde et si savante d'un des plus illustres géographes, de notre estimable confrère M. Karl Ritter, qui, tout en reconnaissant que l'objet de la géographie est l'étude de la surface de la terre, avoue que cette étude ne mériterait pas, selon lui, le nom de science si elle se bornait à la constatation des formes matérielles, les accidents qui couvrent cette surface (1).

Et, en effet, combien de points géographiques n'ont-ils pas été déterminés et éclaircis par le secours de l'histoire et de l'archéologie elle-même? Maintenant une source de secours et d'éléments plus puissants s'ouvre pour nous, celle des représentations graphiques dès les temps anciens, remontant au VIe siècle de notre ère. Les cartes de treize siècles, que nous donnons dans notre Atlas, rapprochées des ouvrages des cosmographes, et des historiens des différents âges et des divers peuples, nous présentent l'histoire la plus positive et la plus curieuse de la science géographique.

C'est par cette publication seulement qu'on pourra parvenir à connaître chronologiquement l'histoire entière de toutes les transformations

(1) Voyez Mémoire de M. Ritter, extrait des *Mémoires de l'Académie de Berlin : De l'élément historique dans la géographie*. (Bulletin de la Société de Géographie de Paris, t. IV, IIe série, p. 172.

géographiques que les noms des différents lieux terrestres ont subies depuis les temps anciens jusqu'à nos jours; lorsqu'on étudiera ces noms dans les cartes du moyen-âge, en les rapprochant des noms indiqués dans les Itinéraires d'Antonin, dans la Table Théodosienne et dans les Périples grecs, de Scylax, de Marcien d'Héraclée, d'Arrien, dans les anonymes du Pont-Euxin, du Stadiasme, et dans ceux d'Isidore de Charax, et le Synecdème d'Héroclès, de Néarque, et de celui d'Hannon, (1) et en comparant les mêmes noms avec ceux que nous ont transmis Strabon, Pline, Méla et Ptolémée.

Alors seulement on pourra reconnaître jusqu'à quelle époque les différentes villes et localités se sont maintenues à une place erronée dans les cartes, et à quelle époque, d'après les voyages ou les observations astronomiques des latitudes et des longitudes, ils ont été déterminés et placés exactement dans les cartes modernes.

Alors seulement on pourra signaler, avec certitude, soit l'existence de villes qui ont disparu

(1) Vossius, se fondant sur l'étendue que Pline donne à ce Périple, soutient que nous n'avons qu'un abrégé. Fabricius, *Bibliothéca græca*, t. 4, pense au contraire que ce même Périple ayant été fait pour être tracé *sur une carte* et pour être suspendu dans le temple de Saturne, il ne devait point avoir plus d'étendue.

e

de nos cartes modernes, soit l'indication des cités nouvelles fondées pendant le moyen-âge, et démontrer, en même temps, les vicissitudes éprouvées dans le cours des siècles par bien d'autres qui, mentionnées jadis sur les cartes comme des villes de premier ordre, ont tout à fait disparu dans nos temps modernes, ou ne sont plus que de simples villages sans aucune importance.

Alors seulement on pourra fixer aussi l'histoire des vicissitudes de plusieurs villes maritimes jadis très florissantes par le commerce, et que des causes morales et physiques ont anéanties avec le temps, ou d'autres qui, n'étant que des ports de mer insignifiants dans le moyen-âge, se sont progressivement agrandies au point de prendre le premier rang parmi les plus commerçantes ou les plus prospères.

L'ensemble de ces publications montrera à l'homme d'étude que le sort de la science géographique devait forcément se ressentir des grandes catastrophes sociales que l'Europe éprouva pendant les premiers siècles du moyen-âge.

Comment, en effet, cette science pouvait-elle faire des progrès au V° siècle, lorsque les *Huns,* le plus féroce et le plus sanguinaire des

peuples qui envahirent l'empire romain, produi-
saient la grande révolution qui, dans le même
siècle, changea la face de toute l'Europe (1)?
Lorsque la Gaule était dévastée par les Barbares,
et que le féroce Attila bouleversait plusieurs États,
que les Vandales, les Suèves, les Visigoths, les
Alains, s'emparaient de l'Espagne, que Rome elle-
même était pillée et dévastée deux fois par les
Vandales et par les Goths (2)?

Au milieu de ces désastres, nous ne voyons
qu'un seul roi digne de ce nom; nous voulons
parler de Théodoric, lequel, ayant été élevé à la
cour de Constantinople, protégea en quelque
sorte les restes de la culture littéraire et scientifique échappés à l'acharnement destructeur des
Barbares. La cosmographie et la géographie
eurent pour représentants, dans cette triste époque, Proclus, Macrobe, Orose et Philostorge;
mais, comme le lecteur le verra dans cet ouvrage,
ils étaient plutôt les représentants de la science
des anciens. Aucune découverte nouvelle, aucun
progrès, géographiquement parlant, ne se fait
remarquer dans leurs ouvrages, si ce n'est le
mélange que quelques uns ont opéré des con-

(1) Voyez Deguignes, *Histoire générale des Huns*, t. I, P. II, p. 177-288.
(2) Voyez Procope, liv. IV, c. 29 et 32.

naissances des anciens avec les théories systématiques des Pères de l'Église.

L'ouvrage sur les peuples de l'Inde et sur les
Bramanes, attribué à *Paladius*, qui vécut dans ce
siècle, ne permet guère de penser qu'il ait fait ce
voyage (1).

Marcien d'*Héraclée*, qui vécut aussi dans ce
siècle, rédigea une description des côtes de toute
la terre ; mais il n'y ajouta rien de nouveau. Son
travail consiste dans des extraits des anciens géographes, depuis Hannon et Scylax jusqu'à Ptolémée, comme l'a déjà fait remarquer Schœl (2).
Et, en effet, on y trouve des extraits de Timosthène, d'Eratosthène, de Pythéas, d'Isidore de
Charax, Sosander qui avait écrit sur l'Inde, Si-
meas qui avait composé un périple entier du
monde, Appelle de Cyrène, et Euthymène de
Marseille, Philias d'Athènes, Androsthène de

(1) Voyez Schœl, *Hist. de la Litt. grec.*, t. VIII, p. 54.

(2) La première partie seule de cet ouvrage, intitulée : *Périple de la
mer extérieure*, s'est conservée en deux livres. Dans le premier, Marcien décrit les côtes depuis le golfe de l'Arabie jusqu'aux Indes, en
suivant principalement Ptolémée. Le second livre était consacré aux
côtes occidentales et septentrionales de l'Europe, et à celle occidentale de la Lybie. Cette dernière partie est perdue, sauf quelques fragments. L'auteur y décrivait les côtes de la mer intérieure ou Méditerranée, d'après Artémidore d'Ephèse, complété par les itinéraires de
géographes plus récents. (Ibid.)

Thase, Cléon de Sicile, Eudoxe de Rhodes, Botheus; enfin, Menippe de Pergame, que Marcien regardait comme le plus exact de tous ceux qui ont écrit des périples (1).

Quoique l'ouvrage de Marcien soit très important pour la connaissance et pour l'étude de la géographie ancienne, qu'il serve à l'intelligence de Ptolémée, et nous ait conservé des renseignements sur d'anciens géographes (2), il ne peut cependant être compté parmi les cosmographes du moyen-âge.

Le *Stadiasme* de la Méditerranée, qui est peut-être de ce siècle, appartient aussi à la géographie ancienne (3).

L'ouvrage précieux d'Étienne de *Byzance*, qui vécut vers la fin de ce siècle, ne nous est parvenu que dans le maigre extrait fait par *Hermelaüs*; il est dans le même cas.

Dans le VIe siècle qui suivit, le désordre social continuant, les sciences géographiques devaient

(1) Voyez les fragments de l'Epitome d'Artémidore, édition de Miller, p. 112 et 113.

(2) Voyez Schoël, ouvrage cité.

(3) M. Letronne pense que le *Stadiasme* a été composé à une époque plus récente que le IVe siècle. (Voyez Fragments des Poëmes géographiques de Symnus de Chio, par ce savant, publiés à Paris en 1840, pa 305).

également continuer à se ressentir de ces effroyables bouleversements. Les invasions des Lombards, celles des *Slavi* (1), finirent par changer la face de toute l'Europe. Tous les peuples qui l'habitaient étaient en mouvement, et se dépossédaient les uns les autres des États qu'ils possédaient ou qu'ils avaient acquis (2). La guerre était l'occupation de ces peuples, et la seule qu'ils honoraient.

Les sciences dont nous nous occupons dans cet ouvrage devaient nécessairement être méprisées ou complétement abandonnées; elles ne devaient pas du moins faire des progrès. Les bibliothèques même des Romains furent en grande partie réduites en cendres, les établissements d'instruction anéantis, et les sciences tombèrent bientôt dans l'avilissement. L'Angleterre était considérée, à Rome, comme un pays extrêmement éloigné. Toutefois le génie de saint Grégoire-le-Grand ayant étendu le cercle des affaires de l'église depuis les frontières de l'Écosse jusque dans les déserts de l'Afrique, et depuis les bords de l'Atlantique jusqu'à ceux de l'Indus, des rapports s'établirent qui pouvaient faire reculer les limites

(1) Voyez Jornandès, *De Rebus Geticis*, c. V et XXIII.

(2) Voyez Procope, liv. I, c. 13 et 33. Cf. Warnefridus, liv. II, c. 7.

des sciences géographiques. L'école de Cantorbéry devint cependant, au VIIe siècle, la première de toute l'Europe ; il s'y forma des savants illustres, et de nombreuses bibliothèques furent créées dans les couvents de la Grande-Bretagne. Cependant quelques hommes célèbres s'occupèrent de la cosmographie et de la géographie en présence de ce grand bouleversement social. Cosmas, Jornandès, Grégoire de Tours, Marcianus Capella, Vibius Sequester, saint Avite, Priscien, Procope, Cassiodore et Leontius nous laissèrent des ouvrages dans lesquels les restes des systèmes des anciens ont été conservés.

Pendant le VIIe et le VIIIe siècles, le désordre et la guerre continuèrent dans toute l'Europe. Les sciences géographiques eurent néanmoins pour représentants Isidore de Séville, Philoponus, Bède-le-Vénérable, saint Virgile et un auteur inconnu.

A cette époque, un peuple, à qui les sciences et la géographie durent plus tard des progrès et de nouvelles connaissances, prend une grande place dans l'histoire du moyen-âge. Les Arabes commencent, sous les califes, à parcourir en conquérants l'Asie et l'Afrique ; ils s'emparent de la Syrie, de la Palestine et de l'Égypte, de Barca, de Tripoli et de toute la côte septentrionale de l'Afrique; ils envahissent l'Espagne, le Languedoc, les Baléares, la Sardaigne et la Corse, la Sicile et une partie de la Pouille et de la Calabre, et sèment la désolation jusqu'aux portes de Rome.

Mais leur influence géographique ne commença, dans notre opinion, à s'exercer d'une manière bien prononcée, sur l'esprit des savants de l'Europe, qu'au XIII siècle. Le lecteur trouvera dans cet ouvrage des notions importantes sur ce sujet. Nous consacrons même dans les additions une dissertation spéciale aux connaissances cosmographiques et aux cartes des Arabes (1). Et dans une livraison snpplémentaire de notre Atlas nous donnons uue série de mappemondes arabes pour servir à l'étude comparée avec celles des occidentaux renfermées dans le même recueil. A la fin du VIII siècle, les monarchies du nord, le Danemarck, la Norwège, la Suède, celles de Pologne et de Russie, n'étaient pas formées, et d'épaisses ténèbres couvraient encore ces parties de l'Europe septentrionale.

Malgré la protection que Charlemagne avait accordée aux sciences et aux lettres, et le savoir d'Alcuin, la cosmographie et l'art de tracer les

(1) Voyez p. 322 à 358, et Additions XXI, XXXVI, XLVIII, LII.

cartes du globe ne firent pas de progrès, comme le lecteur le verra par l'analyse que nous donnons des ouvrages des géographes de Ravenne, de Dicuil, de Raban Maur et d'Alfred-le-Grand (1), qui représentent l'état de la science dans le IXᵉ siècle ; et les cartes géographiques, c'est-à-dire les mappemondes qui nous restent de cette époque, attestent la décadence la plus complète de la science géographique (2).

On peut dire que ces auteurs composèrent leurs ouvrages au milieu d'une multitude de guerres civiles et privées qui entraînaient sans cesse le péril ou la dissolution des états. Les incursions des Normands, tout en ayant donné des notions plus claires sur la Scandinavie et sur d'autres pays du Nord (3), n'exercèrent aucune influence sur les connaissances générales de la cosmographie.

Malgré la continuation de l'état de guerre presque général dans toute l'Europe, pendant le Xᵉ siècle, les sciences cosmographiques et géographiques eurent pour représentants Alfric, Adelbod, le moine Richer et autres ; mais comme

---

(1) Voyez le § IV, p. 31 à 46.
(2) Voyez p. 180 à 183 de la deuxième partie de cet ouvrage.
(3) Voyez Duchesne, *Historia Normanorum scriptores antiquis.*

le lecteur s'en convaincra dans cet ouvrage, aucun progrès ne se manifesta, quoique les Chrétiens allassent chercher de l'instruction chez les Arabes d'Espagne. Dans le siècle suivant, deux cosmographes seulement figurent parmi les savants de cette époque ; ils adoptèrent, de même que leurs prédécesseurs, les théories systématiques des anciens, dont ils ne croyaient pas devoir s'écarter. Le XIIe siècle est déjà plus riche en auteurs qui se sont adonnés aux sciences dont il s'agit ; et à mesure que nous nous approchons du grand siècle des découvertes, on voit le nombre des cosmographes et des monuments de la géographie s'accroître.

Ainsi comptons nous déjà au XIIIe siècle dix-huit cosmographes, et c'est à cette époque, que l'esprit de discussion soulève et agite la question des zones habitables et inhabitables ; mais malgré ce commencement de progrès, dû à l'influence de la lecture des ouvrages des savants orientaux, et malgré les efforts de Sanuto et de Raimond Lulle (1), les cosmographes n'en continuèrent pas

(1) Raymond Lulle proposa au pape de défendre aux chrétiens de naviguer vers l'Égypte pour acheter les arômes et les épices, afin de diminuer les revenus du soudan ; il proposait en même temps que les Génois et les Espagnols allassent acheter ces objets directement en

moins à suivre les mêmes théories, les mêmes systèmes qu'ils tenaient des anciens. Entraînés par l'engouement qui portait tous les savants vers l'antiquité, les cosmographes du XIVe siècle qui suivit, ne continuèrent même pas l'œuvre de leurs devanciers; ils ne se donnèrent même pas la peine de discuter les questions qui, théoriquement, avaient préoccupé l'esprit de Bacon, d'Albert-le-Grand et de Pierre d'Abano dans le siècle précédent, et, comme le lecteur le verra dans cet ouvrage, pour que l'éclat des grandes découvertes en fût plus grand, les cosmographes continuèrent à soutenir les mêmes théories et les mêmes systèmes jusqu'à l'époque des grandes navigations et des découvertes des Portugais et des Espagnols.

Quels progrès pouvait faire la science en effet,

Perse et dans l'Inde. Ce projet est développé dans son livre intitulé : *De Fine*, composé en 1305.

Ce savant visita l'Arménie, la Palestine, traversa l'Égypte, et gagnant Tunis par terre, il retourna en Espagne.

Enfin, il présenta au concile de Vienne le projet d'un établissement d'écoles de langues orientales dans tous les pays catholiques. C'est à lui qu'on a dû la création des cours de langues hébraïque, chaldaïque et arabe dans quelques universités de l'Espagne. Après avoir obtenu ces concessions, il retourna à Mallorque; mais bientôt il reprit ses voyages. (Voyez Escolano, *Historia de Valencia*, t. III, c. 21 et 22; Mut. Hist. de Mallorque, t. II, c. 2 et suiv. Cf. Nicolao Antonio, Biblioth. IX, c. 3, et Navarrète, Dissertac.).

lorsque nous voyons pendant tout le cours du moyen-âge l'ouvrage de Marcianus Capella, des sept arts libéraux, servir de *compendium* et de base à l'enseignement de tant de générations, et son petit traité de géographie, qui n'est qu'un extrait de Pline et de Sollin, figurer comme la seule géographie enseignée dans les écoles? lorsque nous voyons enfin le traité de la sphère de Sacro Bosco, qui soutenait que les zones inter-tropicales étaient inhabitées, devenir pendant l'espace de plus de quatre cents ans également le *compendium*, et faire autorité dans les écoles? (1)

L'engouement pour les systèmes et les théories des anciens est une des causes qui ont le plus contribué à ce que la cosmographie et la géographie ne fissent aucun progrès avant les découvertes du XV⁰ siècle. Dans ce grand siècle, et même quelque temps après, on n'avait foi à la réalité des découvertes qu'autant qu'elles se rattachaient aux récits et aux traditions de l'antiquité. Christophe Colomb lui-même mourut dans la persuasion qu'en découvrant le Nouveau Continent il n'avait découvert qu'une partie de l'Asie.

(1) Voyez nos Recherches, p. LIV de l'Introduction.

Cette persuasion était fondée en grande partie sur une erreur de Ptolémée.

Ce grand géographe, par sa fausse évaluation des mesures de la terre, avait étendu beaucoup plus qu'il ne devait les continents, dans le sens de la longitude, et les cosmographes du XVe siècle ayant ajouté encore à l'est des terres figurées par Ptolémée, le Catay et le Cipango de Marco Polo, c'est-à-dire la Chine et le Japon, prolongèrent encore plus l'Asie vers l'est, et diminuèrent, par la même raison, l'espace de mer qui séparait ce continent des côtes occidentales de l'Afrique.

C'est à cette vénération pour l'antiquité et pour les traditions qu'il faut s'en prendre, si les rapports commerciaux, les guerres en Orient, qui eurent lieu pendant le moyen-âge, et qui devaient reculer les limites des connaissances géographiques, n'ont pas eu la puissance de changer les théories et les systèmes généralement adoptés par les savants.

Ce ne fut donc qu'après les grandes découvertes des Portugais et celles de Colomb que l'on sut que, depuis l'antiquité la plus reculée, une moitié de l'univers était entièrement inconnue à l'autre.

Ce fait si curieux et si important pour l'histoire de la science, n'avait jamais été constaté par l'exposition chronologique des doctrines et par celles des connaissances de tous les cosmographes des différents siècles, et encore moins par la reproduction systématique et chronologique des représentations graphiques dressées pendant les siècles antérieurs aux découvertes.

Le lecteur trouvera donc dans les nombreux matériaux que nous avons réunis, et dans les pièces que nous produisons, les preuves, selon nous incontestables, des faits dont il s'agit.

Notre Recueil des Monuments cartographiques qui servent de preuves à l'histoire de la géographie du moyen-âge et à celle des découvertes des modernes se divise en quatre séries ou parties : La première renferme les systèmes des zones habitables et inhabitables dessinés pendant le moyen-âge pour servir de démonstrations aux théories des anciens cosmographes. Les roses des vents en douze divisions de l'horizon, telles qu'elles sont figurées dans les manuscrits du moyen-âge. Les mappemondes et planisphères représentant la forme de la terre et de ses divisions, dressées depuis le VIe siècle jusqu'au commencement du XVe, antérieurement aux grandes découvertes des Portugais et des Espagnols.

La seconde partie renferme les portulans, les

cartes historiques et hydrographiques du moyen-âge antérieurement aux découvertes des Portugais et des Espagnols, et des autres peuples modernes.

La troisième renferme la série de mappemondes à partir de celle du célèbre cosmographe *Fra Mauro*, de 1459 jusqu'au XVIIᵉ siècle après la réforme d'Ortélius, destinées à montrer, par le rapprochement avec les mappemondes antérieures aux grandes découvertes des Portugais et des Espagnols, les progrès que les explorations maritimes de ces deux nations ont fait faire à la science géographique et à la connaissance du globe que nous habitons.

La quatrième partie renferme les cartes et portulans postérieurs à 1434, époque du passage du cap Bojador par le marin portugais Gil Eannes, qui constatent les progrès de l'hydrographie dus aux grandes découvertes maritimes des Portugais et des Espagnols.

Ces quatre parties ou divisions de notre Atlas correspondent à celles du texte explicatif qui forme l'objet de cet ouvrage. Les cartes renfermées dans notre Recueil sont, comme nous l'avons fait observer plus haut, la représentation graphique des connaissances cosmographiques et géographiques aux différentes époques exposées dans cet ouvrages.

Le classement systématique des planches dans chacune des divisions signalées est rendu facile par l'indication chronologique qu'on lit au haut de chaque monument.

D'après cette méthode, chaque nouvelle planche, qui sera ultérieurement publiée, trouvera immédiatement sa place naturelle dans une des quatre parties dans lesquelles la collection est divisée, l'époque de chaque monument se trouvant toujours indiquée. On peut étudier ainsi chronologiquement les monuments géographiques depuis la chute de l'Empire romain et l'invasion des nations du Nord, jusqu'à l'époque des grandes découvertes, et depuis celle-ci jusqu'aux temps modernes. De cette manière, on peut comparer ces monuments dans leur ensemble ou dans leurs systèmes. Nous devons dire ici que nous regrettons d'avoir été forcé de faire graver dans une même planche de la 1re série des mappemondes du moyen-âge, plusieurs monuments appartenant à différents siècles : pour donner dans chaque planche ceux de la même époque, il aurait fallu avoir pu découvrir et acquérir tous ces monuments avant d'entreprendre la publication. Mais ces pièces se trouvant éparses dans les différentes bibliothèques de l'Europe, ou renfermées dans des manuscrits de ces époques reculées, et tous de la plus grande rareté; et chaque jour faisant découvrir de nouvelles représentations cosmographiques, cette publication aurait été retardée de plusieurs années, et le monde savant aurait été privé des immenses secours qu'elle fournit à l'histoire de la cosmographie et de la science géographique. Du reste, d'autres raisons d'une grande importance, qu'il serait trop long d'énumérer ici, nous ont forcé malgré nous à agir ainsi et à ne pas suivre une méthode plus systématique encore.

Dans le second volume de cet ouvrage nous produisons les motifs que nous eûmes pour donner dans la quatrième partie de notre Recueil, destinée à montrer les progrès de l'hydrographie après le XVe siècle, des fragments de cartes qu'on trouvera en entiers dans la première partie. Dans les articles Cartes et Mappemondes de la table des matières, le lecteur trouvera une liste des monuments cartographiques antérieurs aux grandes découvertes et dont il est question dans ce volume.

Enfin, à ceux qui, avant de connaître la suite de cet ouvrage, trouveront que notre travail n'est

f

pas complet, nous leurs dirons d'avance, avec un illustre savant : « *Des recherches faites de bonne foi ne sont jamais entièrement perdues pour la science. (1)* »

Nous ne devons pas terminer cette Introduction sans déclarer que nous aurions voulu, dès à présent, signaler ici tous les savants et tous les hommes d'État qui nous ont prêté leur concours pour l'acquisition des nombreux *fac-simile* et copies des monuments géographiques qui existent dans les différentes Bibliothèques de l'Europe, et leur consigner ici un témoignage de notre vive gratitude; mais nous avons pensé que c'est dans la partie consacrée à l'analyse de ces monuments que ce témoignage doit trouver sa place naturelle.

Nous ne devons pas cependant passer ici sous silence que c'est au puissant appui du gouvernement de notre pays que l'Europe savante devra la publication du premier Recueil systématique des monuments géographiques et de cet ouvrage, et notamment au zèle et au patriotisme éclairé de S. E. M. Gomes de Castro, ministre des affaires étrangères, qui coopéra de tout son pouvoir, sur-

---

(1) Letronne (M.), *Recherches géographiques et critiques* sur le livre *de Mensura orbis Terræ*, de Dicuil, p. 52.

tout à la publication du plus précieux monument de la géographie du moyen-âge, la fameuse mappemonde de Fra Mauro. Nous sommes charmés de pouvoir lui exprimer ici publiquement toute notre gratitude (1).

Paris, le 16 décembre 1848.

(1) Nous avons lu cette Introduction à l'Académie des Inscriptions et Belles-Lettres, dans les séances des 1er et 8 décembre.

ESSAI

sur

L'HISTOIRE DE LA COSMOGRAPHIE

ET DE LA CARTOGRAPHIE

AU MOYEN-AGE.

PREMIÈRE PARTIE.

Des cosmographes du moyen-âge, de leurs systèmes; des connaissances géographiques des savants de l'Europe pendant la même époque, relativement à la forme de la terre, et de ses divisions; de leurs théories des zones habitables et inhabitables, et de la configuration qu'ils donnaient à l'Afrique avant les grandes découvertes des Portugais au XV siècle.

Lorsqu'on examine et qu'on étudie un à un les ouvrages des cosmographes à partir du Ve siècle de notre ère, c'est-à-dire après la chute de l'empire romain jusqu'aux grandes découvertes maritimes du XVe siècle, on est frappé de leur ignorance relativement à la forme et à la grandeur de la terre, et à la grande étendue de l'Afrique; on est surpris de leurs théories sur les zones habitables et inhabitables, et de leurs opinions systématiques sur le cours du Nil. La lecture de leurs traités nous prouve qu'ils n'ont fait sur ces sujets que répéter, pen-

1

dant l'espace de dix siècles, ce qu'ils trouvaient dans les livres des anciens géographes, dénaturant souvent même leurs textes qu'ils ne comprenaient pas. Cette étude nous montre enfin qu'ils n'ont connu jusqu'au commencement du XVᵉ siècle la péninsule de l'Inde que d'une manière imparfaite et seulement d'après les récits des auteurs anciens et des Orientaux, qu'ils ne possédaient que des notions très obscures, relativement aux régions situées au delà du Gange, et qu'ils ne soupçonnaient même pas l'existence du nouveau continent découvert par Colomb.

Leurs propres textes, disposés d'après l'ordre chronologique des siècles, rapprochés des monuments cartographiques qui nous restent de ces âges reculés, viendront rendre évidente la démonstration de ces faits, et en même temps ces textes nous feront mieux apprécier les grands progrès que les navigateurs du grand siècle des découvertes ont fait faire à la science, au commerce et aux rapports des peuples de l'ancien monde avec ceux des nouvelles régions découvertes.

Quelques savants se sont bornés jusqu'à présent à faire remarquer que les cosmographes du moyen-âge, comme ceux de l'antiquité, depuis Parménide d'Élée jusqu'aux savants de l'école d'Alexandrie, étaient partagés d'opinion sur l'étendue des zones habitables et inhabitables ; mais aucun d'eux n'avait entrepris de faire la démonstration chronologique, non seulement de ce sujet, mais du véritable état de la science pendant cette longue période de l'histoire du genre humain, par l'analyse et par la production des textes mêmes des cosmographes, dont plusieurs sont encore inédits.

Aucun des savants, du moins à notre connaissance, n'a jusqu'à présent montré que les théories systématiques des cosmographes du moyen-âge ont servi d'éléments principaux aux cartographes de la même époque, pour dresser leurs mappemondes et leurs représentations cosmographiques. C'est ce que nous nous proposons de démontrer.

§ I.

V⁺ SIÈCLE.

PROCLUS, — MACROBE — et OROSE.

Le Traité de la sphère de Proclus, qui n'est que la copie littérale de plusieurs chapitres de Géminus, n'ayant pas exercé une influence décisive sur la plupart des cosmographes du moyen-âge, nous avons cru devoir nous abstenir de faire mention ici de sa théorie; mais Macrobe et Orose, tous deux du V· siècle, ayant exercé une grande influence sur plusieurs cosmographes du moyen-âge, il nous a paru tout naturel de commencer par l'analyse des textes de ces deux auteurs, la démonstration des faits qui font le sujet de la première partie de cet ouvrage.

Macrobe, dans son système du monde, nous prouve qu'il ignorait complètement que l'Afrique se prolongeait au midi de l'Éthiopie, c'est-à-dire au delà du 10· degré de latitude nord.

Il pensait comme Cléanthe (1) et Cratès, et d'autres auteurs de l'antiquité, *que les régions voisines des tropiques, brûlées par le soleil*, ne pouvaient pas être habitées (2), et que l'Océan remplissait la région équatoriale (3).

Ainsi, Macrobe ne connaissait pas les régions découvertes par les Portugais au delà du tropique Estival. L'exposition de son système montrera l'exactitude de ce fait, et servira plus tard à expliquer

---

(1) Cléanthe, apud Geminum. p. 31.

(2) Voyez nos Recherches sur la découverte de la côte occidentale de l'Afrique, pag. XXVII.

Cratès, apud *Geminum*, Elementa Astronomica, cap. XIII, in *Uranologia*, p. 31.

Aratus, dans ses Phénomènes. Voy. 557.

Voyez aussi, sur cette théorie, Cléomède *Météorolog.*, lib. I, c. 6, p. 33.

(3) Voyez Macrobe, *in Somnium Scipionis*, liv. II, ch. IX, édition de Nisard.

diverses mappemondes du moyen-âge renfermées dans notre Atlas.

Il divisa l'hémisphère en cinq zones, dont deux seulement *étaient habitables.* « L'une d'elles, dit-il, « est occupée par nous, l'autre par des hommes « dont l'espèce nous est inconnue. » Selon lui, l'hémisphère opposé avait les mêmes zones que le nôtre, et il soutenait qu'il n'y en avait également que deux qui fussent habitées. La zone du centre la *plus étendue* est, selon lui, *embrasée de tous les feux du soleil.* Deux sont habitables : l'australe, occupée par nos antipodes, avec lesquelles nous ne pourrions pas avoir de communication, et la septentrionale où nous sommes. Ensuite il soutenait que toute cette partie de la terre était fort resserrée du nord au midi, plus étendue de l'orient à l'occident, et qu'elle était comme une île environnée de cette mer que nous appelons Atlantique, la grande mer, l'Océan, et qui malgré ces grands noms était bien petite. Il prétendait que la zone centrale était conséquemment la plus grande, qui était toujours *embrasée des feux de l'astre du jour.* Que les contrées qui bornent de part et d'autre sa vaste circonférence *étaient inhabitables* à cause de la chaleur excessive qu'elles éprouvent. Enfin, que des deux zones tempérées où les dieux avaient placé les malheureux mortels, il n'y en avait qu'une qui fût habitée par des hommes de notre espèce, Romains, Grecs ou Barbares : c'était la zone tempérée boréale.

Orose, auteur du même siècle, et dont l'ouvrage exerça aussi beaucoup d'influence sur les cosmographes du moyen-âge et sur ceux qui dessinèrent les mappemondes pendant cette longue période historique, ne connaissait pas non plus la forme de l'Afrique ni ses vrais contours, ni la côte occidentale au delà du mont Atlas, ni les contours des péninsules de l'Asie méridionale.

L'Afrique, dit-il, commence à l'extrémité de l'Égypte et de la ville d'Alexandrie, où se trouve située la cité de *Parœtonium* (la Marmarique), sur cette grande mer qui figure toutes les plages et les terres ; de là elle s'étend vers ces lieux, que les naturels du pays appellent *Catabathon* (Marmarica), dans la proximité du camp d'Alexandre-le-Grand, et sur le lac *Calebartium*, ensuite jusqu'à l'extrémité supérieure des confins des *Avasites* (oasis), d'où elle traverse les déserts de l'Éthiopie et *va s'arrêter à l'Océan méridional.*

Ainsi, l'Afrique d'Orose se terminait aussi, du côté de l'orient, vers le 12° degré de latitude nord ; à la même latitude vers laquelle Erathosthène et Strabon plaçaient les limites de la terre habitable.

Quant à la partie occidentale, il était encore plus arriéré, car il dit :

« Les bornes de l'Afrique, du côté de l'occident,
« sont les mêmes que celles de l'Europe, c'est à
« savoir les gorges du détroit de Gades. Elle finit
« donc au mont Atlas et dans les îles qu'on appelle
« *Fortunées*. » Par conséquent, il terminait la partie occidentale aux îles Canaries, c'est-à-dire en deçà du cap Bojador.

En ce qui concerne l'intérieur et le prolongement de l'Afrique, nous allons montrer qu'il ignorait entièrement la vraie forme et les contours de cet immense continent. Les passages que nous allons transcrire serviront aussi à démontrer plus tard que plusieurs des mappemondes du moyen-âge furent dressées d'après le système et la théorie d'Orose.

« Les anciens, dit-il dans la description de la
« troisième partie du monde, c'est-à-dire de l'Afri-
« que, ont été guidés plutôt par les considérations
« d'une division raisonnable que par celles de son
« étendue. Cette grande mer, qui naît de l'océan à
« l'occident, s'étendant plus vers le midi, rend trop
« étroite l'Afrique en la resserrant entre lui et l'O-
« céan. De là vient que quelques auteurs, voyant
« que cette partie du monde, bien qu'égale aux
« autres en longueur, était beaucoup plus étroite,

« ne voulant pas la décorer du titre de troisième
« partie, la rangeant dans l'Europe, en firent une
« seconde partie. En outre, l'Afrique ayant une
« étendue beaucoup plus grande de terre inculte et
« *inconnue, à cause de l'intensité de la chaleur,*
« que l'Europe n'en a à cause du froid........ Par
« toutes ces raisons, l'Afrique doit être bien au
« dessous des autres parties du monde, *tant en*
« *étendue qu'en population, parce qu'elle est natu-*
« *rellement plus petite et moins peuplée, à cause de*
« *l'intempérie du climat.* »

Il passe ensuite à énumérer les divisions des provinces et les peuples qui l'habitent. Au midi des
Troglodytes, il place l'Océan éthiopien, qui baigne
aussi au midi le pays des Garamantes; par conséquent Orose a placé l'Océan immédiatement après
le Phesan actuel, c'est-à-dire vers le 25ᵉ degré de
latitude nord (1).

L'Afrique décrite dans la cosmographie attribuée
à Æthicus est presque la même d'Orose (2).

Telles étaient donc les connaissances que les savants avaient au Vᵉ siècle, relativement à la forme
de cette partie du globe et des zones habitables.

---

(1) Voyez Orose, édition de Cologne de 1561.
(2) Voyez Æthicus Cosmographia, dans l'édition de Pomponius Mela,
et Julius Honorius, de 1684, in-12, p. 52 et 68 suivantes.

§ II.

VIe SIÈCLE.

JORNANDÈS, — LACTANCE, — COSMAS, — GRÉGOIRE DE TOURS,
— MARCIANUS CAPELLA, — SAINT AVITE, — PRISCIEN, —
et CASSIODORE.

Dans les VIe et VIIe siècles qui suivirent, la science n'a pas fait un seul pas à cet égard. C'est ce que les ouvrages des savants les plus éminents de ces deux siècles nous prouvera.

En effet, nous voyons Jornandès soutenir qu'on ne connaissait pas de limites à l'Océan.

Lactance, d'autre part, soutenait qu'il n'y avait pas d'habitants au delà du tropique (1).

Cosmas, dont nous aurons l'occasion de parler ailleurs plus en détail, après avoir énuméré les pays qui échurent en partage aux descendants de Noé, ajoute que, d'après ce partage, les auteurs avaient pris de là l'occasion pour diviser la terre en trois parties, savoir : « l'Asie, la Libye et l'Europe, appelant « Asie l'orient, Libye le midi, jusqu'à l'occident, et « l'Europe le nord, jusqu'à la totalité des plages « occidentales. Dans la terre que nous habitons, « ajoute-t-il, il y a quatre golfes qui naissent de

(1) Lactance, De Institut., lib. 3, cap. 24; ibid., lib. 7, c. XXIII.

« l'Océan, savoir : le nôtre, qui parcourant les terres
« des Romains, va déboucher à l'occident, à Gades;
« l'Arabique, nommé aussi Erythrée, et le Persi-
« que, lesquels tous deux viennent de Zengis (1),
« pays qu'on appelle Barbarie, où finit l'Éthiopie
« et s'étendent vers les parties australes et orien-
« tales de la terre. Le Zingium, comme le savent
« tous ceux qui naviguent dans la mer Indienne, est
« situé au delà de la terre de l'encens (Thurifera
« regio, l'Arabie), appelée Barbarie, que l'Océan
« entoure, formant ensuite les deux golfes. Le qua-
« trième golfe vient de la partie septentrionale de
« la terre, et s'étend vers l'orient (c'est la mer
« Caspienne ou Hyrcanienne). »

Selon Cosmas, on ne pouvait naviguer que dans ces
limites; « mais il en était autrement dans l'Océan,
« à cause de la fréquence des tempêtes et des téné-
« bres épaisses qui obscurcissent les rayons du so-
« leil (2), et aussi parce que cette mer occupe un
« espace immense. »

---

(1) Zengis est le cap d'Orfui, appelé Zingio dans Ptolémée (d'Anville, Geograph. Ancienne III, p. 62), situé vers le 11ᵉ degré de latitude Nord.

Cosmas rapporte aussi tout au long un passage d'Ephore, qui vivait
350 ans avant J.-C., et son Traité sur l'Europe et sur les Ethiopiens,
qui s'étendaient du levant au couchant d'hiver.

(2) D'après ce passage, il paraît que l'idée de la mer Ténébreuse

Or, on voit, d'après cette description, que Cosmas, tout en ayant voyagé sur la Méditerranée et dans les deux golfes Arabique et Persique, ne connaissait absolument rien relativement à la forme de l'Afrique ni à celle de la côte occidentale; enfin, que ses connaissances, relativement à ce continent, se bornaient, pour la partie orientale, tout au plus au pays situé vers le 11° degré de latitude nord, c'est-à-dire à peu près au même parallèle où nous avons vu que plusieurs géographes de l'antiquité, et Orose, fixaient les limites de l'Afrique du côté de l'orient et de la terre habitable. Selon ce dernier aussi, toute la terre n'est point habitée, car la partie septentrionale est déserte à cause des glaces, de même que la partie méridionale *à cause de l'intensité de la chaleur.*

A ce sujet, il s'en rapporte à l'autorité de David. Il adoptait, d'après ce que nous venons de voir, l'opinion que les zones intertropicales étaient inhabitables. Cette opinion, rapprochée de sa théorie du cour du *Gion* (le Nil), qu'il fait venir de l'orient,

des Arabes du XIe au XIVe siècle, avait été puisée dans Cosmas, ou dans les auteurs grecs.

En effet, les Grecs croyaient que le soleil éclairait de sa lumière la terre, mais que dans les espaces immenses de la mer il y *avait une nuit éternelle.* Dans la partie de cet ouvrage, où nous traitons des géographes arabes, nous parlerons plus en détail de l'origine grecque de ce nom de *mer Ténébreuse.*

c'est-à-dire du paradis terrestre, suffirait pour montrer que ce cosmographe ne connaissait rien des pays découverts par les Portugais au XVe siècle (1).

Cosmas soutenait la théorie homérique que la terre que nous habitons était entourée par l'Océan, *et qu'au delà il y avait une autre terre où était situé le paradis terrestre*, laquelle était aussi environnée par l'Océan, et que l'extrémité de cette terre allait se joindre aux extrémités du ciel (2).

Ainsi, Cosmas n'a pas fait faire un seul pas à la science, sous les points auxquels nous consacrons cet ouvrage.

M. Letronne, dans un mémoire rempli de science, avait déjà signalé que le système de Cosmas offrait une analogie assez frappante avec celui de Macrobe, en ce que l'Océan, qui entoure les deux terres habitables, est borné de tous côtés par des terres *inconnues* (3).

Nous aurons l'occasion de parler de ce travail du savant académicien dans une autre partie de cet ouvrage.

(1) Voyez *Cosmas Indicopleustes*, apud Montfaucon in Biblioth. Nov. Patrum, t. II, p. 149.

(2) Voyez le Mémoire de M. Letronne, dans le tome 3 de l'Examen critique de l'Histoire de la Géographie du nouveau-continent, par M. de Humboldt, p. 118.

(3) Voyez Revue des Deux-Mondes, mars 1834, p. 601.

Grégoire de Tours, qui vécut aussi dans ce siècle, adoptait aussi l'opinion que les zones intertropicales étaient *inhabitables*; ce qui nous paraît incontestable, d'après sa théorie du cours du Nil. En
faisant venir ce grand fleuve de l'orient (1), il prouvait par cela qu'il considérait l'Afrique d'une extrême
petitesse, selon les idées cosmologiques enseignées
dans les écoles de son temps, puisque, d'après le
système des Pères de l'Église et de *Cosmas,* ce fleuve
avait sa source dans le paradis terrestre , placé à
l'extrémité orientale du monde.

Nous pouvons juger aussi des connaissances cosmographiques et géographiques de saint Avite, qui
vécut dans ce siècle (vers 523), d'après ce qu'il dit
dans son poème sur la création, où il décrit le Paradis terrestre. « Par delà de l'Inde (dit-il), *là où com-*
« *mence le monde,* où se joignent, dit-on, les confins
« de la terre et du ciel, est un asile élevé, inacces-
« sible aux mortels et formé par des barrières éter-
« nelles depuis que l'auteur du premier péché fut
« chassé (2). »

On voit, d'après cette description, que l'Asie de

____

(1) .... Ab oriente veniens ad occidentem plagam versus Rubrum
mare vadit.

(2) Les ouvrages de saint Avite furent recueillis par le P⁰ Sirmon
(Paris, 1643, in-8°), et on trouve aussi l'ouvrage de ce saint dans le
tome V du *Thesaurus* de D. Martenne.

saint Avite se terminait dans l'Inde, et qu'au delà
tout était pour lui inconnu. C'est au delà de l'Inde
que pour lui commençait le monde. Voilà pour les
connaissances relativement à l'Asie ; en ce qui concerne l'Afrique, il nous suffit de voir sa description
du Paradis pour penser qu'il admettait la théorie des
quatre fleuves ayant leur source dans ce lieu de délices, et qu'il devait faire venir le Nil du Paradis,
et par conséquent de l'est. D'après cela, l'Afrique de
la géographie de saint Avite devait être la même que
celle d'Eratosthène.

Priscien, qui vécut dans ce siècle (1), montre
dans sa traduction de Denys le Périégète, en vers,
qu'il n'était pas plus avancé que les cosmographes
dont nous venons d'exposer les systèmes.

Les théories de ce poème géographique ayant servi
d'éléments à quelques cartographes, pour leurs représentations graphiques du globe, comme on le
verra plus tard, nous avons cru devoir exposer ici
son système, d'autant plus que Priscien appartient
à ce siècle, et offre quelques additions, comme
Sainte-Croix l'avait fait remarquer (2). La terre,
selon lui, n'est pas de forme ronde, mais bien de la

(1) Il vécut, en effet, au VIᵉ siècle, comme nous l'apprend Cassiodore.
(2) Voyez *Sainte-Croix*, Mémoire sur les petits géographes anciens,
nᵒ 42, Journal des Savants, avril 1785, p. 245.

forme d'une fronde (1). Les contours de la terre ne s'arrondissent pas de manière à former de toutes parts un cercle régulier ; ses deux rivages , comme deux bras qui s'ouvrent, s'allongent et se resserrent aux deux extrémités où le soleil accélère sa course (2).

La Libye est séparée des plages immenses de *l'Europe* par une ligne qui se prolonge obliquement de Cadix aux bouches du Nil (3).

Sa division systématique du monde est la même adoptée par tous les cosmographes, et suivie par le cartographe dessinateur de la mappemonde d'Azaph.

Selon lui, le monde est divisé par une mer (la Méditerranée), et par deux fleuves, savoir : le Tanaïs et les bouches du Nil.

Cette théorie a été représentée par plusieurs des cartographes dont nous analysons les systèmes dans la seconde partie de cet ouvrage. Il admet aussi la théorie de l'Océan environnant la terre.

Il dit, l'Océan, au midi, qui reçoit le souffle brûlant de l'Auster, prend le nom de mer d'Éthiopie et de mer Rouge , près de ces contrées désertes où le sol est dévoré par les feux du soleil. *C'est ainsi que le monde entier a pour ceinture le grand Océan.*

(1) C'est le système de Possidonius.
(2) Voyez la mappemonde d'Azaph, du XIe siècle, dans notre Atlas.
(3) Ibid.

Ce passage nous montre qu'il croyait que la zone torride était inhabitée, et que l'Afrique se terminait au midi de l'Éthiopie par la mer ; et la terre était encore dans ce système homérique une île.

Il suit d'un autre côté la théorie des quatre golfes, comme Cosmas ; ce qu'il dit relativement à la forme de l'Afrique, montre encore plus que les passages que nous avons transcrits plus haut, qu'il ignorait complétement le prolongement de ce vaste continent et sa véritable forme.

« La Libye, dit-il, à son commencement rétréci
« en pointe par les eaux de Thétis, à l'endroit où
« l'Océan bat de ses flots Gadès (Cadix), s'étend
« vers les régions du Notus et le soleil levant ; elle
« présente *la forme d'une table...* »

De la partie orientale de l'Afrique, il ne parle que de la mer Rouge.

Aux bords de l'Océan, sur les côtes où s'élèvent les colonnes d'Hercule, il mentionne les peuples qui habitent la partie septentrionale.

Au midi, il place les Gétules et leurs voisins des bords du Niger ; et les Garamantes (les habitants de la Phesanie), qui habitent *Debris*, où il y a la source merveilleuse dont l'eau s'échauffe et boût pendant la nuit, mais se refroidit et se glace sous les rayons du soleil.

Il étend encore l'Asie jusqu'au Nil, suivant ainsi le système d'Hérodote (1) et de Pomponius Méla (2).

Il ne connaissait pas encore la vraie forme de l'Europe.

Il dit, en effet, en parlant de cette partie du globe : « Que l'Europe était semblable à la forme de « la Libye, mais qu'elle s'inclinait vers le nord ; ses « confins s'étendaient de même et s'allongeaient « vers l'orient. La même ligne les séparait de « l'Asie l'une et l'autre : l'une regardait le *Notus* « et l'autre l'*Aquilon*. »

« Mais si nous supposons, ajoute-t-il, que ces « deux régions ne font qu'une, leurs flancs ainsi « réunis donneront exactement l'image d'un cône, « dont le sommet est à l'occident et la base à l'o- « rient.

Il n'oublie point le mythe d'Atlas. Il dit qu'Atlas, debout sur son rocher, soutient les colonnes qui portent le ciel. Il place les colonnes d'Hercule de chaque côté de l'Afrique et de l'Europe. Sur les îles de *l'Océan* atlantique, il n'avait que les notions les plus vagues et les plus erronées, comme nous allons le démontrer.

« Près du Promontoire Sacré (le cap Saint-Vin-

(1) Hérodote, liv. II, § 16.
(2) Méla, liv. I, c. 4.

« cent, en Portugal), regardé, dit-il, comme la tête
« de l'Europe, *sont les Hespérides*, soumises aux
« Ibères.

« Dans l'Océan boréal, il en place deux autres :
« les îles Britanniques, qui font face à l'embouchure
« du Rhin, puis *Thulé*, où luisent nuit et jour les
« rayons du soleil.

Ensuite, par une théorie très bizarre, il dit que « si
« on se dirige vers l'orient, en quittant les plages
« du nord, on arrivera à l'île d'Or, et là, tournant
« la proue du navire vers les tièdes *Austers*, on arri-
« verait à la Taprobane. »

C'était un souvenir du récit de Patrocle (1) qui assu-
rait que l'on pouvait, en s'embarquant sur les côtes
de l'Hyrcanie, sortir par l'embouchure de la mer Caspienne, passer au dessus de la Scythie, revenir dans
l'Inde et de là dans la Perse.

Les connaissances de ce cosmographe, relativement à l'Asie, étaient plus bornées même que celles
que possédaient d'autres géographes de l'antiquité.
Selon lui, cette partie du globe était aussi de la
forme d'un cône.

La même ligne, dit-il, qui donne à l'Europe et
à la Libye, en les rapprochant, l'image d'un cône,
détermine aussi les limites de l'Asie. L'Asie se ré-

(1) Strabon, II, p. 69 et 74, et liv. XI, p. 519.

trécit peu à peu, à mesure qu'elle avance vers les régions orientales où l'Océan baigne les colonnes de Bacchus, aux extrêmes confins des Indes, aux lieux où le Gange arrose les champs de Nyssa (1).

Il fait encore communiquer la mer Caspienne avec la mer du Nord ou mer de Saturne.

Le Pont-Euxin (la mer Noire) imite, selon lui, la courbe d'un arc dont la corde est raide et tendue vers le nord; il se jette dans la Méotide (2).

Selon son système orographique de l'Asie, une seule montagne divise l'Asie tout entière, c'est le *Taurus*. Dans les régions Hyrcaniennes, il n'oublie pas de faire mention de la fable des griffons, qui défendaient les grandes richesses dont ils étaient les maîtres; fable que les cartographes signalèrent pendant tout le moyen-âge dans leurs cartes (3).

Telles étaient les connaissances des cosmographes qui composèrent des ouvrages géographiques dans ce siècle.

Cassidore, le célèbre ministre de Théodoric, qui

---

(1) Nyssa, dans l'Inde.
Voyez Priscien, à la suite du Pomponius Méla, et d'Avienus de l'édition des Deux-Ponts, 1819, p. 160 et suivantes.

(2) Le dessinateur de la mappemonde de la Cottonienne du XIe siècle, que nous donnons dans notre Atlas, a suivi cette théorie hydrographique.

(3) Voyez la seconde partie de cet ouvrage qui renferme l'analyse des mappemondes jusqu'au commencement du XVe siècle.

vécut aussi dans ce siècle, montre dans ses ouvrages qu'il n'était pas plus avancé dans les sciences géographiques et dans la connaissance du globe que ses devanciers, dont nous venons de parler.

Il suffira, pour le prouver, de signaler les instructions qu'il donna aux moines, et dans lesquelles il leur recommande l'étude des ouvrages des cosmographes anciens. D'abord, il leur signale la géographie sacrée, c'est-à-dire l'étude de l'emplacement de chaque lieu de la terre dont il est question dans les livres saints, ensuite l'ouvrage de Julius Honorius, composé de quatre parties, dans lequel cet auteur décrivait les mers, les îles, les montagnes célèbres, les provinces, les villes, les habitants et les fleuves, enfin tout ce qui concernait la cosmographie.

L'autre auteur dont Cassiodore recommande la lecture, était *Marcellinus*, qui avait écrit une notice de Constantinople et de la ville de Jérusalem. Ensuite il signale Dinis (c'est probablement Denis le Périégète); et enfin les manuscrits de Ptolémée, où on trouve, dit-il, la notice de toutes les régions.

Les instructions dont il parle dans son petit ouvrage *De Institutione divinarum litterarum*, furent adoptées pendant presque tout le moyen-âge par un grand nombre d'auteurs.

Quoique cet auteur ne fît pas faire de progrès à la

géographie et à la connaissance du globe, on doit néanmoins à ses instructions, l'étude que plusieurs cosmographes firent des ouvrages des géographes anciens (1).

Vibius Sequester qui, selon différents auteurs, vécut dans ce siècle (2), n'était pas plus avancé que ses contemporains et que les cosmographes dont nous venons de parler.

Son ouvrage, qui consiste dans une nomenclature *des fleuves, fontaines, lacs, forêts, marais, monts et peuples dont les poètes font mention,* nous prouve combien ses connaissances géographiques étaient

(1) Voici le passage de Cassiodore, qu'on trouve dans l'ouvrage dont il est question dans le texte, où cet auteur dit, chap. XXV (édition de Paris, de 1589) :

Cosmographos legendos a Monachis.

« Cosmographos quoque notitam vobis percurrendam esse non immerito suademus, ut loca singula quæ in Libris Sanctis legitis in qua parte mundi sint posita, evidenter cognoscere debeatis. Quod vobis proveniet absolute, si libellum Julii oratoris quem vobis reliqui, studiose legere festinetis ; qui maria, insulas, montes famosos, provincias, civitates flumina, gentes, ita quadrifaria distinctione complexus est, ut pene nihil libro ipsi desit quod ad cosmographi notitam cognoscitur pertinere. Marcellinus de quo, jam dixi, pari cura legendus est, qui Constantinopolitanam civitatem et urbem Hierosolymorum quatuor libellis minutissima narratione conscripsit. »

Ensuite il recommande la lecture de Denis, et les manuscrits de Ptolémée, où l'on trouve la notice de toutes les régions.

(2) Oberlin pense que cet auteur a vécu après la chute de l'empire de l'occident, aux V°, VI° et peut-être même au VII° siècle. Oberlin a fait voir qu'il cite les commentateurs qui ont vécu dans les V° et VI° siècles.

limitées, et qu'il n'a pas fait faire le moindre progrès à la science. Mais les cartographes du moyen-âge puisèrent souvent dans cette nomenclature qu'on voit reproduite dans quelques unes des cartes de cette époque.

Ainsi, Jornandès, Lactance, Cosmas, Marcianus Capella (1), Priscien, Cassiodore, Grégoire de Tours, Vibius Sequester et saint Avite n'ont pas fait faire un seul pas aux connaissances qu'avaient les anciens sur le globe et sur les zones habitables.

§ III.

VII· ET VIII· SIÈCLES.

ISIDORE DE SÉVILLE, — PHILOPONUS, — BÈDE LE VÉNÉRABLE, — SAINT VIRGILE. — POÈME GÉOGRAPHIQUE D'UN AUTEUR INCONNU.

Isidore de Séville, qui vécut dans le VII· siècle, malgré son immense savoir, n'était pas plus avancé que les précédents dont nous venons de parler. Il ne connaissait au midi de l'Abyssinie (Éthiopie orientale) que des solitudes inaccessibles. Selon lui, les Garamantes habitent jusqu'à l'Océan éthiopien : particularités qui nous montrent que l'Afrique d'Isidore

(1) Dans l'introduction de nos *Recherches*, publiées en 1842, p. XXX, nous avons analysé la partie géographique du petit traité de *Marcianus Capella*.

de Séville se terminait aussi bien en deçà de l'équinoxiale. Enfin, après avoir déterminé la position de l'Éthiopie occidentale dans la Mauritanie, il admet aussi l'antichthone, en soutenant qu'il y a une quatrième partie du monde, *au-delà de* l'Océan intérieur, c'est-à-dire au *midi*, qui en raison de l'*ardeur du soleil, est inconnue*, et dans l'extrémité de laquelle on prétend que les antipodes fabuleux font leur demeure (1). Les seules îles de l'Afrique dont il fait mention sont les Canaries.

On voit donc que les connaissances d'Isidore de Séville, relativement à la géographie de l'Afrique, étaient les mêmes des anciens. Sa théorie du cours du Nil est néanmoins celle de la cosmographie des Pères de l'Église, c'est-à-dire qu'il venait du Paradis, et par conséquent de l'orient (2) vers l'occident, comme nous le mentionnons autre part.

Jean Philoponus, grammairien célèbre d'Alexandrie, qui vécut vers le VIIe siècle, du temps de

---

(1) Voyez Isidore de Séville, édit. de Venise de 1493, liv. IV, f. 53, *De Libya.*

Ce passage a été copié par l'auteur de la Mappemonde de Turin, qui a reproduit cette théorie.

(2) Isidore, liv. XIII, chap. XXI. « De fluminibus, Geon fluvius de « paradiso exiens universam Æthiopiam cingens, vocatur hoc nomine « quod incremento suæ inundationis terram Ægypti irrigat. » Il parle ensuite du Gange (Phison), du Tigre et de l'Euphrate, qui sortent tous du Paradis. Le seul fleuve d'Afrique dont il fait mention est le Gion ou Nil.

l'empereur Phocas, dans son Traité de la *Création du monde*, tout en suivant Ptolémée, ou plutôt en voulant l'expliquer à sa manière, et en se livrant à une discussion curieuse au sujet des différentes opinions des géographes, relativement à l'Océan, nous montre qu'on n'avait pas une exacte connaissance des pays situés sous la zone torride. Néanmoins, d'après sa théorie relative au cours du Nil, il supposait à l'Afrique une plus grande étendue que celle que les cosmographes de l'Europe, et même les Arabes, donnèrent à cette partie de la terre pendant long-temps durant le moyen-âge. Mais l'hypothèse de l'Océan remplissant la région équatoriale, rendait nécessaire, comme l'a observé avec une profonde et savante critique M. Letronne, le passage souterrain du Nil que Philostorge avait adopté deux siècles avant Philoponus (1); et les erreurs de cette théorie même, prouvent, selon nous, que les cosmographes n'avaient pas la connaissance de la vraie forme de l'Afrique.

Bède le Vénérable, un des hommes les plus éclairés de son temps, sorti de la célèbre académie d'Armagh, d'où sortirent les Alfred et les Alcuin (2), pensait aussi que la zone torride *était inhabitée*, et

---

(1) Voyez Letronne, Christiann. de Nubie, p. 32.

(2) Voyez Ware's Ireland, c. XV, p. 33 et 36, et Oconnor, p. 201.

il ne connaissait pas la partie de l'Afrique découverte par les navigateurs du XV⁰ siècle.

Son texte servant non-seulement à confirmer
ce que nous venons d'affirmer mais aussi à expliquer
quelques unes des mappemondes que nous donnons
dans notre Atlas, nous croyons utile d'en transcrire
ici quelques passages. « La terre, dit-il, est un élé-
« ment placé au milieu du monde (1); elle est au
« milieu de celui-ci comme le jaune est dans l'œuf;
« autour d'elle se trouve l'eau, comme autour du
« jaune d'œuf se trouve le blanc ; autour de l'eau se
« trouve l'air comme autour du blanc de l'œuf se
« trouve la membrane (2) qui le contient, et tout cela
« est entouré par le feu de la même manière que la
« coquille. La terre se trouve ainsi placée au milieu
« du monde recevant sur soi tous les poids, et

---

(1) Voyez la Mappemonde d'un manuscrit géographique du XV⁰ siècle, dans laquelle ce système se trouve représenté.

Voyez la mappemonde de Nicolas d'Oresme, dans mon Atlas.

(2) Bède, liv. IV, De Elementis Philosophiæ, p. 223. « Est ergo terra
« elementum in medio mundi positum. Namque terra est in medio,
« ut meditullium est in ovo : circa hanc est aqua, est circa meditul-
« lum est albumen; circaquam est aer ut panniculum continens albu-
« men. Extra vero cœtera concludens est ignis ad modum testæ ovi.
« Hæc terra in medio mundi sic posita, et inde omnia recipiens pon-
« dera : et si naturaliter sit frigida et sicca in diversis partibus suis,
« ex accidente diversas continet qualitates. *Pars enim illius torridæ*
« *parti aeris subjecta, ex fervore solis torrida est, et inhabitabilis, sed duo*
« *ejusdem capita duabus frigidis partibus subdita frigida sunt et in-*

« quoique par sa nature elle soit froide et sèche
« dans ses diverses parties elle acquiert accidentel-
« lement différentes qualités : *car la portion qui*
« *est exposée à l'action torride (ou brûlante) de l'air*
« *est brûlée par le soleil et est inhabitable*; ses
« deux extrémités sont froides et inhabitables, mais
« la portion qui se trouve placée sur la zone tem-
« pérée de l'air est aussi tempérée et habitable. »

Ensuite il reproduit le même système de Macrobe
des terres opposées et de l'Antichthone.

« Il y a deux parties de la terre tempérées et
« habitables, ajoute-t-il, une en deçà et l'autre au
« delà de la zone torride, mais quoique toutes
« deux soient habitables, nous croyons qu'il n'y en
« a qu'une qui soit habitée par l'espèce humaine (1),
« et encore seulement en partie. Mais les philoso-
« phes font mention des habitants de toutes les

« habitabilia, pars vero temperatæ parti æris subjecta temperata est et
« habitabilis. Sed quia, ut prædiximus duæ partes illius temperatæ sunt,
« duæ in terra sunt temperatæ et habitatores patientes. Una citra
« torridam zonam, altera ultera. Sed quamvis sint habitabiles unam
« tamen tantum ab hominibus habitari credimus, sed tamen nec totam.
« Sed quia philosophi de habitatoribus utriusque non quia ibi sint,
« sed quia esse possint loquuntur, de illis quos nos credimus esse per
« intellectum iectionis philosophicæ dicamus, etc. »

(1) La mappemonde de Turin, que nous donnons dans no're Atlas,
représente ce système; celle d'un manuscrit de Macrobe du Xe siècle,
d'Honoré d'Autun, au XIIe, et celle de Cecco d'Ascoli représentent
aussi ce système.

« deux, non qu'ils s'y trouvent réellement, mais
« parce qu'ils peuvent s'y trouver. »

Ce cosmographe reproduit enfin le système de Macrobe, système que nous verrons être aussi reproduit
par d'autres et par l'auteur de la célèbre mappemonde de Turin que nous donnons dans notre Atlas,
savoir que les habitans des deux terres opposées
et séparées par la zone torride ne pouvaient pas
communiquer entre eux.

« ..... L'océan environnant, dit-il, avec ses flots
« les côtés de la terre presque à la hauteur de l'ho-
« rizon, la partage en deux dont nous habitons la
« partie supérieure, et nos antipodes l'inférieure ;
« cependant *ni aucun de nous ne peut aller chez*
« *eux, ni aucun d'eux ne peut arriver à nous* (1).

L'auteur montre encore plus que de son temps les
Européens ne visitaient pas les contrées situées
sous les tropiques dans ce qu'il soutient au sujet des
zones habitables et inhabitables (2).

Sa division de la terre prouve que les connaissances de ce savant au sujet de l'Afrique étaient
les mêmes de ceux qui l'avaient précédé.

---

(1) .... « Cujus superriorum inhabitamus partem antipodes nostri
« inferiorem ; nullus tamen nostrum ad illos, neque illorum ad nos
« pervenire potest. »

(2) Voir Bède, *De Mundi cœlestis terrisque constitutione*, p. 321.

Le passage que nous allons transcrire prouvera mieux encore qu'on ne connaissait de son temps ni la forme ni le prolongement de l'Afrique.

« L'Asie, dit-il, a autant d'étendue que l'Europe
« et l'Afrique ensemble, et commence à l'Eden,
« c'est-à-dire au jardin des délices (*Paradis terres-*
« *tre*). Du côté de l'orient et du sud elle a pour li-
« mites le Nil, et de celui du septentrion le Ta-
« naïs. L'Afrique a dans ses angles les villes de
« Cyrène et celle de Catabathmum vers le sud;
« à *l'occident* la *Mauritanie et l'Atlas*; au sep-
« tentrion les villes fameuses d'Adrumète et d'Hip-
« pone, éloignées entre elles de huit milles. L'Europe
« a, à l'occident, l'Espagne et Calpe, au septentrion le
« lac Méotide, et vers le sud la Grèce (1).

Or on voit que Bède ne connaît rien de l'Afrique au delà de l'atlas, et par conséquent qu'il ne connaissait pas, comme tous les cosmographes du moyen-

---

(1) « Asia magnitudinem Europæ et Africæ possidet, et incipit ab
« hortis Eden, id est à deliciarum hortis; in oriente et in Austro Nilo
« terminatur, in septentrione Tanai. Africa in angulis suis habet Cy-
« renem civitatem, et Catabathmum versus austrum, in occidentem
« Mauritaniam et Atlantem, in septentrionem civitates famosas, Adri-
« metum octo millia, Hyppone. Europa habet in occidentem Hispa-
« niam, et Calpen, in septentrionem Mœotidem paludem, versus Aus-
« trum Græciam. » (Bède, lib. IV, p. 322).

Voyez son traité intitulé *Mundi Constitutio*, édition de Cologne de 1612,
t. I, p. 324, dans les chapitres où il traite de la forme de la terre et des
zones, et le chapitre IX de son traité *De Natura Rerum*, où il dit : « Quin-

âge, la configuration et la forme de l'Afrique, et qu'il ignorait l'existence d'un grand continent situé à l'ouest, découvert au XV° siècle par Colomb.

Saint Virgile, évêque de Saltzbourg, qui vécut dans ce siècle, soutenait aussi qu'il y avait des antichthones, qu'il y avait un *alter orbis* qui avait son soleil, sa lune, et les saisons comme les nôtres (1). Ce savant montrait ainsi qu'il admettait que l'Afrique se terminait bien en deçà de l'équateur, et qu'une zone de mer la séparait d'un autre continent, d'un *alter orbis*.

L'auteur d'un poëme géographique latin composé entre la fin du VII° et la première moitié du VIII° siècle qui se trouve à la suite de l'histoire ecclésiastique d'Anastase, et d'autres fragments avec le titre *Versus de provinciis parcium mundi*, dans un manuscrit du X° siècle, de la bibliothèque de Paris (2),

« que circulis mundus dividitur, quorum distinctionibus quædam partes « temperiæ suæ incoluntur, quædam immanitate frigoris aut caloris « existunt inhabitabiles. »

Ailleurs il dit : « Tertius equinoctialis, medio ambitu signiferi orbis « incidens, *torridus inhabitabilis.* »

Dans la première planche de notre Atlas nous donnons une représentation de cette théorie tirée d'un manuscrit du X° siècle.

(1) Voyez Concilii., t. VI, p. 1521, et Histoire littéraire de la France, t. IX, p. 156.

(2) M. Pertz a copié ce manuscrit à Paris en 1827, à la Bibliothèque nationale (manuscrit latin n° 5091), il était inédit, et le savant académicien de Berlin vient de le publier dans le volume des Mémoires de

n'était pas plus avancé que les cosmographes dont nous venons d'analyser les ouvrages.

D'abord il commence par l'Asie. Voici l'intitulé : *Versus de Asia et universi mundi rota. De globo mundi et conjecturæ orbis versus.* Il nous semble que sa description devait être faite d'après une mappemonde extrêmement imparfaite et barbare. Il place aussi le Paradis terrestre après l'Inde. Il parle de la Taprobane; ensuite il fait mention des différents animaux dont une grande partie de l'Asie occidentale est peuplée. Ces connaissances du nord de cette

l'Académie des Sciences de Berlin de 1845, à la page 253, avec une préface et des notes.

La Bibliothèque de Paris possède un autre manuscrit, du Xe siècle, de ce poëme, et selon M. Pertz, ces deux manuscrits ne furent point copiés l'un de l'autre. Six années après, le même savant trouva à la bibliothèque de Wurzbourg un autre manuscrit, du IXe siècle, contenant les premiers vingt-un vers du même poëme, avec le titre : *De Globo mundi et conjecturæ orbis versus.* Deux années après, le même savant copia dans la Bibliothèque de l'Université de Leyde quatre-vingt-dix vers d'un autre manuscrit intitulé : *Versus de Asia et de universi mundi rota,* ce manuscrit se trouve dans le *Codex Vossianus,* 96, du commencement du IXe siècle. Enfin, M. Bethman lui communiqua la copie d'un cinquième manuscrit de ce poëme, qui se trouve dans la Bibliothèque de Saint-Gall, et qui est du VIIIe siècle, ayant neuf vers de plus. Dans aucun des manuscrits il ne se trouve complet. Nous ne possédons que cent vingt-neuf vers.

Le cosmographe, auteur de ce poëme, paraît avoir suivi le système de ceux qui partageaient le monde en deux parties, savoir : l'Asie, formant la moitié de la terre, et l'Afrique et l'Europe ensemble formant l'autre partie; théorie que plusieurs dessinateurs de mappemondes adoptèrent, comme nous le montrons dans la deuxième partie de cet ouvrage.

partie du globe s'arrêtent aux régions caspiennes.
Au delà de l'Inde il ne fournit aucun renseignement.
Quant à l'Europe, ses connaissances vers le nord
s'arrêtent à la Scandinavie. Le peu de mots qu'il dit
au sujet de l'Afrique se retrouvent dans Isidore de
Séville. Des îles Atlantiques il nomme l'Angleterre
et l'Irlande.

Tel était l'état des connaissances géographiques
des cosmographes de l'Europe pendant le VIIIᵉ siècle. Elles étaient encore celles des anciens.

§ IV.

IXᵉ SIÈCLE.

L'ANONYME DE RAVENNE, — DICUIL, — RABAN MAUR, — ALFRED
LE GRAND.

Dans ce siècle on n'était pas plus avancé. Les
connaissances géographiques restèrent dans le même
état. C'est ce que les ouvrages des cosmographes que
nous allons analyser démontreront d'une manière
péremptoire.

Le géographe de Ravenne (1), qui composa son

(1) Mannert soutient que ce géographe appartient au IXᵉ siècle. Les
raisons dont il s'appuie nous semblent fondées. Entre autres il fait remarquer que l'*anonyme de Ravenne* dit « qu'il y avait peu de temps que
le Danemarck était appelé la patrie des Normands. Mannert fait observer qu'avant l'*anonyme* on ne connaissait ni les routes ni le nom des
Danois. (Manneri, préface de la Table Théodosienne, sect. VIII.)

ouvrage d'après les témoignages de plusieurs auteurs grecs, latins, persans, goths et africains, nous prouve que ni lui ni les géographes qu'il cite ne connaissaient pas non plus le prolongement de l'Afrique et les pays découverts par les Portugais au XVe siècle.

De la partie occidentale de cette vaste région, tous les géographes où l'anonyme de Ravenne a puisé les notions pour son ouvrage, ne connaissaient rien au delà de l'Abyssinie, c'est-à-dire au delà du 12e degré de latitude nord. Toutes leurs connaissances positives s'arrêtent au détroit Gaditain (détroit de Gibraltar).

Du côté du couchant, dit-il, elle (l'Afrique) a pour limite le même détroit. Du côté de l'Océan atlantique, il ne connaît que la Mauritanie, surnommé *Pérosis* (1) ou des Salines, laquelle confine avec l'Éthiopie *biblobatæ*.

C'est immédiatement avant le cap *Ger* ou cap d'*Agulon*, que les Éthiopiens *Perosi* doivent être

(1) D'Anville dit qu'on ne peut que citer le nom de *Perosis*, qu'il y a même de la diversité dans ce qui concerne leur emplacement. (Voyez Géograph. ancien., t. III, p. 113). Mais Gosselin corrige D'Anville et montre que cet illustre géographe en plaçant ces peuples à la hauteur et même au midi du cap Bojador, n'a point fait attention qu'il les reléguait à plus de cent lieues au delà des limites de la Mauritanie Tangitane, quoique Pline eût dit (Hist. natur., liv. VI, chap. 35) qu'ils étaient sur les confins immédiats.

placés, d'après le *Périple* de Polybe. L'anonyme savait à peine que dans cette Mauritanie il y avait des déserts, et que derrière ce pays, avançant un peu vers l'Océan, on découvrait trois îles. Là s'arrêtent toutes les connaissances de ce géographe, et s'arrêtaient aussi probablement celles des nombreux géographes où il a puisé, relativement aux pays situés sur la côte occidentale de l'Afrique, au delà des Canaries.

Et en effet, l'anonyme, après avoir fait une simple mention de ces îles, nous dit qu'entre la Mauritanie *Pérosis*, qui est située sur l'Océan et la Mauritanie Tangitane, qui se trouve sur la grande mer (la Méditerranée), il ne connaît que la Gétulie, dont, dit-il, saint Grégoire fait mention dans une de ses homélies.

Ces peuples demeuraient entre le 30e et le 31e degré de latitude nord, et ainsi, bien en deçà du *cap Noun* (1). Là se bornaient toutes connaissances de ce géographe et des nombreux auteurs où il avait puisé.

Ce qu'il dit relativement à la position géographique du Paradis terrestre, nous prouve le peu de connaissances qu'il avait aussi de l'étendue de l'Asie, au delà de la péninsule de l'Inde.

(1) Voyez la carte de Gosselin. Recherches sur la Géograph. systém., t. I, carte no III.

Selon les opinions des Pères de l'Église, il tâche de démontrer que vers l'orient, les extrémités de l'Inde étaient accessibles aux hommes, mais qu'on ne pouvait s'avancer plus loin, parce que c'était là que Dieu avait placé le Paradis inaccessible aux mortels. A cet égard il cite saint Athanase.

Il fait en conséquence venir du Paradis les quatre fleuves, le *Geon*, le *Physon*, le *Tigre* et l'*Euphrate*, dont le cours, en sortant du Paradis, était invisible (1).

Il fait mention du partage des trois parties du monde entre les trois fils de Noé, et il désigne géographiquement la portion échue à chacun d'eux (2).

Quand nous n'aurions d'autres preuves de la décadence de la science géographique à cette époque, cette effroyable rapsodie, comme l'appelle M. Letronne (3), suffirait pour la prouver.

Dicuil, qui vécut aussi dans ce siècle, nous montre dans son livre *De mensura orbis terræ*, qu'il n'était pas plus avancé que les auteurs dont nous venons

---

(1) Voyez, dans la II° partie de cet ouvrage, notre analyse de plusieurs mappemondes qui représentent ce système.

(2) Voyez les mappemondes du X° siècle, que nous donnons dans notre Atlas, où ce partage est indiqué par des légendes.

(3) Voyez Recherches sur *Dicuil*, par M. Letronne, p. 32.

Sur le géographe de Ravenne, voyez aussi ce que nous disons dans la II° partie de cet ouvrage, et l'article qui le concerne dans nos Recherches, p. XXXI. (Paris, 1842).

d'examiner les ouvrages. Il a compilé Pline, Solin, Orose, Isidore de Séville et Priscien, en y ajoutant quelques circonstances que lui fournirent les moines voyageurs (1); mais comme l'observe très bien son illustre commentateur, la presque totalité de son ouvrage prouve qu'il ne se faisait aucune idée de la situation respective des pays, et il doute même que Dicuil ait eu sous les yeux une carte en le composant (2). Quoi qu'il en soit, toujours est-il que ce cosmographe adopta la division de la terre en trois parties, savoir : l'Europe, l'Asie et la Libye (3). De l'Asie, Dicuil ne connaît que ce qu'il a trouvé dans Pline. Ses connaissances positives s'arrêtent au Gange (4). En ce qui concerne l'Afrique, il a répété ce qu'il a trouvé dans Isidore de Séville, dont nous avons parlé plus haut, et dans ce qu'avait écrit Solin (5). Au surplus, sa théorie du cours du Nil et la

(1) Voir les savantes Recherches de M. Letronne, Comment. sur Dicuil, p. 25 et 26.

(2) Ibid, p. 73, chap. II. Nous nous permettrons de faire remarquer que quand même Dicuil aurait eu sous les yeux une carte, celle-ci ne pouvait, à cette époque, lui donner une idée exacte de la situation respective des pays, puisque dans toutes les mappemondes du moyen-âge la situation des différentes contrées se trouve déplacée.

(3) Voyez *Dicuil* dans la préface.

(4) « India ulterior finitur ab oriente flumine Gange et oceano in dico; ab occidente flumine Indo, à septentrione, monte Tauro, à meridie oceano indico (chap. II, § VI.)

(5) Il soutient que le Nil a sa source dans les montagnes du sud de la Mauritanie et qui sont près de l'Océan.

dénomination qu'il donnait à l'Afrique, suffirait pour prouver qu'il renfermait ce vaste continent en deçà de l'équateur (1).

Quoiqu'Alfred le Grand, roi d'Angleterre, qui vécut dans ce siècle, n'ait point composé un traité de cosmographie, nous avons cru néanmoins devoir en faire mention ici, non pas pour son important travail sur la géographie d'une grande partie du nord de l'Europe au IXᵉ siècle, mais parce que ce grand prince ayant traduit Orose, ses connaissances cosmographiques sur le globe devaient être les mêmes que celles de cet auteur si renommé pendant le moyen-âge, et dont nous avons déjà exposé le système et les théories cosmographiques (2).

Et, en effet, s'il avait eu des connaissances plus étendues sur l'Asie et sur l'Afrique que celles renfermées dans l'ouvrage d'Orose, il les aurait intercalées dans sa traduction, comme il fit avec celles du Norvégien *Ohther* et de *Wulftan* sur les pays du du nord de l'Europe, depuis Halogaland, en Norvége, jusqu'à la Biarnie, à l'est de la mer Blanche. Les connaissances d'Alfred, d'après sa description géographique (3), ne s'étendaient pas, pour le nord,

(1) Voyez aussi nos Recherches déjà citées, p. XXXII, note 2.

(2) Voyez § Iᵉʳ, p. 6.

(3) Alfred régna de l'an 872 à 900.

Forster, dans son Histoire des voyages dans le nord, a donné une tra-

au delà du Tanaïs (le Don), et au midi elles paraissaient se borner à la Méditerranée; quant aux autres parties du globe, il n'a rien ajouté à Orose.

Le célèbre *Raban Maur*, de Mayence, composa dans ce siècle un traité qu'il intitula *De Universo*, en 22 livres, qui est une espèce d'encyclopédie, où il donne une connaissance abrégée de toutes les sciences (1). Il faut rappeler ici que ce fut à ce savant que l'Abbaye de Fulde dut la juste réputation qui la rendit longtemps la plus célèbre école de toute l'Allemagne (2). Mais malgré son vaste savoir, mal-

duction de la géographie d'Alfred, p. 54 à 73 dans l'édition anglaise, et l'a accompagnée d'une carte intitulée : *Mappe de l'Europe au moyen-âge pour éclaircir la traduction d'Orose, par le roi Alfred.*

Barrington publia, en 1773, à Londres, la traduction anglo-saxonne d'Orose par Alfred, accompagnée d'une version anglaise et d'une savante préface où il donne des renseignements biographiques et bibliographiques sur Orose et sur Alfred.

Avant Barrington, un autre savant anglais, Estob, avait publié une version latine du même ouvrage (1690).

L'illustre d'Anville a puisé beaucoup de notions dans la partie intercalée dans la traduction d'Orose par Alfred, pour son mémoire intitulé : « *États formés en Europe après la chute de l'empire romain en occident.* » (Paris, 1771.)

La partie géographique d'Alfred intercalée dans sa traduction d'Orose a eu plusieurs commentateurs. Nous nous bornerons à citer ici *Spelman*, — *Buffœus*, — *Somner*, — *Murray*, — *Langebeck*, — *Forster* et *Barrington*.

Le premier de ces commentateurs a publié une vie du roi Alfred.

(1) Les ouvrages de *Raban Maur* furent recueillis à Cologne en 1627, en 6 vol., ou 3 in-fol.

Voyez à son égard *Acta sanctorum*, t. 1er, mois de février.

(2) M. Weiss a donné une excellente notice sur ce savant dans le tome XXXVI de la Biographie universelle.

grd ses rapports littéraires avec les plus savants hommes de son temps, il n'était pas plus avancé que ses devanciers ou que ses contemporains.

L'analyse de la partie cosmographique de son traité *De Universo* que nous allons donner, prouvera ce fait d'une manière aussi claire qu'évidente.

D'après son système cosmographique, la *terre est de la forme d'un cercle et elle est placée au milieu de l'univers* (1), et elle est entourée par l'Océan (la même idée homérique) (2).

Il la divise en trois parties: l'Asie, l'Europe, et la troisième l'Afrique, que les anciens, dit-il, n'avaient divisées qu'en parties égales ; mais l'Asie à elle seule est la moitié de la terre (3).

(1) « Orbis a rotunditate circuli dictus quia sicut rota est... Formam terræ ideo scriptura orbem vocat...» (De Universo, lib. XII, chap. II. De Orbe.

(2) Liv. XI, cap. 3, *De Oceano*. Il y dit : « *Quod in circuit m ... ambiat orbem.* »

(3) « Formam terræ ideo Scriptura orbem vocat eo quod respicientibus extremitatem ejus circulus semper apparet, quem circulum Græci, horizonta vocant. Quatuor autem cardinibus eam formari dicit; quia quatuor cardines quatuor angulos quadrati significant, qui intra prædictum terræ circulum continentur. Nam si ab orientis cardine in austrum et in aquilonem singulas rectas lineas ducas, similiter quoque et si ab occidentis cardine ad prædictos cardines, id est, austrum et aquilonem singulas rectas lineas tendas : facis quadratum terræ intra orbem prædictum. » Liv. XII, cap. 2, p. 171. — Et plus loin, p. 172 : Divisus est autem *trifarie* à quibus una pars Asia, etc.? » — Et puis il finit : « Unde evidenter orbem dimidium duæ tenent, Europa et Affrica : *altum vero dimidium sola Asia.* »

Il suit Euclide dans son livre sur les éléments ; il place aussi le paradis terrestre à l'extrémité la plus orientale de la terre. Il décrit ses arbres merveilleux ; il n'y a ni froid ni chaud ; d'immenses sources d'eau arrosent toute la forêt, et y prennent leurs sources, les « *Quatuor nascentia flumina per cujus* « *post peccatum hominis aditus inclusus est* (1). »

Puis il dit que le Paradis est ceint par une muraille de feu (2), et les quatre fleuves du paradis arrosent la terre (3). Ces fleuves sont le Gange, le Phison de l'Écriture-Sainte, où saint Marc a propagé l'Évangile, et le Tigre, où l'Évangile de saint Luc fut propagé, enfin l'Euphrate (4).

Du côté du nord, ses connaissances s'arrêtent au Caucase. Là il y a des montagnes d'or, mais on ne peut pas y pénétrer à cause des dragons et des griffons, et des hommes monstrueux qui y habitent (5).

---

(1) De Universo, liber XII, cap. 3, *De Paradiso*.

(2) ... *Muro igne accinctus.* (Voyez la Mappemonde de Sainte-Génevière, qui l'a dessinée exactement de la sorte).

(3) Ibid., liv. XI, cap. 10, p. 166, *De Fluminibus*.

« Geon fluvius de Paradiso exiens, atque universam Æthiopiam cin- » gens, vocatus hoc nomine, quod incremento suæ exundationis ter- « ram Ægypti irriget..... Porro apud Ægyptios Nilus vocatur propter « limum. »

(4) De Universo, liber XI, cap. 10, *De Fluminibus*.

(5) Ibid., lib. XII, cap. IV, *De Regionibus*, p. 172 : « Ibi sunt et mon- « tes aurei, quos adire propter dracones et grifes et immensorum ho- « minum monstra impossibile est. »

Au chap. IV du livre XI, il parle de la Méditerranée, et il y dit « que

Il n'a pas oublié le pays de *Gog* et de *Magog*, lorsqu'il parle de la Scythie (1) ; il fait encore communiquer la mer Caspienne avec l'Océan boréal, qu'il appelle *Oceanus Syricus* (2).

Il place aussi Jérusalem au centre de la terre (3).

En ce qui regarde l'Afrique, tout ce que dit ce cosmographe prouve qu'il ne connaissait pas les régions découvertes plus tard.

Sa description de l'Afrique est la même que celle donnée par Orose et Isidore de Séville, qu'il copie souvent textuellement (4).

cette mer s'appelle *Mare magnum* parce qu'elle est la plus grande de toutes. « *Quia per mediam terram usque ad orientem profunditur, Europam et Africam Asiamque disterminans.* »

(1) De Universo, liv. XII, chap. IV, *De Regionibus*, p. 175 : « Scythia « sicut Gotta à Magog, filio Jafet, fertur cognominata : cujus terra « olim ingens fuit. Nam ab oriente Indiæ, à septentrione per paludes « *Metotides* (sic) (Meotides), inter Danubium et oceanum usque Ger-« maniæ fines porrigebatur. »

(Voyez la Mappemonde du IXe siècle de la Cottonienne, dans notre Atlas).

(2) Ibid., loc. cit..... « *Oceanus Syricus tenditur usque ad mare Cas-« pium, quod est ad oceanum.* » Là vivent des nations « *quædam porten-« tuosæ ac truces carnibushumanis et eorum sanguine vivunt.* »

Les voyageurs ne pouvaient pénétrer dans les pays de la Scythie qui abondent en or et en pierres précieuses, parce que « *grifforum immanitate accessus hominum rarum est.*

(3) Ibid., p. 174 : « *Est quasi umbilicus regionis et totius terræ.* »

(4) « Ibid., p. 178 : « Incipit autem à finibus Ægypti pergens juxta « meridiem per Æthiopiam usque ad Athlantem montem, à septentrio-« nali vero parte Mediterraneo mari conjuncta clauditur et Gaditano « freto finitur. »

Puis il mentionne les provinces comme Orose et les autres, et en-

Au midi, il ne connaît que les *Garamantes*, qui habitent jusqu'à la mer. Par conséquent, il ne connaissait rien de ce côté au delà de la Phesanie.

La Tingitanie est la dernière partie à l'occident de l'Afrique qu'il mentionne ; au midi il ne connaît que les *Gauloles*, qui habitent l'Océan hiespérique (1). Ayant cité toute cette description, comme nous l'avons fait remarquer plus haut, il parle des îles *Fortunées* (les Canaries), qu'il place en face de la Mauritanie (2).

Il n'oublie pas de mentionner la fable des Amazones (3). Au delà de l'Atlas, à propos duquel il fait le récit historique du mythe de ce personnage (4),

suite il dit : « A septentrione mare Libycum; a meridie Æthiopia et « barbarorum variæ nationes, et solitudines inaccessibiles, quæ etiam « *basiliscos* serpentes creant.

Et plus loin : « A meridie Getulos et Garamantas usque ad ocea- « num Æthiopicum pertendentes per portum tendentes. »

(1) Ibid., *l. c.* « Hæc ultima (la Tangitaine) Africæ exsurgit à mon- « tibus septem, habens ab oriente flumen Malvam.....

Et au midi : « Gaululum gentes usque ad oceanum esperum perer- « rantes; regio gignens ferocissimos dracones et strutiones. »

C'est le même texte que celui d'Isidore de Séville.

(2) ..... Il décrit les merveilles de ces îles en peu de mots, et puis il ajoute :

« Unde gentilium error et secularium carmina poetarum propter « soli fœcunditatem easdem *esse* Paradisum putaverunt. »

(De Universo, lib. XII, cap. V, *De Insulis*, p. 179.)

(3) Il place les Amazones dans les *Hemisterii Campi* au nord du *Taurus*. Ibid., cap. IV, p. 175.

(4) Il décrit le mythe de l'Atlas de la manière suivante : ·

« Athlans super Promethei fuit rex Affricæ, à quo astrologiæ artem

tout ce qu'il rapporte à cet égard est tiré des idées mythologiques des Grecs.

L'énumération qu'il fait des îles de la mer Atlantique, situées près de l'Afrique, est la même que celle des mythologues grecs et des géographes de l'antiquité, qui adoptèrent les fables inventées par l'imagination des Hellènes.

Cette partie géographique de l'ouvrage de cet auteur suffirait pour prouver qu'au IX⁰ siècle, on ne connaissait même pas les îles situées en deçà du cap Bojador, et qu'on ne débitait à cet égard que les fables des anciens Grecs.

Raban Maur place les Gorgones fabuleuses près du promontoire *Esperaceris* (sic) (1); et ensuite il dit qu'à deux jours de navigation du continent, on rencontre les *Hespérides* (2), qui sont placées, selon lui, dans les limites de la Mauritanie.

Or, si les Hespérides étaient situées dans les con-

« prius dicunt excogitatam; ideoque dictus est sustinuisse cœlum. « Ab eruditione igitur disciplinæ et scientia cœli nomen ejus in mon- « tem Affricæ derivatum est, qui nunc Athlans cognominatur, qui prop- « pter altitudinem suam quasi machinam cœli atque astra suntentare « videtur. » Ibid., lib. XIII, cap. I, p. 182.

(1) Gorgodes insulæ..... quas incoluerunt Gorgones, fœminæ alitum pernicitate, hirsuto et aspero corpore. Ibid., lib. XII, cap. V, p. 179.

(Cette fable est tirée du Périple d'Hannon, qui a parlé de ces femmes toute velues.)

(2) Ibid., *l. c.* Esperidum insulæ vocatæ à civitate Esperide *quæ fuit in fine Mauritaniæ.*

fins de la Mauritanie et après les Gorgones, il s'ensuit que Raban plaçait ces dernières bien avant, et par conséquent toutes ces îles étaient situées avant le *cap Bojador*, et à plus de 33 degrés de latitude nord de l'équateur.

Au surplus, si nous rapprochons les positions qu'il donne à ces îles de ce qu'il rapporte au sujet du grand golfe des Dragons fabuleux, situé au delà des Gorgones; si on rapproche, disons-nous, les positions de sa théorie de l'Antichthone, il ne reste pas le moindre doute que l'Afrique de Raban se terminait en deçà du cap Bojador, et qu'au delà du tropique il faisait terminer ce vaste continent par l'Océan (1).

Et en effet, ce qu'il dit de l'Antichthone ou de la terre opposée, vient confirmer davantage que ce cosmographe pensait aussi que la zone torride était inhabitée, et qu'il n'avait aucune idée des immenses pays découverts plus tard par les Portugais au XVe siècle.

Il soutient qu'outre les trois parties du monde, il y a une quatrième transocéanique, *laquelle nous*

_____

(1) « Sunt ultra Gorgodes, sitæ sub Athlanticum litus in intimos
« maris sinus, in quarum hortis fingunt fabulæ draconem pervigilem
« aurea mala servantem; fertur enim esse mare æstuarium adeo un-
« dosis lateribus tortuosum ut visentibus procul lapsus anguis immu-
« tetur. » Ibid., lib. XII, cap. V, p. 179.

est inconnue à cause de la chaleur du soleil (1).

Pour donner au lecteur de nouvelles preuves de l'état d'ignorance dans lequel se trouvaient les plus savants cosmographes de l'Europe, relativement à l'Afrique et à ces îles, même en deçà du cap Bojador, nous nous permettrons de dire que ce cosmographe adoptait encore les fables géographiques d'Hésiode, qui le premier, parmi les Grecs, a placé les îles Hespérides et les Gorgones près de la côte d'Afrique, sur l'Océan occidental ou atlantique.

Gosselin a savamment montré qu'on pourrait tracer les premiers développements des connaissances des Grecs à cet égard, en remarquant les lieux auxquels ils ont appliqué successivement les noms de *Bienheureux*, de *Fortunées* ou de *Jardin des Hespérides*. Ce savant géographe montre que la grande *Oasis* de l'Égypte a porté autrefois le nom d'*île des Bienheureux* (2).

Bientôt après on indiqua le Jardin des Hespérides un peu plus à l'ouest, et au midi de la Cyrénaïque.

---

(1) Extra tres autem partes orbis quarta pars trans oceanum interior in meridie, quæ a solis ardore incognita nobis est, in cujus finibus antipodas fabulose inhabitare produntur. »

(De Universo, lib. XII, cap. IV, *De Regionibus*, p. 178.)

(2) Voyez Gosselin, Recherches sur la géographie systématique des anciens, t. I, p. 140. — S'appuyant sur l'autorité d'Hérodote, l. III, § 26, p. 207.

D'autres voyageurs publièrent ensuite qu'en avançant au nord-ouest, dans le voisinage de l'Atlas, on
y trouvait une terre *Fortunée*.

Puis les poètes transportèrent bientôt le *Jardin
des Hespérides* au bord du *Lixus*, qui se rend dans
l'Océan atlantique (1). Enfin, la découverte des Canaries dans des temps postérieurs; on y transporta
pour la dernière fois le séjour du bonheur, et il n'y
resta fixé que parce qu'elles furent le terme de
toutes les découvertes des anciens dans l'Océan
atlantique. Aussi elles ont porté jusqu'à nous le nom
d'*îles Fortunées* (2).

On peut donc dire des connaissances des cosmographes du IXe siècle, qu'elles étaient les mêmes
que celles des Grecs dans l'antiquité; enfin, qu'ils
n'avaient sur les îles situées près de la côte occidentale de l'Afrique, sur l'Océan atlantique, d'autres notions que les fables des Grecs. C'est ce que

(1) Ce fleuve correspond au fleuve *Lucos*.

(2) Voyez Gosselin, ouvrage cité, p. 142.

Sur les Gorgones et leur position, consultez l'ouvrage cité de ce
géographe, p. 98, 136, 137, 139, 148, 163, 227, 229.

D'après les idées des Grecs, selon M. Letronne, l'Atlas des anciens,
quant à la fonction principale qui lui était attribuée, n'était que la per-
sonnification médiate ou immédiate d'une idée cosmographique.

Selon l'opinion de ce savant, le personnage de ce nom est lié avec les
Hespérides, le lac *Tritonis*, Calypso et les Gorgones; c'est-à-dire qu'il
fait partie de ce groupe d'êtres fabuleux que les Grecs avaient placés
à l'extrémité de l'occident.

Raban Maur et d'autres, aussi bien que les mappemondes de ces époques, nous attestent de la manière la plus évidente.

§ V.

X· SIÈCLE.

ALFRIC-ADELROD, — HERMANN, — LE MOINE RICHER, — TRAITÉ DE GÉOGRAPHIE ATTRIBUÉ A MOYSE DE CHORÈNE.

Dans le X· siècle qui suivit, nous n'avons pas trouvé un seul auteur, un seul document qui ait pu seulement faire soupçonner que les savants de l'Europe aient fait faire le moindre progrès à la géographie.

Dans la seconde partie de cet ouvrage, nous montrons comment les cartographes dessinaient leurs mappemondes ; nous montrerons qu'ils ne dessinaient la *terre habitable* que d'après les écrits des anciens.

Nous avons déjà fait remarquer dans un autre ouvrage (1), que les traités de cosmographie rédigés dans ce siècle par les Anglo-Saxons sont tous remplis des fables rapportées par Pline l'Ancien, et reproduites par Solin, lorsqu'ils traitent des contrées lointaines.

(1) Voyez nos Recherches sur la découverte des pays situés sur la côte occidentale d'Afrique, p. XXXIII.

Alfric, dans un Traité d'astronomie conservé dans un Mss. du Musée britannique, y soutient que les pays situés sous la *zone torride sont inhabités* à cause de la proximité du soleil (1) : assertion qui nous montre qu'on ne connaissait pas alors les pays découverts par les Portugais et par les Espagnols au XVe siècle, tant en Afrique, au delà du cap Bojador, que dans le nouveau continent ; fait qu'Adelbold, évêque d'Utrecht, vient encore confirmer dans son opuscule intitulé *Libellus de ratione inveniendi crassitudinem sphœræ*, dédié au pape Sylvestre II, écrit qui nous prouve qu'il n'était pas plus avancé que ses prédécesseurs (2).

Le moine Richer, qui vécut dans le même siècle, étendait encore les limites de l'Asie jusqu'au Nil, et son silence, relativement à la forme de la terre et sur les limites de l'Afrique, nous indique qu'il n'était pas plus avancé sur ce sujet que ses contemporains (3).

Nous ne terminerons pas l'examen des doctrines des cosmographes de ce siècle sans parler du traité

(1) Voyez nos Recherches citées, p. XXXIV.

(2) Ibid, p. XXXIV.

(3) La chronique de Richer a été publiée par M. Pertz dans ses *Monumenta germanica*, tome V, p 568.

Richer traite de la division du globe en trois parties dans la préface de sa chronique. Cette division est la même que celle des anciens.

de géographie attribué a Moyse de Chorène. Lors
même que cet ouvrage eût été composé par cet auteur arménien, nous en devrions faire ici mention,
puisqu'il étudia à Rome, à Athènes et à Constantinople la langue et la science des Grecs. Et, en effet, le traité qui nous occupe fut rédigé d'après un
autre traité de géographie composé par Pappus
d'Alexandrie, qui vivait sous le règne de Théodose
le Grand, à la fin du IVᵉ siècle (1).

Ce cosmographe divise aussi la terre en trois parties, l'Europe, la Libye et l'Asie. Cette dernière,
dit-il, est la plus grande, puisqu'elle s'étend du côté
de l'orient *jusqu'à la mer inconnue.*

Il n'était pas plus instruit sur la connaissance des
contrées méridionales de l'Asie, comme le témoignent les passages suivants :

« La mer de l'Inde, qu'on appelle *mer Rouge,*

(1) Voyez le savant Mémoire de saint Martin, sur l'époque de la
géographie attribuée à Moyse de Khoren (*Mémoires sur l'Arménie,*
tom. 14, p. 301 à 317). Ce savant académicien produit des raisons qui
nous paraissent sans réplique, qui prouvent que cette géographie a
été composée au Xᵉ siècle (vers 950). A une foule de preuves, il ajoute
que « si l'on pouvait encore penser que cette géographie ne fût qu'un
ouvrage de Moyse de Chorène interpolé, le résultat serait toujours le
même; il resterait peu de chose du véritable auteur, et, dans l'impossibilité où nous sommes de bien distinguer ce qui lui appartient, il en
résulterait qu'il ne pourrait faire autorité que comme un ouvrage
composé dans le Xᵉ siècle qui renfermait des renseignements précieux
sur des temps plus anciens. » (*Ib.,* p. 315.)

« qui donne naissance aux golfes Arabiques et Per-
« sique, et du côté du midi elle est bornée par la
« terre inconnue et inhabitable. »

En parlant une autre fois de la mer des Indes,
il dit :

« Puisque la mer Grecque et la mer Caspienne ont
« été parcourues dans toute leur étendue par les
« hommes, et qu'il en est de même, *à ce que je*
« *crois, de la mer des Indes.* » Et il croyait cela
d'après les notions données par Ptolémée !

Lorsqu'il parle de l'Indus et du Gange, il débite
un si grand nombre de fables, qu'il ne nous laisse
pas la moindre incertitude que ces régions lui étaient
inconnues, et que ses connaissances incertaines et
confuses s'arrêtaient au Gange. Des îles de la mer
Indienne, il nomme, sans doute d'après Ptolémée et
Pappus d'Alexandrie, l'île de la Taprobane (Ceylan) (1).

Ses connaissances du nord de l'Europe s'arrêtent
à la *Scandie* (la Suède et la Norwége), île (dit-il) que
les Goths habitèrent. La mer du nord lui est inconnue. Il dit : « La mer au delà est appelée *mer in-*
« *connue.* »

(1) Voyez le texte arménien et la traduction de Saint Martin. (T. II,
p. 377.)

Le cosmographe, en parlant de Ceylan, dit qu'on raconte que cette
île est le lieu de la chute de Satan.

Il fait mention de « deux très grandes îles qu'on
« appelle Britanniques, et la grande île de Thulé,
« dont la moitié est regardée comme appartenant à
« la *terre inconnue*. »

En ce qui concerne l'Afrique, ce cosmographe a
puisé presque toutes les notions à l'égard de cette
partie du globe dans Ptolémée et d'autres, probablement dans l'abrégé de Pappus d'Alexandrie (1). Mais
les théories systématiques de la cosmographie des
Pères de l'Eglise, qu'il adopta de préférence à celles
du géographe d'Alexandrie, l'ont forcé à renfermer
la terre habitable dans un espace plus limité que celui adopté par Hipparque et par Ptolémée.

Le cosmographe arménien, en plaçant Jérusalem
au centre du monde habitable, nous fournit la preuve
la plus évidente du fait que nous venons de signaler.

« Selon Ptolémée (dit-il), l'Arabie-Heureuse est au
« milieu de la terre habitable (2) ; mais je ne puis
« partager cette opinion parce que l'Evangile, qui
« dit que c'est de ce pays que vint la reine du

---

(1) Au midi de la Libye il place les Gétules. Elle a 17 fleuves, 3 petits
lacs, 5 montagnes et 25 provinces. L'Afrique est à l'orient de la Mauritanie, sur le rivage de la mer. Il place les Pygmées auprès de l'Océan
dans la montagne Blanche. L'Ethiopie inférieure *commence à la terre
inconnue du côté de l'Occident*. Elle touche l'Océan et la Libye intérieure, vers le midi elle se prolonge jusqu'à la terre inconnue.

(2) Cette opinion se trouve dans Ptolémée, comme l'observe saint
Martin, note 28, p. 534.

« midi, la place à l'extrémité du monde (1); on doit
« appeler vraiment le milieu un lieu placé à une
« égale distance de toutes les extrémités : *C'est ce*
« *qui convient à Jérusalem*, comme l'attestent les
« Saintes Écritures (2). »

Des îles de la mer Atlantique, il mentionne les Canaries. Il dit à ce sujet : « Trois îles, qu'on appelle
« les *îles Fortunées* sont en face de la Libye. Il s'en
« trouve du côté de l'occident six autres, et du côté
« du nord encore quatre, qui sont en face de la Mauri-
« tanie et du détroit qu'on appelle de *Sebté* (Ceuta). »

Ces détails sont différents de Ptolémée. L'auteur
de ce traité de géographie ignorait néanmoins, comme
tous les géographes du moyen âge, tout ce qui concernait les grandes mers extérieures.

La plupart adoptèrent à cet égard la théorie homérique que l'océan environnait la terre. Celui-ci,
cependant, n'adopte pas même cette théorie ; il avoue
ne rien savoir à cet égard. « Quant à dire si la mer
« environne la terre inconnue, ou si c'est le con-
« traire, n'ayant pas assez de savoir, nous nous tai-
« sons, et nous ne décrivons que ces pays que le
« pied a foulés et que l'œil humain a vus. »

Il pense que ce sont les trois grandes mers In-

(1) Géographie attribuée à Moyse de Chorène, p. 384.
(2) Ib., p. 353.

dienne, Grecque et Hyrcanienne (la Caspienne), qui, selon Ptolémée, environnent la terre habitée par l'homme.

Or, il paraît d'après cela que l'auteur croyait que l'océan occidental n'environnait pas des pays habités, et cela s'accorderait avec la théorie des zones habitables et inhabitables.

La zone torride, selon lui, *ne produit rien*, parce qu'elle est perpétuellement brûlée par la chaleur du soleil !

Cette zone coupe l'océan par le milieu, et elle sépare, selon lui, la partie de la terre qui est habitée, de l'hémisphère austral qu'on appelle *la terre opposée*. « Ce n'est pas là, dit-il, mais dans l'hémisphère septentrional, que se trouve la plus grande partie de la terre habitable. »

Ce passage suffirait pour nous prouver que ce géographe ne connaissait absolument rien des immenses pays situés dans les régions intertropicales où la végétation est la plus riche du globe.

Enfin, pour montrer qu'il terminait l'Afrique en deçà de l'équinoxiale, et qu'il entourait cette partie du globe vers la zone torride par la mer, nous nous permettrons de transcrire textuellement le passage suivant, qui est aussi curieux qu'intéressant pour le témoignage sur lequel il s'appuie.

« On dit que ce n'est pas seulement la zone tor-
« ride qui est environnée par l'océan, mais que c'est
« toute la terre (1). C'est au moins ce que rapporte
« Constantin d'Antioche dans sa topographie chré-
« tienne en parlant du passage de l'arche (2). »

§ VI.

XIe SIÈCLE.

HERMAN CONTRACTUS, — et ASAPH.

Encore à la fin du Xe siècle et au commencement
du XIe, Hermann, surnommé *Contractus*, malgré sa
vaste érudition, n'était pas plus avancé.

En effet, c'est ce que nous remarquons dans son
ouvrage sur l'Astrolabe, notamment au chapitre XIX
des Climats. L'auteur mentionne à peine l'Égypte,
l'Éthiopie jusqu'au Nil, et Méroé ; il ne connaît rien
au delà des Garamantes, vers le midi.

(1) Ici il indique l'idée homérique, qu'il paraissait n'avoir pas suivie
ailleurs.

(2) Constantin d'Antioche paraît être Constantin, évêque d'Haran,
qui vivait dans l'année 630, auquel Assemani consacra un article dans
sa *Bibliotheca Orientalis*.

Goulter Dowling le cite dans sa *Notitia scriptorum SS. Patrum alio-
rumque veteris ecclesiæ monumentorum*. Oxonii, 1839.

Ni les frères Whiston, éditeurs d'une version latine de l'*Histoire de
Moyse de Chorène*, publiée à Londres en 1736, ni Saint-Martin, *Mémoires
sur l'Arménie* (t. 2, p. 383), n'ont pu découvrir qui était cet auteur.
Ce dernier s'est borné à dire qu'on connaissait un prêtre nommé Jean
d'Antioche, qui était un ami de saint Jean Chrysostôme.

Il termine l'Afrique, à l'occident, au pays des Maures. On voit ainsi que l'Afrique, d'après ce savant, restait renfermée dans les limites connues d'Ératosthène et d'autres auteurs anciens.

La connaissance du globe n'a pas fait le moindre progrès dans ce siècle. Le nombre même si restreint des auteurs qui traitèrent de la géographie, nous prouve combien cette science avait été négligée à cette époque.

Bien que dans ce siècle on s'appliquât aux sciences mathématiques, et qu'un savant Lombard eût même traduit de l'Arabe les œuvres d'Euclide (1), toutefois les connaissances géographiques des occidentaux n'ont pas fait non plus le moindre progrès. Les savants demeurèrent dans la même ignorance sur la question des zones habitables, sur la forme de l'Afrique, sur les régions situées au delà du Gange, et sur l'existence du nouveau continent.

Le grand ouvrage cosmographique d'Asaph nous fournit le témoignage le plus évident des faits que nous venons d'indiquer (2).

(1) Voyez Cosmographie d'Asaph. — Manuscrit n° 6356 de la bibliothèque nationale. Cet ouvrage est rempli de fables. Asaph prétend qu'il existe dans l'Éthiopie une grande tour qui jette des flammes.

(2) Voyez la notice sur Jean Campanus de Novaria, dans Fabricius, *Biblioth. Medial et Inf.*, lat., t. I, p. 897, édit. in-8°.

Campanus vécut en 1030. Il écrivit *de Sphæra et de modo fabricandi, sphæram solidam.*

Ce cosmographe était même sur quelques points plus arriéré que ses devanciers, en ce qui concernait la partie de l'Afrique septentrionale, déjà si connue des navigateurs de la Méditerranée; car il soutenait que personne ne pouvait aller par mer aux Syrtes, à cause de la hauteur et de la violence des vagues. Nous ajouterons une autre preuve, pour montrer que de son temps on ne connaissait pas l'étendue de l'Afrique ni l'existence du grand continent découvert par Colomb au XV° siècle; il donne une grande extension à l'Asie, suivant en cela tous ses devanciers. Selon lui, l'Asie seule occupe la moitié de toute la terre (1), à partir du lieu où le Nil se jette dans la mer, près d'Alexandrie; à l'orient, il étend cette partie du globe jusqu'au *Paradis terrestre*.

En ce qui concerne l'Afrique, non seulement il en fait la description d'après les anciens, mais encore il y ajoute qu'au delà des Garamantes (c'est-à-dire des habitants de la Phésanie) il ne connaît rien. Ainsi, les connaissances de ce cosmographe ne

---

(1) « Tota terra dividitur in tres partes, id est : Asiam, Africam et
« Europam, sed hoc non est recte, quare una pars non est equalis
« alteri, quoniam Asia tenet medietatem totius terræ à loco ubi est
« flumen Nili et cadit in mare in Alexandria, et à loco unde flumen
« Tanais (*leg.* Tanais) cadit in mare cum brachio Sancti Georgii ver
« sus orientem usque mare oceanum et Paradisum terrestre. (Asaph
fol. 7, r.)

s'étendaient pas au delà du 20° degré de latitude nord pour l'intérieur de ce continent.

Sa théorie hydrographique de la Méditerranée vient nous montrer d'une manière plus positive, qu'on ne connaissait pas encore de son temps les contrées découvertes au XV° siècle par les Portugais, et qu'on ne soupçonnait même pas l'existence d'un grand continent à l'ouest.

En effet, ce cosmographe soutient que la mer Méditerranée, s'appelait aussi Méridienne, *parce qu'elle occupe le midi de la terre*; lorsque c'était l'Océan austral qui occupe réellement le midi de la terre, ce qu'Asaph ignorait comme tous les savants de l'Europe à cette époque.

Ainsi, la géographie n'a pas fait non plus, pendant le IX° siècle que nous venons de parcourir, le moindre progrès relativement à la connaissance des immenses contrées découvertes au XV° siècle, et dont les savants de l'Europe ignoraient l'existence, comme nous venons de le montrer plus haut.

§ VII.

XII· SIÈCLE.

HONORÉ D'AUTUN, — OTHON DE FRISE, — HUGUES DE SAINT-VICTOR, — JACQUES DE VITRY, — HUGUES METELLUS, — GUILLAUME DE JUMIÉGE, — HERRADE DE LANDSBERG — et BERNARD SYLVESTRIS.

Dans le XII· siècle, dont nous allons nous occuper, la science géographique n'a pas eu un meilleur sort que dans les siècles précédents, relativement à la connaissance des vastes continents découverts au XV· siècle, malgré les voyages entrepris par le moine Constantin, surnommé l'Africain, dont fait mention Orderic Vital, qui écrivit dans ce siècle (1).

En effet, les six mappemondes de ce siècle, que nous donnons dans notre Atlas, ainsi que le traité d'Honoré d'Autun, intitulé *Imago mundi*, et d'autres

(1) Orderic Vital nous dit que Constantin l'Africain étudia à Bagdad, qu'il a été chez les Arabes, chez les Persans et chez les Sarrasins, et que de là il passa aux Indes, où il s'instruisit encore de toutes les sciences de ces peuples, et qu'il en fit autant en Egypte. Orderic ajoute qu'après il revint à Carthage et puis à Salerne où il obtint des faveurs du fameux Robert Guiscard, et après se fit moine au monastère du Mont-Cassin.

Sur les ouvrages de Constantin l'Africain, voyez Fabricius *Bibliotheca Graeca*, VI, 9, et Biblioth. Mediae et infimae latinitatis. T. l. p. 1191.

Les ouvrages de ce savant auteur du moyen-âge furent publiés à Bâle en 1536, en 2 vol. in-fol.

onvrages de cosmographie et de géographie, suffiront
pour constater ce fait.

D'abord, la théorie de la forme du monde de ce
cosmographe est la même que celle de Béde le Vénérable (1), dont nous avons parlé plus haut. Selon lui,
une partie de l'Océan divise le monde par le milieu (2).
D'après cette théorie, l'Afrique serait renfermée
bien en deçà de l'equinoxiale, et séparée de la terre
opposée par l'Océan. Et en effet, en adoptant cette
idée systématique, il affirme aussi *que les régions
situées sous la zone torride étaient inhabitées*, et
soutient que l'Afrique, au midi du Nil, tournait vers
l'occident; il adopte aussi la théorie homérique de
l'Océan environnant la terre.

De l'intérieur de l'Afrique il ne connaissait pas
plus que les anciens, et n'était pas plus avancé
qu'Orose, qui le devança de sept siècles. Ses connaissances, à cet égard, ne s'étendaient pas au delà
du pays des Garamantes, c'est-à-dire au delà du
20ᵉ degré de latitude nord (3).

Des îles de l'Océan atlantique, il mentionne seu-

(1) Voyez ce que nous avons dit du système cosmographique de Béde
dans le § III.

(2) « Pars autem Occeani quæ medium orbem dividit. » (Voyez Honoré
d'Autun, *Imago Mundi*, cap. *De Aqua*.

(3) Voyez nos Recherches sur la découverte des pays situés sur la
côte occidentale d'Afrique, p. XXXVI, note 2.

lement l'Angleterre, l'Écosse et l'Irlande, les Orcades, au nombre de 33, et *Thile*.(1); au delà de
Thile il place la mer Glaciale.

Lorsqu'il traite de l'Asie, il rapporte un grand
nombre de fables, et parmi celles-ci il n'oublie pas
celle des Pygmées, qui, selon lui, habitaient dans
l'Inde. Il place le pays des Amazones dans le Caucase, suivant à l'égard de cette fable les géographes
postérieurs à Strabon. Au delà du Paradis terrestre,
il y a, selon lui, de grands déserts peuplés de serpents et de bêtes fauves.

La grande vogue qu'à eu ce traité et les autres
de ce genre, ont contribué beaucoup aussi à propager toutes ces erreurs et toutes les fables des anciens. Et en effet, les dessinateurs des mappemondes
qui puisaient toutes les notions à ces sources pour
dessiner leurs représentations graphiques, ont reproduit ces mêmes erreurs et ces fables dans leurs
cartes, comme nous le montrerons dans les II° et
III°parties de cet ouvrage. Nous nous bornerons à indiquer ici le fait suivant. C'est ainsi qu'ils représentèrent 1° le Paradis terrestre, placé à l'extrémité
la plus orientale de la terre, dans un endroit inaccessi-

(1) «Thile (dit-il) cujus arbores folia numquam deponunt et in qua VI
« mensibus videlicet festivis est continuus dies, VI hibernis mensibus
« continua nox. »

ble aux hommes (1); 2° ils marquaient aussi dans leurs cartes, d'après ces cosmographes, les quatre fleuves qui avaient leurs sources dans le Paradis ; 3° ils indiquaient de même, d'après ces traités cosmographiques, que *la zone torride était inhabitée* ; 4° c'était d'après les mêmes sources qu'ils plaçaient dans leurs cartes des îles fantastiques, sans oublier l'Atlantide, transformée sous le nom d'*Antillia*, et qu'on remarque encore dans les portulans et dans les cartes de la fin du XV° siècle (2). C'est d'après Honoré d'Autun et d'autres cosmographes, que les dessinateurs de

(1) ... « Hujus prima regio in Oriente est Paradisus ; locus videli-
« cet omni amenitate conspicuus inadibilis hominibus, quia igneo
« muro usque ad cœlum est conjectus. In hoc est lignum vitæ, vide-
« licet arbor e cujus fructu qui comederit semper in uno statu immor-
« talis permanebit. »

Il décrit ensuite les quatre fleuves qui sortent du Paradis, et parlant du Géon (le Nil), il dit : « Juxta montem Atlantem surgens mox a terra « absorbetur, per quam occulto meatu currens in littore Rubri maris « denuo funditur, Ethiopiam circumiens per Egyptum labitur... »

Les cosmographes du Moyen-Age suivaient, relativement aux cours de ce fleuve, l'erreur des Anciens qui prétendaient qu'il avait sa source dans les Indes. Quelques auteurs anciens ont cru qu'il sortait d'une même source que le Gange. Selon Pausanias (Corinth.) et Philostrate (vita Apoll. lib. I, c. 14), le Nil était un écoulement de l'Euphrate. Les cosmographes et les cartographes du Moyen-Age adoptèrent non seulement cette erreur, mais ils en ont commise une plus grande, en adoptant la théorie des Pères de l'Eglise, qui faisaient venir ce fleuve des extré-mités orientales du monde.

(2) Sur les îles fantastiques de l'Océan Occidental au Moyen-Age, consultez un Mémoire de M. d'Avezac sur ce sujet ; brochure de 31 pages publiée en 1845.

Voyez aussi la savante discussion de M. de Humboldt sur ce sujet

cartes du moyen-âge représentèrent dans leurs œuvres graphiques l'île fantastique de Saint-Brandan. Les Pizzigani, suivant cette légende, représentèrent même sur leur carte de 1367 ce saint personnage se promenant sur la mer des Canaries (1).

Honoré d'Autun, de même que Raban Maur et d'autres cartographes du moyen-âge, signale les Gorgones au même parallèle que le mont Atlas, et près d'elles les *Hespérides* (2), et les dessinateurs de

dans son *Examen critique de l'Histoire de la Géographie du Nouveau-Continent*, t. I. p. 169 à 177.

L'île Antilia se trouve encore marquée dans le globe de Martin de Behaim de 1492.

(1) Voici la description qu'Honoré d'Autun fait de l'île de Saint-Brandan :

« Est quædam Occeani insula dicta perdita amœnitate et fertilitate « omnium rerum pre ceteris terris longe prestautissima, hominibus « incognita, que aliquando casu inventa, postea inventa, non est re-« perta, et ideo dicitur perdita. *Ad hanc fertur Brandanus venisse.* Insulas circuivimus nunc inferna petamus. »

L'image du Monde, poème géographique (mss. n° 7991 de la Bibliothèque de Paris, qui a appartenu à la bibliothèque de Charles V et qui est du XIII° siècle, décrit l'île de Saint-Brandan et ses merveilles.

Sur cette légende on doit consulter la publication faite par M. Achille Jubinal, intitulée : « La *Légende latine de S.* BRANDAINES, *avec une traduction inédite en prose et en poésie romanes, d'après les manuscrits de la Bibliothèque royale remontant au XI, XII et XIII° siècle* (Paris, 1836). Au sujet de l'île *Encoberta*, voyez *Memoria Historica* de M. de Senna Freitas (Lisboa, 1845).

(2) « Gorgodes insule in Oceano juxta Athlantem. Juxta has Hespe-« rides in his oves albi veleris habundant que ad purpuram optime « valent, etc... »

« Ultra has fuit illa magna insula que Platone scribente cum populo est submersa. »

mappemondes les marquaient pour la plupart dans
le même ordre : particularités qu'on remarque dans
un grand nombre de monuments que nous donnons
dans notre Atlas à l'appui de cet ouvrage.

D'après les systèmes cosmologiques des auteurs
que nous venons d'examiner, on plaçait l'Enfer au
centre de la terre, celle-ci immobile au centre de
l'univers; puis l'eau, l'air, le cercle de feu, les planètes, etc. Les dessinateurs de cartes reproduisaient
tous ces systèmes cosmologiques dans leurs œuvres,
comme on le verra plus en détail dans la II⁰ partie
de cet écrit, consacré à l'explication des monuments
de notre Atlas.

Othon de Freisingen, célèbre chroniqueur de
cette époque et frère de l'empereur d'Allemagne
Conrad III, qu'il accompagna dans son voyage en
Palestine, et qui mourut en 1158, n'était pas plus
avancé que ses contemporains ou ses prédécesseurs
au sujet de la géographie, et il ne connaissait pas
non plus l'existence des pays qui ont été découverts
au XV⁰ siècle.

Pour démontrer ces faits, il suffit de lire la partie
de l'ouvrage du célèbre évêque, relative aux divisions de la terre, et consulter les sources dont il s'est
servi.

Il dit que la terre se divise en trois parties, sa-

voir : l'Asie , l'Afrique et l'Europe , *mais que quel-*
ques auteurs avaient joint l'Afrique à l'Europe à
cause de sa petitesse (1) ; et, pour l'énumération des
pays dont se composent ces trois, ou plutôt, selon
lui, ces deux parties du monde, il renvoie à l'ouvrage d'*Orose.*

Ces passages suffisent pour prouver que l'un des
savants les plus éminents du XII° siècle, était à cet
égard aussi ignorant que les cosmographes du V°
siècle, et que pendant sept siècles les connaissances
relatives au prolongement de l'Afrique et de la vraie
forme de ce vaste continent, n'ont pas fait le moindre
progrès.

Ainsi, l'Afrique d'Othon était la même que celle
d'Orose; elle se terminait pourtant du côté de l'orient,
au 12° degré de latitude nord, précisément à la même
latitude où Ératosthène et Strabon plaçaient la terre
habitable. Et du côté occidental , les connaissances
d'Othon devaient se borner par conséquent à celles
de l'auteur qu'il cite, et, par conséquent, elles s'arrêtaient aux pays situés en deçà du cap Bojador (2).

Hugues de Saint-Victor, qui vécut dans ce siècle,
écrivit un traité intitulé *De Situ terrarum.* Cette cos-

---

(1) .... *propter sui parvitatem. Qui Africam tertiam mundi partem dixe-*
runt non rationes dimensionum, sed refluxiones marium secuti sunt.
(Othon, Chron., liv. I, c. 1.)

(2) Voyez ce que nous avons dit de la géographie d'Orose, au § 1er.

mographie est à peu près la même que celle de tous les auteurs qui la précédèrent, comme on le verra par l'examen et l'analyse que nous allons faire de son ouvrage. Fleury avait déjà fait remarquer que cet abrégé de géographie était tiré des anciens, et cet auteur ajoute: « Comme si le monde n'eût pas changé depuis plusieurs siècles. »

D'abord sa division de la terre est entièrement la même que celle de tous les géographes qui le précédèrent. Il divise le monde en trois parties, savoir : l'Asie, l'Europe et l'Afrique. L'Asie occupe la moitié de la terre (1).

Cette division seule nous prouve que ce cosmographe ne connaissait pas les pays découverts au XVe siècle.

Il place le paradis terrestre en Asie, et sa description est presque la même que celle de Raban Maur (2).

_____

(1) De Situ Terrarum, cap. 1 :

« Tres sunt partes mundi, Asia, Europa, Africa, quarum Asia illam
« medietatem terræ, quæ est ad orientem, tenet. Aliæ duæ illam,
« quæ est ad occidentem, et mari magno ab invicem dividuntur. »

(2) « Habet Asia provincias multas et regiones, quarum nomina, et
« situs breviter expedians sumpto initio à Paradiso. *Paradisus* est locus
« in orientis partibus omni genere ligni, et pomiferarum arborum
« consitus. Habet lignum vitæ, non ibi frigus est, non æstus, sed per-
« petua aëris temperies. Habet fontem, *qui in quatuor* flumina dividi-
« tur. Paradisus Græce, Hebraice dicitur Eden quod utrumque junc-
« tom in nostra lingua dicitur hortus deliciarum. » *De situ Terrarum,*
cap. II, p. 345, tom. II.

Dans sa description de l'Asie, il répète les mêmes fables rapportées dans les traités de cosmographie et de géographie dont nous avons parlé plus haut. Il mentionne en effet des montagnes d'or où l'on ne peut pas aller à cause des dragons et des griffons (1).

Il place aussi Jérusalem au centre de la terre (2). Il n'oublie pas non plus comme ses devanciers de parler des Amazones. Il les place entre la mer Caspienne, le Pont-Euxin (la mer Noire) et le Tanaïs (le Don) (3).

Il ne connaît de l'orient de l'Afrique que l'Ethiopie supérieure. Sa description de cette partie du globe est la même que celle donnée par les anciens. Elle est extrêmement résumée (4).

(1) « Habet et montes aureos, quos adiri propter dracones, tygres et « gryphes et immensorum hominum genera sane quam difficile est. »

(2) « In medio Judææ est Hierusalem *quæ est umbilicus totius* « *terræ.* » De situ Terrarum, chap. II, p. 343.)

(3) « Sub Scythia a mari Caspio usque ad Euxinum, vel Hellespontum, « et fluvium Tanaim *sunt Amazonia......*

« Amazonia dicta est eo, quod in ea fœminæ regnant, quæ ne impe-« diantur à sagittando, puellis suis dextram mamillam adimunt. » (Ib.)

(4) « Africæ regiones ab oriente ad occidentem porriguntur sic. « Æthiopes, Nadaberes, Garamantes, Libya Cyrenensis, Tripolitana, « Futhensis, Zeugis, Getulia, Numidia, Tingitania, Mauritania, Syrtes « autem à mari Mediterraneo exeuntes usque ad Occeanum Atlanti-« cum in obliquum ductum porrectæ dividunt Zeugin, Numidiam, et « Mauritaniam à desertis Africæ, ultra quæ sunt Æthiopes. Nada-« beres à Nadaber loco vocantur. Garamantes quoque à Garamo oppido « nominantur. Libya Cyrenensis à Cyrene civitate dicta est. Tripolitana « a tribus civitatibus suis. Futhensis autem à Futh putatur cognomi-

Parlant des montagnes du globe, il ne mentionne en Afrique que l'Atlas (1), de même qu'en parlant des fleuves du globe, il ne connaît dans l'Afrique que le Nil. Parmi les îles de l'Atlantique, il mentionne les îles Fortunées, les Hespérides et les Gorgodes (2).

L'ignorance en géographie était profonde dans ce siècle. Saint Bernard ignorait de son temps qu'il y eut une abbaye de Flais ou Saint-Germer.

La plupart des auteurs que nous venons de nommer regardaient même l'Inde et les différentes parties de l'Asie où pénétrèrent les armées d'Alexandre

« nata. Porro in Zeugi est Carthago. Getulia (ut fertur) piscatores non
« habet. Numidia ab incolis per pascua vagantibus nomen trahit.
« Nam lingua eorum Numidiæ incertæ sedes vocantur. Tingitania à
« Tingi metropoli nomen habet. Mauritania à Mauro, quod est nigrum
« nominatur. » De situ Terrarum, cap. III.

(1) ... In Africa Atlas (ib. cap. IV).

(2) Les livres ou plutôt les fragments de *Situ Terrarum, de III partibus Mundi* sont attribués par Oudin à Richard de Saint-Victor (*Scriptor. Ecclesiast.*, t. II, col. 1149. 1150, etc.). Les Bénédictins, dans l'article de Hugues, *Hist. litt. de la France*, tom. XII, p. 68, disent aussi que l'*Abrégé de Géographie* n'est point d'Hugues, et ils renvoient au second tome de ses Œuvres, où ce Traité est cependant imprimé. Ils concluent de l'examen des extraits dont il fait partie, que ces extraits sont d'un auteur inconnu. C'est une opinion que partage M. Daunou, lorsqu'il les retrouve (*Hist. litt. de la France*, t. XIII, p. 480), dans les Œuvres de Richard de Saint-Victor, publiés à Rouen, 1650, 3 vol. in-fol.

Note qui nous fut donnée par M. Victor Le Clerc, un des savants rédacteurs de l'*Histoire littéraire de la France*, et que nous avons consulté sur la question de savoir si ce traité avait été rédigé par Richard ou par Hugues de Saint-Victor.

Au sujet de Richard de St-Victor, voyez aussi l'article de M. Weiss, dans la *Biographie Universelle*, t. XXXVII.

le Grand comme les extrémités du monde et comme un pays où les hommes ne pouvaient pas pénétrer.

Un autre savant qui jouit dans ce siècle d'une grande renommée, et dont l'ouvrage est devenu précieux, Jacques de Vitry, s'est servi, pour écrire son *Histoire orientale*, d'une mappemonde.

Les auteurs de l'histoire littéraire de la France (1) disent qu'il serait curieux de savoir en combien de parties la terre était divisée sur la mappemonde dont il s'est servi pour écrire son histoire. Si les auteurs de cette savante publication avaient connu les mappemondes et les cartes du moyen âge, ils auraient su que la terre était divisée en trois parties dans la mappemonde de Jacques de Vitry, et que, lors même qu'on y aurait rencontré une terre trans-océanique, celle-ci représenterait l'*alter orbis* de Méla, ou l'Antichthone placée au sud de l'Afrique.

Ainsi, le passage que nous venons de citer des auteurs de l'Histoire littéraire prouve qu'il y a un siècle encore, la cartographie du moyen âge était entièrement inconnue des savants.

---

(1) *Histoire littéraire de la France*, t. IX, p. 154 et suivantes. Les deux premiers livres de la *Historia Orientalis* ont été publiés par Bongars dans le *Gesta Dei per Francos*.

En 1597, François Moschus publia aussi à Douai une autre édition. Dans le 1er volume de la *Bibliographie des Croisades*, par Michaud, on trouve une Notice des Œuvres du cardinal de Vitry.

Jacques de Vitry fait venir le Physon du Paradis terrestre (1). Il traite des gymnosophistes de l'Inde et des Amazones. Il ne connaît rien de l'Inde au delà des pays traversés par les armées d'Alexandre le Grand. Il décrit aussi le Paradis terrestre (2), et comme tous les cosmographes du moyen âge, il le place dans la partie la plus orientale du monde, dans un endroit inaccessible et entouré d'une muraille de feu qui s'élève jusqu'au ciel (3). On trouve aussi dans l'ouvrage de Jacques de Vitry les fables des Grecs mêlées aux traditions sacrées (4).

(1) *Historia Orientalis*, cap. 91.

(2) *Ib.* lib. I. cap. 87.

(3) Rapprochez ce passage de la description identique du Paradis qu'on trouve dans l'*Imago Mundi* d'Honoré d'Autun, que nous avons donnée, p. 59 et 60 (note).

Les dessinateurs de la Mappemonde des *Chroniques de St-Denis du temps de Charles V*, et Fra Mauro ont représenté le Paradis d'après la description qu'on lit dans ces cosmographes.

(4) Jacques de Vitry, entre autres fables, rapporte celle des Pygmées qui combattaient contre les Grues. En parlant du Nil, il dit :

« ... Vos Nilum fluvium bibendo alveum cursu minuistis, Vos mons- « tratis ut horribilem Oceanum navigaret homo. »

Il s'est servi d'une Mappemonde pour sa description de l'Asie. A ce sujet il dit :

« Hæc prædicta quam partim ex historiis orientalium et *Mappa- « mundi* partim ex scriptis beati Augustini et Isidori, ex libris etiam « Plini et Solini, præter historiæ seriem, præsenti operi adjunximus, « si forte alicui incredibilia vedeantur, nos neminem compellimus ad « credendum. »

Pour juger de ses connaissances géographiques, il suffit de mentionner les auteurs dont il s'est servi pour prouver qu'il n'était pas plus avancé que ses prédécesseurs. Les auteurs où il a puisé furent Pline, Solin, Saint-Augustin et Isidore de Séville.

Hugues Metellus, savant d'une grande érudition, et qui vécut dans le même siècle, plaçait aussi la terre habitable jusqu'à *Siène* et *Méroé*, c'est-à-dire qu'il plaçait la terre habitable jusqu'au tropique du Cancer (1), et croyait que la zone torride était *inhabitable* (2); et Guillaume de Jumièges, qui vécut aussi à cette époque, prenait pour guide, dans la cosmographie, saint Augustin, lequel trouvait une *absurdité à supposer que quelques individus aient jamais passé de notre hémisphère au delà de l'océan* (3).

Herrade de Landsberg (4), abbesse du monastère de Hohenbourg en Alsace (5), composa dans ce siè-

(1) La géométrie (dit-il) m'apprenait à mesurer la terre.... Autrefois je faisais le tour de la terre, et je m'avançais jusqu'à la zone torride. J'allais même au dessous de *Méroé* et à *Siène*, et j'y plaçais l'habitation des hommes.

(2) Voyez Metellus, Epit. 51 et 52 dans le recueil de *Canisius*. Hugo, abbé d'Estival, recueillit 55 lettres de Metellus, qui se trouvent dans le t. II des *Sacræ Antiquitatis monumenta*.

Sur Hugues Metellus, voyez Mabillon, t III, *Analect.*, p. 465, et Fabricius, *Biblioth. Mediæ et Inf. Latinit.*, lib. VIII, t. III, p. 868, édit. in-8.

(3) *De civitate Dei*, liv. XVI, chap. IX.

(4) On trouve ce nom écrit aussi de la manière suivante : Herrat et Heraca.

(5) M. Walckenaer donna, dans la Biographie Universelle (tome 67,

clé (1180) une cosmographie qui se trouve dans son ouvrage intitulé : *Hortus Deliciarum* (1).

La partie cosmologique et géographique qu'on y rencontre est pour la plupart empruntée à un recueil intitulé : *Aurea Gemma*, qui a beaucoup de

Supplém., p. 113), une Notice pleine d'intérêt sur cette religieuse, et sur le monastère d'Hohenbourg.

(1) Le manuscrit précieux contemporain, qui renferme l'ouvrage d'Herrade et qui est une espèce d'encyclopédie, fait partie de la Bibliothèque de Strasbourg.

Un grand nombre d'auteurs ont parlé de ce manuscrit, savoir : le *Gallia Christiana*, tome V; — Schœpflin, *Alsatia illustrata*; — Bruschius, *Chronologia Monasteriorum* (1830); — Crusius, *Annales Suevica* (1595); — Bernhard Herzog, *Chronique allemande de l'Alsace*; — Spekle, *Collectanea Mss.* (1570); — Ruyr, *Saintes Antiquités de la Vosge* (1633); le jésuite Jean Buzée (*Opera Petri Blereis, edit.* de 1667); — Oberlin, dans l'*Annuaire statistique du Bas-Rhin* pour 1807, et l'*Histoire littéraire de la France*, tome XIII, p. 589.

Mais la plupart de ces auteurs ont traité ce manuscrit d'un simple recueil de poésies latines, et le jésuite Buzée l'a considéré comme un simple recueil de sentences extrait de la Bible. Aucun ne fit la moindre attention à la partie scientifique de cet ouvrage, et tout en donnant des fragments ils n'en ont pas publié un seul relativement à l'astronomie, à la cosmographie et à la géographie.

En 1818 M. Moritz d'Engelhardt publia en allemand un très bon Mémoire sur cette abbesse et sur son ouvrage, avec un atlas in-folio de 12 planches que nous avons examiné dans la Bibliothèque de l'Institut de France, et sur lequel nous aurons l'occasion de parler ailleurs plus en détail.

En 1829, M. Alexandre Le Noble a présenté au concours des antiquités nationales un Mémoire sur l'ouvrage d'Herrade, mémoire auquel l'Académie des Inscriptions et Belles-Lettres a accordé une médaille d'or, et en 1839 il publia, dans la Revue intitulée : *Bibliothèque de l'École des Chartes* (tome I, p. 238), une Notice du même manuscrit extraite (dit-il) en grande partie du Mémoire présenté à l'Académie. Nous renvoyons le lecteur à cette curieuse notice.

rapport avec le livre d'Honoré d'Autun, *De Imagine Mundi*, dont nous avons parlé plus haut (1). Les extraits dont se compose l'ouvrage d'Herrade sont tirés de la Bible, de Saint-Augustin, d'Isidore de Séville, de Bède, d'Honoré d'Autun et d'autres.

D'après l'analyse que nous avons déjà faite des systèmes et des connaissances géographiques de ces cosmographes (2), on doit bien penser que l'auteur du *Hortus Deliciarum* (le Jardin des Delices) n'était pas plus avancé sur la connaissance du globe que les auteurs où il a puisé. La sphère qui se trouve tracée dans le manuscrit (3) et l'explication qui l'accompagne, prouvent en effet que l'auteur n'était

(1) Voyez l'analyse du livre cosmographique d'Honoré d'Autun, p. 57 à 62, § VII.

(2) Sur les théories de Saint-Augustin, voyez p. 69, § VII.

Sur les systèmes d'Isidore de Séville et de Bède, voyez § III, p. 22 et 24 à 29.

(3) M. Le Noble, dans sa Notice, indique que la sphère se trouve tracée dans le manuscrit; mais parmi les nombreux dessins du même manuscrit, qui se trouvent reproduits dans l'Atlas de M. Moritz, la sphère en question, ni aucune autre représentation graphique du monde, ne s'y trouve gravée.

La savante abbesse exécuta elle-même, avec un grand soin, son ouvrage sur parchemin, et y ajouta un grand nombre de dessins et de figures coloriées destinées à éclaircir le texte.

Selon M. Le Noble, on y remarque aussi un zodiaque très bien dessiné au fol. II. Les noms des 12 signes sont écrits à part. Il analyse la notation évidemment astrologique; les signes qui, d'après leur arrangement normal devraient se suivre dans l'ordre ordinaire de *Libra-Scorpio*, etc., sont au contraire conjugués par couples de 6 en 6, de façon à produire une combinaison que ce savant démontre p. 247.

pas plus instruit sur la cosmographie et la géographie que ceux dont nous venons de produire les systèmes. Sa théorie des zones habitables et inhabitables est la même qu'adoptèrent tous les cosmographes du moyen-âge. Et en effet Herrade soutient que parmi les cinq zones deux sont habitables et *trois inhabitables* (1).

Il est donc évident qu'elle croyait que les deux zones tempérées étaient habitables, et que les deux autres polaires, ainsi que la zone torride, étaient inhabitées; théorie qui prouve que l'auteur, de même que tous les savants de son temps, ne connaissait pas les régions découvertes au XVe siècle.

Ainsi Herrade, malgré son savoir encyclopédique (2), ne connaissait réellement que la moitié du globe.

_____

(1) Quinque zone vel circuli, id est partes sunt due habitabiles, *tres* « *inhabitabiles*. Temperate sunt habitabiles, *relique inhabitabiles*. Zone « vel circuli quinque sunt. Primus arcticus. Secundus terrinus tropi- « cus. Tercius himerinus, qui a latitudinis equinoxialis dicitur. Quar- « tus antarcticus. Quintus cimerinus; latine vero hiemalis vel bru- « malis. »

(2) « Ce qui nous paraît très remarquable (dit M. Walckenaer en parlant du Mss. d'Herrade), c'est la manière dont elle a figuré le tableau d'ensemble des connaissances humaines dont elle traite dans son livre. Au dessus d'une tête à triple face, qui est la Trinité sainte, elle a écrit : ETHICA — LOGICA — PHYSICA, c'est-à-dire la morale, la logique, la physique ; et ce dernier mot comprend toutes les sciences naturelles, mathématiques et physiques. Au dessous de la Trinité est le Saint-Esprit d'où sortent les sept sources qui donnent naissance aux sept arts libé-

Bernard de Chartres, ou *Sylvestris*, composa aussi dans ce siècle un ouvrage cosmographique, qu'il intitula : *Megacosmos* et *Mycrocosmos* (le Grand et le Petit Monde) (1). L'auteur a puisé toute sa théorie cosmographique dans Platon, mais il adopte en

raux, savoir : la rhétorique, la dialectique, la musique, l'arithmétique, la géométrie, l'astronomie, la poésie, ou la magie. Près de la Trinité, dans un demi-cercle qu'elle a tracé, on voit Socrate, et Platon assis devant un livre ouvert. Les divisions principales et les subdivisions des connaissances humaines rappellent, par la manière dont Herrade les a disposées, l'arbre dont se servent nos encyclopédistes modernes pour montrer comment les connaissances générales inscrites sur le tronc se subdivisent ensuite en un nombre infini de branches et divisent les unes des autres, avec cette différence cependant qu'Herrade par son emblème fait descendre du ciel et émaner de Dieu les notions intellectuelles de l'homme, et que nos modernes philosophes semblent par le leur les faire sortir de la terre et s'élever de bas en haut. »

Cette représentation allégorique se trouve reproduite dans l'Atlas de M. Moritz, qui accompagne son Mémoire ayant pour titre : *Herrade de Landsperg*, abbesse de *Hohenbourg*, ou de *Sainte-Odile*, en *Alsace, dans le XIIe siècle, et son ouvrage* HORTUS DELICIARUM — *pour servir à l'histoire des sciences, de la littérature, des arts, des mœurs, des costumes et des armes du moyen-âge.*

(1) Fabricius, dans sa Biblioth. Mediæ et Inf. Latin., tome I, p. 637, édit. in-8°, cite Bernardus Sylvestris, et fait mention des ouvrages de cet auteur.

Le savant abbé Le Beuf n'a pas connu l'ouvrage de ce cosmographe, puisqu'il dit (Dissertat. sur l'état des sciences en France) qu'un certain Richard de Furnival, chancelier de l'église d'Amiens, qui avait une nombreuse bibliothèque pour ce temps là, n'avait d'autre livre géographique que celui d'un nommé *Bernardus Sylvester*.

Nous ajouterons qu'un certain Richard de Furnival, qui vivait vers le milieu de ce siècle (XIIe), composa un *Bestiaire*, ou *Traité des Animaux*, qui se trouve dans le manuscrit n° 3379 de la Bibliothèque nationale de Paris, où nous l'avons examiné.

Voyez sur ce manuscrit le tome V, p. 277 des Notic. et Extrait.

même temps celle des Pères de l'Église, relativement à l'emplacement du Paradis terrestre. L'ayant placé à l'orient du monde, (1), il nous montre que ses connaissances géographiques étaient les mêmes de ceux qui les précédèrent (2).

Ainsi le XII° siècle qui, dans l'histoire littéraire du moyen âge, forme une nouvelle division par la série d'hommes distingués qu'il a produits, et qui fut le commencement d'une période intéressante où les progrès de l'esprit se produisirent et se développèrent avec une remarquable activité (3); le XII° siècle, enfin, malgré ces grands progrès, ne vit point la géographie ni la cartographie faire le moindre pas, comme nous venons de le montrer. Nous montrerons ailleurs que les Arabes même, qui étaient plus avancés que les occidentaux, n'avaient non plus

(1) Voyez, dans le manuscrit n° 7994 de la Biblioth. de Paris, la partie que ce cosmographe intitule : *Topographia de Paradisus Orientalis.*

(2) Les auteurs de l'Histoire littéraire de la France, tome XII, p. 261, consacrèrent un article à cet écrivain; mais ils n'ont pas analysé son ouvrage cosmographique. La Bibliothèque nationale de Paris possède 6 manuscrits de l'ouvrage de cet auteur. La Bibliothèque Vaticane en possède 4, et la Cotonnienne, dans le Musée Britannique, en possède un autre qui porte le titre suivant : *Bernardi Sylvestris Cosmographia.*

Nous avons examiné trois manuscrits de cette cosmographie, savoir : celui qui porte le n° 6752-A, et celui du n° 8751, qui porte le titre de *Cosmographia Magistri Bernardi Sylvestris*, *sive Mundi descriptio* (petit in-4°); enfin celui qui porte le n° 7994.

(3) Voyez Hallam, *Littérat. de l'Europe au Moyen-Age*; t. I, p. II.

aucune connaissance positive des pays et des mers découverts plus tard par les navigateurs du XVe siècle.

§ VIII.

XIIIe SIÈCLE.

SACRO BOSCO, — VINCENT DE BEAUVAIS, — ALBERT LE GRAND, — ROGER BACON, — ROBERT DE LINCOLN, — PIERRE D'ABANO, — LE DANTE, — CECCO D'ASCOLI, — ROBERT DE SAINT-MARIEN D'AUXERRE, — GERVAIS DE TILBURY, — PIERRE DE VIGNES, — BRUNETTO LATINI, — JOINVILLE, — OMONS, — ALAIN DE LILLE, — GUI DE BAZOCHES, — ENGELBERT — et NICEPHORE BLEMMIDE.

Malgré l'institution des Universités, malgré la culture des langues modernes, suivie de la multiplication des livres et des grands travaux sur le droit romain, les connaissances géographiques et cartographiques n'ont pas, pendant le XIIIe siècle, fait le moindre progrès relativement à la connaissance des pays découverts deux siècles après.

Malgré les voyages en Tartarie entrepris dans ce siècle, les idées générales sur la cosmographie et sur les régions qu'ou considérait comme inhabitées, continuèrent à être reproduites par les cosmographes; et l'art de construire des cartes du globe est resté aussi dans le même état. Les dix mappemondes et planisphères de ce siècle, que nous avons donnés déjà dans notre Atlas, viennent constater ce fait.

Les ouvrages des écrivains les plus éminents qui s'occupèrent de la cosmographie, et que nous choisirons parmi les auteurs de ce siècle, montreront qu'ils ne connaissaient pas, par l'expérience des voyageurs, la moitié du globe.

Sacro Bosco (1), dont nous avons déjà parlé dans un de nos ouvrages relatifs aux découvertes maritimes (2), adopta aussi, dans son traité *de Sphœra mundi*, la théorie que la zone entre les deux tropiques était inhabitable à cause de la chaleur (3), ce qui prouve de la manière la plus péremptoire que ce savant était aussi arriéré que ceux qui l'avaient devancé de plusieurs siècles, et dont nous avons exposé déjà les systèmes. Il nous donne ainsi la preuve que l'Afrique au delà du tropique du Cancer, ainsi que le nouveau continent et une grande partie de l'Asie méridionale, lui était entièrement inconnue, ainsi que ses mers et ses îles, et malgré les graves erreurs

(1) Sacro Bosco mourut en 1256 (voyez *Hist. littér. de la France*, tom. XIX, p. 1.

(2) Voyez nos Recherches sur la découverte des pays situés sur la côte occidentale d'Afrique au delà du cap Bojador et sur les progrès de la science géographique après les navigations des Portugais au XVe siècle, accompagnées d'un Atlas composé de mappemondes et de cartes pour la plupart inédites, etc. (Paris, 1842), p. LIII. Voyez les textes de cet auteur que nous avons reproduits dans l'ouvrage cité.

(3) Voyez nos Recherches, p. LIII, note 2, et p. LIV, note 1 et 2.

du cosmographe anglais, son traité fit pendant quatre cents ans autorité dans les écoles (1).

Le fameux encyclopédiste Vincent de Beauvais nous montre aussi, dans son immense ouvrage, qu'il n'était pas plus avancé que les autres savants de son siècle sur les points dont il est question dans cet écrit. Il n'a donc pas fait faire un seul pas à la science, et il s'est borné à rapporter ce qu'il trouvait dans les auteurs anciens. La description qu'il fait de l'océan est tirée d'Aristote, de Macrobe et d'Isidore de Séville (2).

Ayant puisé aussi dans Isidore de Séville la description du Nil, il le fait venir du Paradis sous le nom de Géon, et soutient qu'il entoure toute l'Éthiopie.

Il a puisé aussi dans Solin pour sa description du même fleuve. Il soutient qu'il a sa source dans la Mauritanie inférieure, près de l'océan, et que le même fleuve forme après le lac appelé *Nile* (3).

Sa division des trois parties du monde est la

---

(1) Vincent de Beauvais, *Speculum Naturale*. Part. I, liv. VI, c. XIII.

(2) *Ib.* chap. XXIV. La description du Paradis au chap. II, du liv. XXXIII est à peu près la même de l'*Imago Mundi*, d'Honoré d'Autun, dont j'ai parlé plus haut : « *Paradisus locus* (dit-il) *est in orientis partibus.* » Il parle des arbres qu'on y voit, des quatres fleuves qui sortent de ce lieu de délices, et finit par répéter, comme Honoré d'Autun et d'autres, qu'il est entouré d'une muraille de feu.

(3) *Ib.* cap. XXXV du cours du Nil.

même adoptée par Isidore de Séville, qu'il a eu soin de citer à cet égard. Il connaissait si peu le prolongement de l'Afrique, qu'il soutient qu'elle était plus petite que l'Europe. Sa description de l'Afrique est aussi tirée de l'ouvrage d'Isidore de Séville. De la partie occidentale de ce vaste continent, il ne connaît rien au delà des *Septem Montes* (1), c'est-à-dire au delà du Maroc.

Nous avons montré, dans nos recherches (2), qu'Albert le Grand, qui vécut dans ce siècle (3), n'était pas plus avancé que ceux qui l'ont précédé dans les connaissances géographiques des pays découverts au XV° siècle. Nous avons montré que les arguments dont ce savant s'est servi sur la question des zones habitables, étaient tous tirés des auteurs arabes, comme il l'avoue. C'était d'après les

(1) Vincent de Beauvais dit que les régions africaines près des *Septem Montes* produisent : « *feras simias et dracones et strutiones* (cap. XV, liv. XXXI).

C'est d'après une description semblable qu'Andrea Bianco représenta dans l'Océan hispérique un golfe où on voit deux dragons et la légende : « *Sinus abmalion* (sic). »

(2) Voyez nos Recherches citées, p. 4 et suiv. (Paris, 1842).

Albert le Grand représente la mer Baltique comme un grand golfe que le continent environne. On prétend qu'il fut le premier qui ait bien connu cette mer intérieure et les contrées qui la limitent. (Voyez *Hist. littér. de la France*, t. XIX, p. 377.)

(3) Albert le Grand naquit en 1193 et mourut le 5 novembre 1280 (*ib.*, t. XIX, p. 363).

livres des Orientaux qu'il a soutenu que ceux qui habitent au midi de la Perse et de l'Egypte aperçoivent plusieurs étoiles méridionales que nous, qui habitons le septième climat, ne voyons pas, de même qu'ils ne voient jamais celles du pôle nord.

Si Albert le Grand n'avait point avoué qu'il avait puisé aux sources orientales, on aurait pu croire qu'il soutenait le fait dont il s'agit, l'ayant puisé dans l'ouvrage de Pline (1), lorsque cet auteur traite des constellations que les Troglodytes ni leurs voisins les Egyptiens ne voyaient jamais, savoir les sept étoiles du Chariot, comme les Italiens ne voyaient jamais leur étoile *Canopus* ni celle de la *Chèvre de Bérénice*. Nous ajouterons ici qu'Albert le Grand puisait tellement aux sources arabes, qu'on trouve dans ses ouvrages des noms mêmes de cette langue. Lui et Vincent de Beauvais, dont nous avons parlé plus haut, se servirent des mots arabes pour désigner la polarité de l'aiguille aimantée (2). Il cite souvent Averroès (3), Avi-

(1) Voyez Pline, *Hist. Nat.*, liv. 2, c. 70. *De siderum ortus*, etc.

(2) Voyez Klaproth, *Lettre sur la Boussole*, p. 50 et 51 à 54.

(3) Averroès, philosophe et médecin arabe, naquit à Cordoue au XII⁰ siècle. Il traduisit les Œuvres d'Aristote et composa un grand nombre de commentaires sur cet auteur.

DE LA PAGE 78
A LA PAGE 79

cenne (1), Alfarage (2), Algasel (3) et Maimonide (4).

Quoique les discussions auxquelles Albert le Grand se livra sur la question des zones habitables, nous témoignent la grande érudition et la sagacité de ce savant, d'autre part il nous prouve, par ces mêmes discussions, que, de son temps, on ne connaissait pas les régions découvertes au XV⁰ siècle.

Et, en effet, nous ajouterons à ce que nous avons dit dans nos recherches (5), qu'Albert le Grand, lorsqu'il parle de l'hémisphère inférieur, dit : « L'hémi- « sphère inférieur, antipode au nôtre, n'est pas tout- « à-fait aquatique, et il est en partie habité ; et si « les hommes de ces régions éloignées ne parvien- « nent pas jusqu'à nous, *c'est à cause des vastes* « *mers interposées ;* peut-être quelque pouvoir ma-

---

(1) Avicenne, et plus exactement *Ibn-Sina*, vécut dans les X⁰ et XI⁰ siècles. Dès ce dernier siècle il y avait déjà une traduction latine de ses Œuvres, faite par Gérard de Crémone à Tolède, d'après un manuscrit arabe.

(2) Alfarabius naquit dans la Transoxane et vécut dans le X⁰ siècle. La plupart de ses ouvrages existent en hébreu, et c'est vraisemblablement d'après ces versions que les Européens ont connu les écrits de ce savant. (Voyez l'article que lui consacra M. Jourdain dans la *Biograph. Univ.*, t. I, p. 530.)

(3) Algaseli naquit à Thous, au XI⁰ siècle, et vécut encore dans le XII⁰. Ses ouvrages furent traduits de bonne heure en latin et en hébreu.

(4) Maimonide, célèbre rabbin juif de Cordoue, vécut au XII⁰ siècle.

(5) Voyez nos Recherches citées, p. L à LIV.

« gnétique y retient les hommes, comme l'aimant
« retient le fer. »

Ainsi on voit qu'il admettait une terre opposée séparée par des vastes mers, et, par conséquent, il
adoptait la même théorie que les anciens, et que les
autres cosmographes du moyen-âge qui renfermaient
l'Afrique en deçà de l'équinoxiale.

De même, l'opinion qu'il émet que le pouvoir magnétique serait la cause qui empêcherait les habitants
de la terre australe de communiquer avec ceux qui
habitaient l'Europe, cette opinion, disons-nous, est
aussi puisée dans les livres orientaux et dans les ouvrages de quelques saints.

En effet, Edrisi parle des montagnes magnétiques
qui retenaient les navires (1). Avant lui, Ptolémée
avait raconté la même chose dans sa géographie (2).
Dans le traité intitulé *de Moribus Brachmanorum*,
qu'on attribue à saint Ambroise, un recteur de
Thèbes raconte ses prétendus voyages dans l'Inde,
et en parlant de l'île de Taprobane ou de Ceylan,
il dit :

« Ici on trouve la pierre appelée *magnes* (aimant),
« qu'on dit attirer par sa force la nature du fer.
« Par conséquent, si un navire qui a des clous de

(1) Voyez Klaproth, *Lettre sur la Boussole*, p. 119 et 120.
(2) Ptolémée, *Géograph.*, liv. VII, chap. 2.

« fer s'en approche, il y est retenu et ne peut plus
« aller en autre lieu (1). »

Aristote parle aussi d'une montagne magnétique
sur les côtes de l'Inde. Klaproth a fait remarquer que
les Arabes qui attribuent ce récit à Aristote l'ont
reçu eux-mêmes de la Chine (2); par ce canal, il est
parvenu en Europe, où nous le retrouvons chez Vincent de Beauvais (3), et il a été répété non seulement par Albert le Grand, mais aussi par le célèbre
docteur Pierre d'Abano, comme on le verra ailleurs.

Cette fable de la montagne magnétique est donc
une tradition orientale. Et Albert le Grand, en la
rapportant, nous fournit une preuve de plus que de
son temps on ne connaissait pas, par l'expérience
des navigateurs de l'Europe, les immenses contrées
découvertes au XVe siècle par les Portugais.

Le célèbre Brunetto Latini, son contemporain,
n'était pas plus avancé que lui. Il nous fournit de

(1) Klaproth, *Lettre sur la Boussole.* Ce savant cite S. Ambroise, *De
moribus Brachmanorum.* Londres, 1665, in-4, p. 59.

(2) Voyez Klaproth, ouvrage cité.

(3) *Ib.*, p. 122. Cet auteur transcrit le passage de Vincent de Beauvais.

Les anciens auteurs chinois parlent aussi de montagnes magnétiques
de la mer méridionale sur les côtes de Tonquin et de la Cochinchine,
et disent que si les vaisseaux étrangers qui sont garnis de plaques de
fer s'en approchent, ils y sont arrêtés et aucun d'eux ne peut passer
par ces endroits. On les dit très nombreux dans la mer du sud. (*Ouvrage
cité*, p. 117).

nombreuses preuves de ce fait dans son Traité sur *la mappemonde*, qui fait partie de son *Trésor*, comme nous l'avons montré dans un de nos ouvrages (1). Il adopta la théorie homérique de l'océan environnant la terre. Sa division du globe est la même des anciens. L'Asie à elle seule est, selon lui, plus grande que l'Europe et l'Afrique ensemble ; et, d'après cette théorie, il place le Paradis à l'Orient et fait venir le Nil de l'est. Cette théorie du cours du Nil prouve que Brunetto pensait que l'Afrique ne se prolongeait pas au delà du tropique. Et en effet, il adopte aussi l'opinion que la zone torride était inhabitée (2). Ainsi un des plus savants hommes du XIIIe siècle n'était pas plus avancé que les cosmographes qui l'avaient précédé de huit siècles !

Nous avons aussi montré déjà ailleurs que Roger Bacon, un des savants des plus remarquables du moyen âge, n'était pas plus instruit que ses devanciers et qu'Albert le Grand et Brunetto Latini, sur les

---

(1) Voyez nos Recherches citées. p. XLVII à L (Paris, 1842).

(2) Voyez nos Recherches citées.

L'auteur du savant article qui concerne Brunetto Latini, dans l'*Histoire littéraire de la France*, t. XX, p. 293, s'est borné à dire que « Brunetto n'a rien mis du sien dans les généralités de cosmographie et d'astronomie compilées des anciens. »

Nous nous permettrons de dire que l'auteur ayant agi ainsi a mis du sien, puisqu'on ne savait alors, en fait de géographie et de cosmographie, que ce que les anciens avaient écrit.

sujets que nous traitons dans cet ouvrage (1). Nous avons montré que Bacon décrivait l'Afrique d'après Salluste, Pline et l'*Ormesta mundi* d'Orose (2). Nous avons montré aussi qu'il avait puisé dans la partie géographique de l'ouvrage d'Isidore de Séville et dans les ouvrages des Arabes (3). Cela suffit pour nous montrer que Roger Bacon ne connaissait pas les immenses contrées découvertes au XVe siècle, et qu'à cet égard, il reproduisait encore les mêmes notions extrêmement bornées de la géographie systématique des anciens et des siècles antérieurs que nous venons de parcourir.

Et en effet, malgré son savoir, il place encore les limites de la terre habitable à Méroé (4) (*Assouan*), et il pensait comme Sénèque et Aristote, qui croyaient qu'un petit espace de mer séparait la côte occidentale de l'Espagne de la côte orientale de l'Inde (5),

(1) Voyez nos Recherches citées, p. LV et LVI (Paris, 1842).

(2) Voyez notre analyse des *Connaissances géographiques* d'Orose, § I.

(3) Bacon cite, en effet, les auteurs arabes. La description de la poudre à canon est tirée des livres arabes (voyez *Histoire littéraire de France*, t. XX, article de M. Daunou, p. 236).

(4) « Meroe vero est terminus superior notæ habitationis secundum « Plinium lib. 2. Num a meridie ponit Mervem principium habitationis « notæ. (Roger Bacon, *Opus majus*).

(5) « Dicit Aristoteles quod mare parvum est inter finem Hispaniæ a parte occidentis et inter principium Indiæ à parte orientis. Et Seneca,

ce qui prouve qu'il ne connaissait absolument rien de la prolongation de l'Afrique au delà du cap Bojador.

Néanmoins, il faut reconnaître, d'autre part, que si ce savant n'a rien ajouté aux connaissances des astronomes de son siècle, il les possédait toutes. Aussi ses aperçus cosmographiques sur l'intérieur de l'Asie, depuis la mer Noire jusqu'à l'océan septentrional, sont assez importantes.

Du reste, le progrès qu'on remarque dans l'ouvrage de Bacon à cet égard est dû à la lecture qu'il avait faite du voyage de l'envoyé de saint Louis en Tartarie, Guillaume de Rubruck, en 1253. C'est d'après ce voyage qu'il a signalé la mer Caspienne comme une mer intérieure (1). En se procurant la relation de ce voyage dont les exemplaires étaient de la plus grande rareté, il nous montre combien il tenait à s'instruire sur les progrès des sciences.

Pierre de Vigne ou *de Vineis*, le fameux chancelier de Frédéric II, qui vécut dans ce siècle, s'est occupé aussi de cosmographie. Cet homme célèbre, en qui plusieurs auteurs reconnaissent un esprit supérieur

---

« lib. V. Naturalium dicit quod mare hoc est navigabile *in paucissi-*
« *mis diebus* si ventus sit conveniens. »
(Roger Bacon, *Opus majus*, p. 183.)

(1) Voyez dans Hacluyt, dans sa *Collection de Voyages*, tom. III, les extraits de la partie de l'ouvrage de Bacon relatifs à la partie de l'Asie dont nous venons de parler dans le texte.

à celui de son siècle, soutenait aussi l'existence de l'*alter orbis* ou de la terre antarctique séparée de l'Afrique, formant une quatrième partie, ou bien il admettait le système des terres opposées de Macrobe, comme on le voit par un vers d'une satire qu'il composa contre le pape et contre la cour de Rome. Voici le vers en question qui nous révèle tout le système cosmographique de cet auteur :

« *Partes mundi quatuor nunc guerra lacessit* (1); »

Si c'est réellement de l'*alter orbis* ou de l'Antichthone dont il a voulu parler, cela nous prouverait que l'auteur devait précisément suivre la théorie systématique des cosmographes qui séparaient l'Afrique en deçà de l'équateur par une zone de mer d'une autre terre australe, et qu'il devait, par conséquent, adopter aussi l'autre théorie qui établissait que les zones intertropicales étaient inhabitables.

Pierre d'Abano, dans son *Conciliator* (2), tâchant de répondre à ceux qui, s'appuyant sur divers passages d'Aristote, croyaient inhabitables les régions

---

(1) Voyez *Recueil de Poésies populaires latines du Moyen-Age*, publié par M. du Méril), p. 165. — Paris, 1847.

Voyez aussi l'article de M. Magnin sur ce recueil, inséré au *Journal des Savants*, de janvier 1848, p. 12. Le 25 décembre 1847 nous avons donné au savant académicien une note sur ce que les cosmographes du moyen-âge appelaient quatrième partie du Monde.

(2) *Conciliator differentiarum philosophorum*, Diff. LXVII.

situées sous la ligne equinoxiale, produit plusieurs raisons qui lui font croire que les contrées dont il s'agit étaient habitées.

Cette discussion, à laquelle se sont livrés Albert le Grand, Bacon et l'auteur que nous analysons dans ce moment, signale déjà un certain progrès chez les hommes éminents ; mais il nous suffira de faire mention des raisons qu'il allègue pour démontrer que Pierre d'Abano ne connaissait pas non plus par l'expérience des navigateurs ou voyageurs européens, les régions découvertes au XVe siècle par les Portugais et par les Espagnols.

Le long passage que nous allons transcrire le prouvera d'une manière péremptoire.

Pierre d'Abano, répondant à ceux qui suivaient Aristote dans la question dont il s'agit, dit qu'Aristote ne savait pas par expérience ce qu'il affirmait, « car, dit-il, il y a des pays qui sont maintenant « habités et qui ne l'étaient pas anciennement ; car, « selon le même Aristote, dans le livre des *Mé-* « *téores*, où actuellement est mer était autrefois ri- « vage, et vice versa. » Et, dans le livre des Problèmes, il dit que la Libye se trouve située au delà du tropique estival, et que l'ombre se projette du côté du midi ; et, dans ce même livre, il fait dire à Alexandre que les Ethiopiens habitent autour de

Syène (25 degrés nord de l'équateur), et que, dans tous les lieux de l'Ethiopie, l'ombre se projette vers la partie méridionale.

Or, on voit par ce passage Pierre d'Abano se rapporter à un auteur ancien et à des observations qui concernent une partie de l'Inde des cosmographes de cette époque, c'est-à-dire de l'Afrique orientale, mais il ne dit pas un mot des observations faites dans la partie occidentale de ce continent.

Il essaie de concilier les opinions d'Aristote et de Ptolémée, et par sa discussion même, il nous prouve qu'il ne connaissait pas les régions découvertes plus tard.

En effet, il ajoute « qu'on peut objecter que ces parties de la terre sont habitées, et que cette opinion ne se trouverait pas en contradiction avec celle d'Aristote, qui croyait qu'elles étaient inhabitées à cause de la chaleur, car une grande partie de ces régions (remarquez bien) se trouve occupée par des mers, et ceux qui habitent sous les tropiques ou dans leur voisinage vivent pour ainsi dire d'une manière extraordinaire. » Et puis il affirme qu'*au delà des tropiques, tout est inhabitable à cause de la chaleur.*

« On peut aussi dire (continue notre auteur), d'après des récits de personnes fidèles depuis le temps de Ptolémée, que quelques personnes ont passé de ces pays-là dans le nôtre, *et selon ce qu'on peut inférer des livres de l'art sphérique, quelques-uns des nôtres* (c'est-à-dire de ceux qui habitaient les zones tempérées), *selon Ptolémée, ont pénétré dans les pays des régions équinoxiales* (1). » Et pour nous fournir une preuve de plus qu'il s'agissait des contrées situées à l'orient, et que c'était à l'Inde qu'il se rapportait, et nullement à l'Afrique occidentale située sous les tropiques, il ajoute immédiatement après :

« On dit aussi qu'il existe la ville d'Aryn aux
« Indes (2), quoique d'autres assurent qu'*il est im-
« possible d'y aller et d'en revenir*, parce qu'il y a

(1) « Ad aliud dicendum, quod aliqui, ut apparuit ex recitationibus « fidelium post tempora Ptolemei ad nos illinc transeuntes perve- « nere : aut ut inductum est per librum ad artem sphericam etiam « secundum Ptolomeum aliqui pervenerunt ad has regiones de locis « æquinoctialium. Non enim inconveniens, quod idem homo senserit « diversis temporibus opposita. *Dictum est illic etiam Arym civitatem* « *Indiæ existere.* Quidam tamen aiunt hinc illuc, aut è converso non « posse transitum compleri : quoniam illic sunt montes qui naturam « habent homines ad se trahendi sicut adamas attrahit ferrum (conci- « liator). »

(2) Ruhkopb, dans ses *Adnotationes ad Quæstiones Naturales* (Senec. Op., t. V. p. 11), pense que l'Inde de Sénèque est les îles Canaries ; « car, d'après Ptolémée (dit-il), l'Inde orientale se rapproche de l'Afri- « que occidentale. » Mais cette interprétation viendrait embrouiller encore plus cette division géographique. Ce qui nous paraît hors de doute, c'est que pendant la plus grande partie du moyen-âge régnèrent les notions les plus vagues sur la situation de cette prétendue ville d'Aryn, ainsi que sur la dénomination d'Inde qui fut arbitrairement étendue.

« des montagnes qui ont la propriété d'attirer les
« hommes, comme l'aimant attire le fer (1). »

L'auteur cite ensuite un passage de Sénèque rela-
tif à une expédition qui, du temps de Néron, entre-
prit de découvrir les sources du Nil (2), et par une
transition, dont il est difficile de saisir le véritable
sens, il dit que de là vient « qu'il y avait peu de
« temps les Génois armèrent deux galères pourvues
« de tout le nécessaire, lesquelles franchirent le dé-
« troit d'Hercule situé à l'extrémité de l'Espagne.

Mais (ajoute-t-il) il y a presque trente ans qu'on
« ignore ce qu'elles sont devenues. »

Et se rapportant toujours à l'Inde où les Génois
paraissaient devoir se rendre, malgré le danger des
montagnes magnétiques, il termine ce passage de la
manière suivante :

« Présentement, le chemin par terre (pour l'Inde)
« est connu ; on traverse la grande Tartarie, se di-
« rigeant vers le nord, ensuite on tourne vers
« l'orient et vers le midi (3). »

Tous les passages de la dissertation de Pierre
d'Abano nous fournissent des preuves nombreuses

(1) Voyez ce que nous avons dit à la pag. 80 à 82 sur la fable des
montagnes magnétiques qui attiraient les navires.

(2) Senec., Nat. Quest., Liv. VI.

(3) Voyez ce passage et l'analyse que nous avons donnée dans nos
Recherches citées, § XXII (Paris, 1812), p. 244.

que c'est dans les livres d'Aristote, de Ptolémée, de Sénèque et des Arabes, ainsi que dans les voyages qu'on venait d'effectuer en Asie après les croisades, qu'il s'appuyait, et non pas dans des récits des voyageurs qui eussent traversé l'océan Atlantique.

Lors même que tous ces passages n'auraient pas constaté ce fait, un autre, dont il fait suivre le récit de la tentative avortée des galères génoises, suffirait pour démontrer que Pierre d'Abano n'avait aucune connaissance de l'océan Atlantique ni des régions intertropicales découvertes par les Portugais.

L'auteur, en effet, revient ensuite à la difficulté qu'il y avait pour *se rendre aux Indes par mer*, à cause des dangers dont la route était semée, et comme pour donner la raison de la disparition des deux galères génoises, il poursuit en ces termes :

« Quelques auteurs ont assuré que cela arrivait à
« cause de l'étendue de l'océan entre les deux tro-
« piques, *dont on ignore la position*, d'autres disent
« que c'est *à cause de la chaleur qui existe entre*
« *les tropiques.* »

Or, on voit par ce passage que Pierre d'Abano, après avoir été d'avis en théorie que les zones intertropicales étaient habitées, montre que *l'océan situé entre les deux tropiques était inconnu* au XIIIe siècle des hommes les plus savants de l'Europe.

Enfin tout ce qu'il rapporte est tiré, nous le répétons, des anciens auteurs, notamment de Ptolémée et des auteurs arabes, et des cartes de ceux-ci, et rien n'était puisé dans les récits des voyageurs européens qui auraient traversé l'Atlantique, et qui auraient visité les régions occidentales de l'Afrique. Ce qu'il dit relativement à la position d'Aryne prouve encore davantage ce que nous avons dit plus haut.

Nous nous permettrons de transcrire encore un passage, qui devient aussi important sous le rapport de la cartographie, puisqu'il prouve qu'au XIII° siècle on connaissait déjà en Europe des cartes arabes (1) et peut-être persanes (2), dans lesquelles se trouvait marquée la fameuse ville d'Aryne ou la coupole d'Aryne, quoique Bacon eût déjà parlé avant lui mais simplement d'Aryne comme cité.

Pierre d'Abano, s'appuyant sur d'autres raisons qui le portaient à croire que la *zone torride était habitée*, et se prononçant contre l'opinion générale qui régnait alors, dit :

(1) Massoudi avait vu au X° siècle, au Caire, des cartes de Marin de Tyr (voyez l'article Massoudi dans la *Biographie Univers.*, et *Notices et extraits des Mss. de la Biblioth. N.*, t. VIII, p. 147).

(2) Ces cosmographes pouvaient connaître les mappemondes persanes, car dans une mappemonde persane, du XII° siècle, de la Bibliothèque du roi, *Modjmel el Tevarikh*, on voit marquée la coupole d'Aryne au centre du monde.

« Que le contraire est démontré par la commune
« renommée de ceux qui composèrent des cartes sur
« la ville d'Aryne, laquelle, *dit-on* (1), se trouve si-
« tuée exactement au milieu du monde, et à égale
« distance des quatre points cardinaux, savoir : l'o-
« rient, l'occident, le midi et le septentrion par neuf
« degrés. Ceux qui ont dressé des cartes sur cette
« ville, d'après la théorie des planètes, furent, *à ce*
« *que l'on dit*, le géant Nembroth (2), Ptolémée,
« Albategni (3), Albumasar (4) et Algorismus (Alkho-
« rizmi, ou Natif du Kharizm). »

« Au surplus, le pays situé sous la ligne équi-
« noxiale se trouve à égale distance des pôles. Or

(1) On voit qu'il parle toujours sous la forme dubitative.

(2) Nembroth, un des esprits que les magiciens consultent. Voyez
Mémoires de l'Académie des Inscriptions et Belles-Lettres, tom. XII, p. 55.

(3) Cet Albategnius, célèbre astronome arabe (Al-Battany) du IXe au
Xe siècle, fit ses observations astronomiques tantôt à Racca, tantôt à
Antioche ; dans son livre (*Zydge-Sâby*) *Table Sabéenne*, il traite aussi
des planètes. Delambre fait remarquer que ses théories ne sont que
celles de Ptolémée et de Théon. Il donne de longs détails sur la position et l'étendue des mers et sur les îles (voy. Delambre, *Hist. de l'As-
tron. au Moyen-Age*).

(4) Mathématicien arabe du IXe siècle, dont le nom véritable est
Djafar-ben-Mohamet-ben-Omar (Abou-Machar), il naquit à Balkh dans
le Khoraçan l'an de l'heg. 190. Il composa un traité d'astrologie connu
sous le titre de *Milliers d'années*. Il y soutient que le monde a été créé
quand les sept planètes se sont trouvées en conjonction dans le premier degré du bélier, et, à cette rêverie, il ajoute qu'il finira lorsqu'elles se rassembleront dans le dernier des poissons !

Casiri, dans sa *Biblioth. Arabic. Hispan.*, t. I, p. 351, donne un catalogue de ses ouvrages.

« (dit-il), le milieu ayant plus de vertu, plus de per-
« fection que les extrémités, et étant aussi plus tem-
« péré, s'il y a des habitants et une température
« convenable dans ces extrémités, à plus forte rai-
« son on doit en trouver au milieu »

Il pense donc, d'après cette théorie, que les pays
situés sous l'équinoxiale doivent être habités (1).

Ainsi, dans toutes ces questions, Pierre d'Abano
ne cite que des auteurs orientaux et Ptolémée, et
pas un seul auteur ou voyageur européen.

La diversité même des opinions sur la position
d'Aryne est, selon nous, une preuve de leur ignorance relativement aux sujets que nous traitons dans
cet écrit.

Une autre preuve évidente, disons-nous, que les
voyageurs européens, et les marins de cette partie
du globe, n'avaient pas encore, à la fin du XIIIe siècle,

---

(1) « Oppositum monstratur communi fama componentium tabulas
« super Arym civitatem, quæ prædicatur recte esse in medio mundi,
« distans ab unoquoque quatuor angulorum mundi, scilicet oriente, oc-
« cidente, meridie, et septentrione per 9 gradus. Compositores autem
« tabularum super civitatem prædictam hi in theorica planetarum his-
« palensis fuisse dicuntur Nembroth gigasi conomicus, Ptolomeus, Alba-
« tegni, Albumasar et Algorismus. Amplius locus æquinoctialis est me-
« dius distans æqualiter ab utroque polo : medium autem virtuosius,
« perfectius et temperatius est extremis. Cum ergo versus extrema sit
« habitatio et temperamentum, multo itaque magis erit circa medium,
« quale locus est, qui sub æquatore, habitabilis itaque erit. (Conciliator
« Diff. LXVII, p. 100, v.). »

franchi les limites des connaissances géographiques de l'antiquité, c'est que les autorités même sur lesquelles Pierre d'Abano s'appuyait prouvent ce fait, selon nous, d'une manière péremptoire. Et en effet, ce savant invoquait sur ce sujet l'autorité de Nembroth, qui était un des esprits que les magiciens consultaient, et qu'il croyait avoir déterminé la position d'Aryne. Au même temps qu'il place cette prétendue ville sous la ligne équinoxiale et à égale distance des pôles, il vient établir que la même ville est par neuf degrés.

Bacon, qui nous dit aussi dans son *Opus majus* (p. 183 et suiv.), que les mathématiciens plaçaient l'Aryne sous l'équinoxiale, à égale distance de l'occident à l'orient et du septentrion au midi, nous dit autre part : ..... *Syenam quæ nunc Aryn vocatur* (ib., p. 194), venant ainsi à la déplacer, en la mettant à Syène (à Assouan), qui est situé par le 24,5 m. de latitude nord.

Selon cette position, le centre du monde serait alors 24 degrés 5 minutes plus au nord de l'équateur.

Pierre d'Ailly, dans son Planisphère, dont nous traiterons dans la partie consacrée à l'analyse des cartes du moyen âge, place l'Aryne au centre du monde, à l'équinoxiale, tandis qu'il admet d'autre part la petitesse de l'Afrique, et dit comme Sénèque qu'en sortant du détroit de Gibraltar on pouvait aller dans l'Inde en peu de jours. Ainsi l'Aryne de ce cosmographe, comme de tous ceux qui ont parlé de cette prétendue ville, était une pure théorie qui, loin de montrer le moindre progrès des connaissances géographiques, prouve au contraire l'ignorance dans laquelle se trouvaient les cosmographes occidentaux et orientaux sur la vraie forme et sur le prolongement de l'Afrique. Et Jean de Beauvau, évêque d'Angers, dans son traité *de la Figure de la terre et de l'image du monde*, mss. de l'année 1479, encore l'Aryne au centre de la terre à une égale distance des quatre points cardinaux.

Nous avons déjà montré dans un autre de nos ouvrages, que le cosmographe anglais Robert de Lincoln, qui vécut dans ce siècle, et qui était considéré comme un des plus savants hommes de son temps, n'était pas plus avancé que les cosmographes ses contemporains au sujet de la connaissance du globe, et relativement à l'Afrique (1). Nous avons montré que, dans son *Traité de la sphère*, ouvrage accompagné d'une nomenclature des différents lieux de la terre alors connus et de leurs latitudes et longitudes, on ne rencontre pas un seul mot relativement aux dif-

(1) Voyez nos Recherches citées, p. 283 et suiv.

férentes positions des villes de l'Afrique occidentale au delà du cap Bojador (1).

Dans le même ouvrage, nous avons montré aussi que Cecco d'Ascoli, homme d'un grand savoir, témoignait dans son commentaire sur le *Traité de la sphère* de Sacro Bosco, qu'il croyait, comme Albert le Grand, Roger Bacon, Pierre d'Abano, que les régions intertropicales étaient habitées ; mais nous avons fait remarquer aussi que les raisons sur lesquelles il s'appuyait étaient fondées sur les opinions de Ptolémée et d'Avicenne, et sur le livre d'Hermès, *de Proprietatibus locorum*, et nullement sur l'expérience ou sur les récits des voyageurs européens (2). Le planisphère de ce cosmographe, où on remarque l'Antichthon ou la terre opposée, et la légende de *terra inhabitalis* sur la zone torride, prouve que Cecco d'Ascoli adoptait les mêmes théories et les mêmes erreurs que celles de tous les cosmographes du moyen-âge (3).

Le Dante, l'un des plus savants hommes de son siècle, montre, dans la partie cosmographique de son poème, qu'il n'était pas plus avancé que ses prédécesseurs ou ses contemporains sur la connaissance

(1) Ibid.
(2) Voyez nos Recherches citées, p. LIV et 216.
(3) Voyez ce planisphère dans notre Atlas.

du globe. Plusieurs passages de sa trilogie le prouvent, selon nous, d'une manière assez évidente.

La lecture du poème du Dante nous montre d'abord que ses idées cosmographiques et géographiques furent puisées aux trois sources où puisèrent la plupart des cosmographes d'une partie du moyen-âge, savoir : dans les œuvres des géographes et des poètes de l'antiquité, dans la cosmographie des Pères de l'Eglise et dans les écrits des Arabes. Ce fait est tellement évident qu'il nous suffira, pour le prouver, de dire que tous les noms géographiques de lieux, de montagnes et de rivières sont les mêmes que ceux des géographes grecs et latins (1). Dans plusieurs endroits, il suit l'Almageste de Ptolémée. Il parle même de ce grand géographe dans le chant IVᵉ de l'Enfer, et il suit sa théorie planétaire. De même que les autres cosmographes du moyen-âge, il place *Jérusalem* au centre géographique du continent consacré à l'habitation des hommes (2), pour se conformer à la cosmographie des Pères de l'Eglise.

Le Dante a dû puiser cette idée non seulement

(1) C'est ainsi qu'on y lit : *Tanaïs* ; *Monte Ripheis*, Purgat., ch. XXVI. Libye (*ib.*), *Ethiopie* (Enfer, chant XXIV). Ailleurs : Abydos, Purgat., chant. XXVIII.

(2) *Purgatorio*, XXVII, I, u. 1.

Plusieurs mappemondes, que nous donnons dans notre Atlas, représentent ce système. (Voyez la IIᵉ partie de cet ouvrage.)

dans les ouvrages des nombreux cosmographes qui le précédèrent, et que nous venons de mentionner, mais aussi dans les mappemondes du moyen âge (1).

La partie relative à l'emplacement du Paradis terrestre est puisée dans les récits cosmographiques des Pères de l'Eglise. D'autres particularités extrêmement remarquables, qu'on trouve dans l'œuvre du Dante, et qui ont tant exercé la sagacité des commentateurs, ont été puisées chez les auteurs arabes aux mêmes sources où puisèrent Bacon, Albert le Grand, Pierre d'Abano, et d'autres auteurs du même siècle. Et, en effet, il cite même *Avicenne* et *Averroès* (2).

Dans le système du Dante, la terre habitée remplissait à peine presque un hémisphère (3), la mer embrassait l'autre, particularité qui, à elle seule, suffirait pour prouver que le Dante n'était pas plus avancé que ses devanciers sur les points qui font l'objet de cet ouvrage. Il pensait aussi, s'appuyant sur la théorie cosmographique d'un grand nombre

---

(1) Voyez à ce sujet la mappemonde du Musée britannique du XIII⁰ siècle, publiée dans notre Atlas, et celles des *Chroniques de Saint-Denis*, de la Bibliothèque de Sainte-Geneviève, et celle tirée d'un manuscrit de la Bibliothèque n. de Paris, n⁰ 4126, renfermées également dans notre Atlas.

(2) *Infern.*, chant IV.

(3) Dante, *Inferno*, XXXIV, 44.

d'auteurs et de cartographes, qu'il existait un continent séparé du monde connu, et, qu'au delà des colonnes d'Hercule, il y avait des régions lointaines
protégées contre l'audace des navigateurs (1), et
c'était là qu'il marquait, comme tous les cosmographes du moyen-âge, la position inaccessible du *Paradis terrestre* sur un cône élevé (2).

C'est encore la montagne de la mappemonde de
Cosmas, de la mappemonde de Turin, monuments
antérieurs à l'époque du Dante. C'est encore le Paradis de la mappemonde du Polychronicon de Ranulphus Hydgen.

Le Dante n'a fait, sur ce sujet si important, que
répéter ce que Cosmas, saint Avite, Bède, saint
Jean Damascène, Isidore de Séville, Honoré d'Autun, Brunetto Latini et d'autres avaient écrit à
l'égard du Paradis terrestre (3); Dans le *Paradis*,
chant X^e, il cite même Isidore de Séville et Bède.

Au surplus, le Dante aurait pu connaître plusieurs
mappemondes du moyen âge où la position du *Pa-*

---

(1) *Inferno*, XXXIV, 42.

(2) *Purgatorio*, IV, 23; — XXI, 20.

(3) Sur la position du Paradis terrestre, voyez ce que nous avons
écrit plus haut, lorsque nous avons parlé de Cosmas, d'Isidore de Séville, d'Azaph et d'autres. Voyez aussi saint Bonaventure, *Compendium*,
11, 64, et Isidore, *Etymolog.*, XIV, 4.

radis terrestre se trouve marquée aux extrémités les plus reculées de la terre (1).

De l'Europe occidentale et de l'Afrique située de ce côté, le Dante mentionne à peine l'*Espagne*, et la partie du royaume de Maroc *que la mer baigne de ses flots* (2) ; et il ne connaît rien au delà de la côte occidentale du Maroc découverte au XV° siècle.

En arrivant au détroit Gaditain, il répète encore la fable des colonnes. Il dit :

« Ce détroit où Hercule plaça ces deux signaux
« *qui avertissaient l'homme de ne pas pénétrer plus*
« *avant* (3).

Un autre passage nous prouve encore mieux que le Dante n'était pas plus avancé dans la connaissance du globe que ses devanciers.

« Je laissais Séville à ma droite (dit-il), comme
« j'avais laissé Ceuta à ma gauche. O mes compa-
« gnons, dis-je alors, qui êtes arrivés dans les mers
« de l'occident.... ne vous refusez pas la noble sa-
« tisfaction de voir *l'hémisphère privé d'habitants.*»

---

(1) Voyez dans notre Atlas les différentes mappemondes qui représentent cette théorie où, non seulement le Paradis terrestre est placé aux extrémités orientales du monde, mais aussi il y est placé dans une terre séparée du monde.

(2) *Inferno*, cant. XXVI.

(3) *Ib.*, édit. d'Artaud, p. 120.

On voit, d'après ce passage, que le poète croyait que les régions intertropicales étaient inhabitées.

Les seules parties de l'Afrique dont il parle sont la Libye et ses sables brûlés par le soleil (1) de l'Ethiopie et des bords de la mer Rouge (2).

Quant à l'Asie, il ne parle que d'une manière très vague des pays situés au delà du Gange (3).

Il paraît adopter aussi la théorie homérique de l'océan environnant, lorsqu'il dit : « *La terre se fit un voile de la mer* (4).

Sa cosmologie est puisée dans l'Almageste de Ptolémée et dans celle des Pères de l'Eglise, comme nous l'avons dit ailleurs, et nous le montrerons plus en détail par l'analyse de quelques monuments cosmologiques. Si ce grand poète parle de constellations australes, c'est d'après des observations astronomiques faites par les Arabes mathématiciens en Egypte et dans l'Inde, mais le Dante n'avait certainement pas l'idée de l'existence de ces constellations par des observations faites par des navigateurs aux mêmes parallèles sur la mer Atlantique ou à l'occident, car nous avons démontré plus haut que le

(1) *Purgatorio*, cant. XXVI.
(2) *Infer.*, chant XXIV.
(3) *Purgatorio*, cant. XXVII.
(4) *Inferno*, XXXIV.

Dante pensait qu'au delà des colonnes d'Hercule,
« l'homme ne pouvait pas pénétrer plus avant. »

Ainsi les quatre étoiles du *Cruseiro*, ou de la croix
du sud, dont il parle, n'ont pas été observées par les
navigateurs européens en naviguant sur la mer
Atlantique du temps du Dante ou avant son époque.

Nous savons d'une manière positive que les Arabes se servaient de l'astrolabe sur la mer Indienne
bien avant l'arrivée des Portugais. Différents passages du journal de Vasco de Gama et des commentaires d'Albuquerque, ainsi que du grand ouvrage de
Barros et d'autres, ne nous laissent pas le moindre
doute à cet égard.

C'est donc d'après les observations des Arabes que
le poète a parlé des quatre étoiles du *Cruseiro* vers
le pôle antarctique (1), et non pas, nous le répétons,
d'après des observations faites par des voyageurs sur
la mer Atlantique.

Cette opinion que nous nous étions formée par un
aveu même d'Albert le Grand, relativement à certaines constellations antarctiques, nous la trouvons
confirmée dans une excellente note de M. Artaud,

(1) *Purgatorio*, c. I.

    I mi vols a man destra et posimente
    À l' altro polo e vidi quatro stelle
    Non viste mai fuor ch' à la prima gente.

ajoutée à sa traduction du Dante (1). Cet académicien rapporte que l'opinion du chevalier Ciccolini,
ancien directeur de l'observatoire de Bologne, était
que le Dante pouvait avoir eu connaissance de la
Croix du sud par des relations des Indes en Egypte.
Mais ce qui vient encore confirmer davantage notre
assertion, c'est que M. Artaud, ayant consulté M. de
Rossel, de l'Académie des sciences, sur la question
de savoir si, à l'époque du Dante, il était possible
que la science eût découvert la *Croix du sud* dans
l'Egypte, que les Génois et les Vénitiens visitaient
habituellement, M. de Rossel lui déclara qu'en faisant des observations au cap Comorin on était placé
à 7 degrés 56 m. de latitude nord, et que l'on pouvait apercevoir distinctement les étoiles de la *Croix
du sud* à plus de 20 degrés d'élévation à leur passage
au méridien.

Mais ce qui est encore, selon nous, plus décisif
sur la question dont il s'agit, c'est que, dans le globe
céleste arabe dressé en Egypte en 1225 (l'an de
l'hégire 622), par Caïssar Ben Aboucassau, on distingue d'une manière positive la Croix du sud (2).

(1) Traduction du Dante par M. le chevalier Artaud, 3e édition de
1843, p. 170.
(2) Le globe arabe d'Aboucassan a été acquis par le cardinal Borgia
en 1784. Il provenait d'un cabinet de Portugal. *Assemani* a donné une
dissertation illustrative de ce monument en 1790. (Voyez la note citée.)

D'autres monuments montrent que le Dante a certainement puisé à ces sources (1), d'autant plus qu'il cite lui-même Avicenne et Averroès, comme nous l'avons dit plus haut.

Ainsi, d'après ce que nous venons d'exposer, le passage du Dante sur la *Croix du sud* n'a rien d'extraordinaire. Ce passage donc, de même que ceux qu'on trouve dans les ouvrages d'Albert le Grand relatifs à certaines constellations, ont été puisés dans les ouvrages et dans les globes célestes des Arabes, comme nous venons de le montrer.

Les Arabes allaient déjà, au Xe siècle, au cap Comorin, où ils pouvaient observer les constellations australes ; mais ils fréquentaient déjà à cette époque

(1) Voyez sur les monuments astronomiques des Arabes l'ouvrage de M. Sédillot, intitulé :

« *Matériaux pour servir à l'histoire comparée des sciences mathémati-* « *ques chez les Grecs et les Orientaux.* Paris, 1845.

Nous ajouterons que Jourdan de Sévérac dans sa description de l'Inde, dit :

« De ista India, videtur Tramontana multum bassa in tantum quod « fui in quodam loco quod non apparebat supra terram vel mare, nisi « per digitos duos. »

Plus bas il dit que du même endroit on voit *Canopus*, qu'on n'aperçoit jamais de nos contrées.

(Relation de Jourdan dans le tome IV des *Mémoires de la Société de géographie de Paris*, p. 53.)

Ibn Wardy, parlant des îles de la mer du Zanguebar, dit « qu'on n'y voit plus l'Ourse. » (Bennât naasch.)

(Voyez *Notices et Extraits des Manuscrits*, t. II, p. 59.)

la côte de Sofala, où ils voyaient parfaitement les étoiles de la *Croix du sud* (1).

Nous ferons remarquer aussi que, si le Dante donne la mesure de la terre un peu plus exactement que d'autres cosmographes du moyen-âge, il a certainement pris cette mesure chez les auteurs anciens.

Fréret a montré qu'Anaximandre n'était pas trop éloigné de la vérité à cet égard (2).

Le Dante aurait donc pu puiser à cet égard dans Strabon et d'autres. Il pouvait aussi adopter la mesure de la terre donnée par les Arabes (3). Et déjà, en effet, près de quatre siècles avant le Dante, le calife *Mamoun* (ann. 833) fit mesurer un degré de latitude dans le désert de Saugiar entre Racca et Palmyre ; et cette mesure, répétée près de la ville de Koufa, servit à déterminer la grandeur de la terre (4).

---

(1) Voyez *Notices et Extraits des Manuscrits*, t. I, p. 11, article de Deguignes sur Massoudi.

(2) Voyez le tome XV des Œuvres de Fréret, in-12, p. 168.

(3) Voyez Fréret, ouvrage cité, tome XVI, p. 175, sur la mesure de la terre donnée par les Arabes.

(4) Voyez Massoudi dans les *Notices et Extraits*, t. I, p. 49. Conférez Aboulféda, *Annal. Moslem.*, t. II, p. 241.

Malgré leur mesure de la terre, les Arabes soutiennent qu'un tiers seulement du globe terrestre est habité, qu'un second tiers ne consiste qu'en déserts inhabitables et que l'autre tiers est occupé par la mer.

Nous aurons l'occasion de montrer ailleurs, par le rapprochement de la cosmographie du Dante avec certaines représentations graphiques, laquelle des mesures de la terre le poëte a adoptée.

Robert de Saint-Marien d'Auxerre, qui composa aussi dans ce siècle une *notice du monde universel*, en y joignant ce que Gervais de Tilbury, son contemporain, écrivit sur ce sujet, nous laissa ainsi une cosmographie complète.

Mais cet ouvrage, tout spécial, nous prouve que ces cosmographes étaient plus arriérés même sur les sujets qui font l'objet de cet écrit, que Bacon, Albert-le-Grand, Pierre d'Abano et d'autres.

Gervais, malgré sa grande érudition, dans ce Traité dédié à l'empereur Othon IV (1), n'admet, comme d'autres dont nous avons déjà parlé, que deux parties du monde, savoir : l'Europe et l'Asie, et ces deux cosmographes plaçaient le monde comme une île au milieu de la mer et de forme *carrée*.

« *Pour nous*, dit-il, *nous plaçons le monde carré* « *au milieu des mers.* »

Massoudi cite aussi Ptolémée sur la circonférence de la terre. (Voyez *Notices et Extraits de Massoudi*, t. I, p. 44 et 45, et 51, et un autre globe céleste arabe antérieur à l'époque du Dante, et que M. Jomard se propose de publier dans sa collection, viendra rendre plus évidente cette intéressante particularité.)

(1) Leibnitz, *Scriptores rerum brunsvicensium*, 1707, p. 881.

Au chap. XIII, *De Mari*, il soutient la théorie homérique de la mer environnante.

Il place le Paradis terrestre à l'orient, comme Cosmas, dans un endroit séparé de notre continent et inaccessible aux mortels. « Est ergo locus ame- « nissimus, *longo terræ marisque tractu a nostra* « *habitabili regione segregatus* (1). »

Dans sa théorie des zones habitables et inhabitables, il soutient que les zones intertropicales sont *inhabitables*, à cause de la chaleur du soleil, et que les Européens ne pouvaient pas s'y rendre, « *nobis* « *inaccessibilis perhibetur* (2). Il s'appuie sur l'au-

(1) *Otia Imperialia.*

(2) Gervais, *Otia Imperialia, X. De quatuor monarchiis et quinque zonis et Paradiso.*

L'emplacement du Paradis terrestre a été le sujet de plusieurs dissertations des savants modernes.

Steuchus, bibliothécaire du saint-siége, qui vivait au XVI° siècle, écrivit sur le Paradis terrestre.

Le savant Bochart a composé un traité sur ce sujet; Thévenot a publié une carte représentant les pays des Lubiens, où beaucoup des plus grands docteurs (dit-il) placent le Paradis terrestre. Huet a publié aussi un traité sur le même sujet, qui eut sept éditions, dont la dernière est celle d'Amsterdam de 1701. Ce savant recueillit des renseignements pendant 24 ans, et ajouta une carte à son ouvrage.

Le père Hardouin a écrit aussi un *Nouveau traité sur la situation du Paradis terrestre*, qui a paru dans une collection publiée à la Haye en deux volumes, en 1730, sous le titre : *Traités géographiques pour faciliter l'intelligence de l'Ecriture sainte*, par divers auteurs célèbres. Mais tous ces savants, malgré leurs immenses recherches, n'ont pas connu, ou ne se sont pas servi des cosmographes et des auteurs du moyen-âge. Aucun d'eux n'a connu une seule carte ancienne où le Paradis se trou-

« torité d'Ovide. Il place aussi *Jérusalem* au centre
« du monde, s'appuyant sur l'autorité et sur les
« textes de SS. PP. et de la Bible (1). »

vât placé aux extrémités orientales de la terre, comme on le voit non
seulement dans un grand nombre d'auteurs, de géographes, et dont
nous venons d'analyser les ouvrages, mais aussi dans les mappemondes
que nous donnons dans notre Atlas.

Huet transporta le Paradis aux bords du Tigre et de l'Euphrate, et
le père Hardouin dans la Palestine.

Nous aurons l'occasion de parler des opinion de Huet et de Hardouin sur les quatre fleuves du Paradis dans l'analyse spéciale de quelques unes des mappemondes du moyen-âge.

Néanmoins nous indiquerons ici une *Notice sur les quatre fleuves du
Paradis terrestre*, traduite de l'arménien par Saint-Martin et publiée dans
le tome II de ses *Mémoires sur l'Arménie* (Paris, 1819), p. 398 à 403. Ce
savant pense que cette description a une origine grecque.

M. Letronne a trouvé que c'était une traduction de quelques passages de saint Epiphane. Cet auteur vécut aux IVe et Ve siècles. La notice arménienne est donc postérieure à cette époque.

La description du cours du Gehon (le Nil) est assez curieuse. Le géographe auteur de cette notice place le pays des Amazones auprès de la
terre inconnue. De même il dit que le Tanaïs (le Don), le Pont et l'Hellespont sortent de la terre inconnue, et il ajoute « qu'ils se jettent
« dans la mer immense qui est la source de toutes les mers, et qui
« *environne les quatre côtés du monde*. »

Cette assertion prouve que le cosmographe adoptait la théorie des
saints Pères, qui donnaient au monde la forme d'un *carré*, comme nous
l'avons montré plus haut, en traitant de Raban Maur, de Gervais et
d'autres.

Ce cosmographe ajoute, d'après la même théorie, que les quatre
fleuves du Paradis environnent le monde, *et rentrent de nouveau dans
le sein de leur mère, qui est la mer universelle*.

Voyez la mappemonde d'Honoré d'Autun, que nous donnons dans
notre Atlas, qui représente exactement ce système.

(1) « Porro majores nostri *civitatem sanctam Jerusalem in medio nos-
« tra habitabilis sitam*, etc. »

De même que plusieurs cosmographes du moyen-âge, il remplit son Traité de fables et de légendes.

C'est ainsi qu'au chapitre XVII, où il décrit les deux paradis, et l'Empirée et l'Enfer, il n'a pas oublié d'y faire figurer *Merlin*, d'après la *Historia Britannorum*. Selon lui, l'Antechrist descend de Merlin. Ailleurs il consacre un chapitre tout entier aux faunes et aux satyres.

Lorsque l'emplacement de *Jérusalem* et sa théorie des zones habitables n'auraient pas prouvé que ce cosmographe ne connaissait pas la moitié du globe, sa division de la terre suffirait pour nous montrer qu'il n'était pas plus avancé à cet égard que ses devanciers et ses contemporains. Selon lui aussi, l'Asie est plus grande que l'Europe et l'Afrique ensemble (1).

Il termine l'Afrique occidentale au mont Atlas et aux Canaries en deçà du cap Bojador, et au midi il la termine par la mer (2).

Des îles de l'Atlantique il mentionne seulement l'Angleterre et l'Irlande, et l'*Écosse* qu'il considère comme une île, supposition que les cartographes qui puisaient à ces sources pour la composition de

(1) Otia Imperialia, 2ᵉ partie, p. 910.

(2) Ultimus autem ejus finis est mons Atlas, et insulas que *Fortunatas* vocatur.

leurs cartes ont reproduite dans les mappemondes, et, qui plus est, dans les portulans même, jusqu'à la première moitié du XVIᵉ siècle, comme nous le montrerons dans la partie de notre ouvrage consacrée à la cartographie.

Il n'oublie pas de placer dans l'Atlantique l'île fantastique de *Saint-Brandan* (1).

Il donne une longue description de l'Asie, tirée tout entière des auteurs de l'antiquité. Il n'oublie pas de placer dans les montagnes de l'Inde les Pygmées, et il décrit les griffons et les peuples qui combattaient contre les Grues (2). Il fait mention des peuples de Gog et de Magog, qui habitaient entre la Caspienne et la mer Glaciale (3).

On verra, dans la deuxième partie de cet ouvrage, que les cartographes ont reproduit ces fables de griffons et de pygmées dans leurs mappemondes.

(1) Ibid., p. 919.

(2) « Habent et India..... XII cubitorum homines, qui pugam habent cum gryphibus. Sane gryphos corpore Leonis habent, alas et ungulas *aquilarum*.

Voyez la mappemonde du XIᵉ siècle de la Bibliothèque Cottonienne, que nous donnons dans notre Atlas.

(3) Robert de Saint-Marien d'Auxerre dit, à propos des peuples du Gog : « *Ferocissimæ gentes a Magno Alexandro inclusæ feriantur quæ humanis carnibus et belluinis crudis vescuntur.* » Il cite à cet égard Ézéchiel.

Andrea Bianco représente dans sa mappemonde de 1436 Alexandre-le-Grand assis sur un trône auprès d.. château de Gog dans la Scythie.

Tandis que Gervais et Robert de Saint-Marien d'Auxerre soutenaient que le monde était de *forme carrée*, Alain de l'Isle, ou De Lille, qui vécut aussi au XIIIe siècle, soutenait dans son *Anticlaudianus* que la terre était ronde (1).

Joinville, qui vécut dans ce siècle (2), nous donne une idée de ses connaissances géographiques relativement à la forme de l'Afrique, dans la description qu'il fait du Nil. Il fait venir ce fleuve du Paradis terrestre, et par conséquent de l'est.

Ainsi les limites méridionales de l'Afrique, connues du chroniqueur de saint Louis, devaient être les mêmes d'Ératosthène et des cosmographes du moyen-âge. Non seulement le Nil venait du Paradis, selon lui, mais aussi les épiceries (3).

---

(1) La Bibliothèque nationale de Paris possède plusieurs manuscrits de l'*Anticlaudianus*, d'Alain de Lille. Ces manuscrits portent les numéros 3517—8083—8174—8298—8299—8300—8301. Ce livre fut imprimé à Venise en 1582, et à Anvers en 1621 et 1634. Cet ouvrage était employé dans les écoles comme livre élémentaire, ce qui fit donner à l'auteur le surnom de Grand et d'Universel. Alain a aussi puisé chez les auteurs arabes. Il cite même l'astronome arabe Aboumassar qui vécut au Xe siècle, et dont nous avons déjà parlé.

Sur cet ouvrage d'Alain de Lille, voyez Notic. et Extrait. des Mss., tome V, p. 546. — Article de Legrand d'Aussy.

(2) Joinville vivait en 1230 ; il écrivit l'Histoire de saint Louis.

(3) « Ici (dit Joinville en parlant du Nil) il convient de parler du fleuve
« qui passe par le païs d'Égypte, et vient du Paradis terrestre…….
« Quant celui fleuve entre en Égypte il y a gens tous experts et ac-
« coustumez, comme vous diriez les pecheurs des rivières de ce pays-

Quant à l'Asie, il ne connaît rien au delà du pays de Gog, c'est-à-dire de la Scythie. De ces pays du nord de l'Asie les notions qu'il possédait, il les devait aux récits que lui firent *les Tartarins* (1).

Omons, auteur d'un poème géographique intitulé *Image du monde*, composé en 1265, auteur qu'on a surnommé le Lucrèce du XIIIᵉ siècle, n'était pas plus avancé que les cosmographes (2) dont nous venons de parler.

Pour donner une idée de ses connaissances géographiques, il nous aurait suffi de dire que cet auteur, en parlant des hommes célèbres qui ont entrepris de longs voyages, ne nomme pas d'autres voya-

---

« cy, qui au soir jettent leur reyz au fleuve, et es rivières ; et au ma-
« tin *souvent y trouvent et prennent les espiceries* qu'on vent en ces par-
« ties de par de çà (dans l'Europe) bien chierement, et au pois, comme
« canelle, gingembre, rubarbe, girofle, lignum aloes, et plusieurs
« bonnes chouses. Et dit-on païs, que *ces chouses-là viennent du Para-
« dis terrestre*, et que le vent les abat des bonnes arbres, qui sont en
« Paradis terrestre..... »

(1) En parlant de la Tartarie, Joinville dit : « Et leur dirent les
« Tartarins, qui entre celle roche, et autres roches, qui estoit vers
« *la fin du monde*, estoient enclos les peuples de Gog et Magog, qui
« devoient venir en la fin du monde, avecques l'Ante-Crist, quant il
« viendra pour tout détruire. Et de celle berrie venoit le peuple des
« Tartarins qui estoient *subjetz à Prebstre Jehan.* » (Ibid., p. 233.)

On voit qu'à cette époque Joinville plaçait encore l'empire du fameux
Prête Jean, dans la Tartarie.

(2) Legrand d'Aussy a publié une notice de 16 manuscrits de l'*Image
du Monde*, qui existent à la Bibliothèque Nationale de Paris. (Voyez
Notic. et Extrait., tome V, p. 243.)

geurs que Platon, Alexandre, Ptolémée, roi d'Egypte, Virgile, saint Paul et saint Brandon « qui vit une île « (dit-il) où les oiseaux parlaient, et un lieu de sup- « plices où était tourmenté Judas. »

Omons ne nomme donc pas un seul voyageur de son temps.

Quant à la partie cosmographique de son poème, elle est puisée dans le système de Pythagore et de Bède-le-Vénérable.

Il soutient que la terre est enveloppée du ciel, ainsi que le jaune de l'œuf l'est du blanc ; que la terre se trouve placée au milieu du ciel, comme le point l'est au centre du cercle qu'a tracé le compas (1). Et il imagine l'harmonie des sphères célestes, comme Pythagore.

Il adopte également la théorie homérique de l'océan environnant la terre, et il parle aussi de l'Atlantide de Platon, qui était (dit-il) plus grande que l'Europe et l'Asie ensemble, et qui a disparu englouties par l'océan.

Ce poème géographique, rempli de fables comme toutes les compositions de ce genre pendant le moyen-âge, fait mention d'une autre île située « *bien loin en la mer*, » où l'on ne peut mourir.

—————

(1) Plusieurs mappemondes que nous donnons dans notre Atlas sont dressées d'après cette théorie.

Quand les habitants sont parvenus à une telle décré-
pitude que la vie leur devient à charge, ils se font
porter dans une autre nommée *Cile*, dont l'année
n'a qu'un jour et une nuit de six mois chacun, et là
ils expirent tranquillement! Il croit aussi à la fable
du *Phénix*, et il dit que cet oiseau extraordinaire se
brûle dans la Phénicie.

Nous rapportons toutes ces fables dont les traités
de géographie de cette époque sont remplis, parce
qu'elles furent représentées par les cartographes du
moyen-âge dans leurs cartes, et ces récits servent à
expliquer les légendes et les représentations qu'on
remarque dans ces curieux monuments (1).

Omons supposait encore que, de son temps, le Paradis terrestre existait à l'orient avec son arbre de
vie, ses quatre fleuves et son ange à épée flam-
boyante. Il paraît confondre l'Hécla avec le purgatoire de saint Patrice, et il met celui-ci en Islande,

---

(1) Voyez les mappemondes d'Hereford de Richard de Haldingham,
et celle du Musée Borgia du XIV⁰ siècle, postérieures à ces poèmes
géographiques où les cartographes puisèrent toutes ces fables.

Quant aux descriptions éthnographiques d'Omons, elles sont aussi
remplies de fables lorsqu'il traite des parties inconnues de l'Asie et
de l'Afrique. Il parle aussi des Pygmées et de leurs combats avec les
Grues, des hommes à tête de chien, des *monoculi*, etc.

Au XIII⁰ siècle, ces récits de monstres avaient été publiés dans un
poème anonyme sur les monstres, dont les auteurs de l'Histoire littéraire de la France, tome X, p. 8, ont donné l'extrait, et on les trouve
en partie dans le roman d'Alexandre et dans celui de Thomas de Kent.

disant qu'il brûle sans cesse. Les volcans ne sont, selon ses connaissances de la physique du globe, que des *soupiraux* et des bouches de l'enfer. Quant à celui-ci, il le place, comme les autres cosmographes, au centre de la terre.

C'est aussi d'après ces récits que les cartographes, comme nous le montrons dans la IIᵉ partie de cet ouvrage, ont placé l'enfer au centre de la terre dans plusieurs représentations graphiques.

Legrand d'Aussy dit que ni l'idée ni le plan du traité que nous venons d'analyser, n'appartiennent à Omons, et que c'est celui de Raban Maur. Il pense que l'auteur de l'*Image du monde* avait puisé dans les ouvrages de Bernard de Chartres, et dans ceux de Guillaume de Conches et d'Honoré d'Autun (1).

D'autres savants de ce siècle se sont occupés de cosmographie. Nous nous bornerons à les indiquer ici.

Engelbert, abbé d'Aimont dans la Styrie, composa un grand commentaire sur le livre *de Mundo* attribué à Aristote, et un autre sur les inondations du Nil. Le premier de ces traités, qui pouvait nous intéresser, ne se trouve pas dans les recueils que nous avons examinés. Dom Bernard Pez se borna à indi-

(1) Voyez Notic. et Extrait. des Mss., t. V, p. 245.

quer qu'Engelbert avait écrit ce commentaire (1), et Fabricius le cite à peine d'après le savant bénédictin (2).

Guy de Basoches composa aussi un livre de cosmographie intitulé *de Mundi regionibus*.

Nous avons fait beaucoup de recherches pour découvrir ce traité, que le savant abbé Lebeuf croyait perdu déjà de son temps (3), mais elles demeurèrent sans résultat.

Sander, dans sa *Bibliotheca Belgica manuscripta*, cite ce traité comme existant en Belgique (4).

Nous n'avons pas pu avoir d'autres notions que celles données par ces auteurs et par Fabricius (5).

(1) Pez a publié toutefois *Epistola Engelberti de studiis et scriptis* dans le tome I de son *Thesaurus Anecdoct.*

Parmi les ouvrages d'Engelbert, publiés à Bâle, en 1833, par Gaspard Bruch, ainsi que par André Scott, dans son *Supplementum ad Bibliothecam Patrum* (Cologne, 1622), on ne trouve pas un seul des travaux cosmographiques d'Engelbert.

(2) Selon Fabricius, Engelbert mourut en 1334. (Voyez *Biblioth. Mediæ et Inf. Lat.*, tome II, édit. in-8, p. 291 et 293.)

(3) Voyez Le Beuf, *Dissertation sur l'État des Sciences en France*, p. 113,

(4) Sanderus, *Biblioth. Belg., manuscript.*, p. 215.

(5) Fabricius, *Biblioth. Mediæ et Inf. Lat.*, tome III. p. 381.

Nous avons eu recours à l'un des savants éditeurs de l'Histoire littéraire de la France, M. Victor Leclerc, dont l'érudition et l'obligeance ne se trouvent jamais en défaut; le savant académicien nous a prévenu que le livre *De Mundi regionibus* pouvait faire partie de la chronique consultée et copiée par Albéric des Trois Fontaines. (Chronique de l'Abbaye de Saint-Étienne de Châlons-sur-Marne, ad., an. 1233.)

Mais nous avons parcouru cette chronique où en effet Gui de Baso-

Emo, abbé de Werum dans le pays de Groningue, composa aussi dans ce siècle une relation d'un voyage depuis les Pays-Bas jusqu'en Palestine; mais il ne peut pas être compté parmi les cosmographes.

Un autre cosmographe que nous ne devons pas oublier, Nicéphore Blemmyde, moine qui vécut dans ce même siècle (1245), composa trois ouvrages cosmographiques, savoir : une *Géographie abrégée*, qui n'est qu'une analyse en prose, divisée en chapitres de la Periégèse de Denys (1); un autre intitulé *Autre Description de la Terre*, où il traite de la forme et de la grandeur de la terre, et de différentes longueurs du jour; enfin, un troisième qui porte le titre suivant : *Du Ciel et de la Terre, du Soleil et de la Lune, des Astres, du Temps et des Jours.* L'auteur y développe son système (2).

ches est souvent cité, mais nous n'avons rencontré le moindre passage tiré du livre cosmographique dont il s'agit.

Petit Radel, dans l'article consacré à Gui de Bazoches, qu'il a publié dans le tome XVI, p. 447 à 431 de l'Histoire littéraire de la France, ne parle même de l'ouvrage géographique de ce savant que d'après Sander.

(1) Voyez § II, p. 14 à 19, où nous avons traité de Priscien.

(2) « Les deux premiers ouvrages ont été publiés par *Spohn*, Leipzig, 1818, in-4°, d'après un manuscrit que *Bredow* avait copié à Paris. Le second avait déjà été imprimé à Augshourg, en 1605, et *Siebenkees* et *Gœz* l'avaient placé dans leur recueil, le croyant inédit. Les deux mêmes ouvrages furent aussi imprimés à Rome, en 1819, d'après un manuscrit de la Bibliothèque Barberini, par *Guillaume Manzi*, à la

Nous allons montrer, d'après l'analyse du texte de Blemmyde, qu'il n'était pas plus avancé dans les connaissances cosmographiques et géographiques que les anciens, bien qu'il eût composé son ouvrage à une époque déjà rapprochée des grandes découvertes maritimes des modernes.

D'après son système la terre est plane, et il adopte aussi la théorie homérique de l'Océan environnant le monde, et celle des sept climats. Il divise la terre en trois parties : la Libye, l'Europe et l'Asie. La Libye est séparée de l'Europe par Gadir (Cadix) au couchant, et les bouches du Nil à l'occident (1).

Toute sa description de l'Afrique septentrionale est la même que celle des anciens. A l'intérieur, après les *Garamantes* (les habitants de la Phésanie), il place les Éthiopiens.

Nous ferons remarquer ici, pour faire bien comprendre au lecteur ce que les géographes du moyen-âge entendirent par ce mot, que les anciens appelaient Éthiopiens les habitants de l'Afrique ; pour peu qu'ils habitassent à quelque distance des

suite de son *Dicéarque*. Le troisième ouvrage de *Nicéphore* est inédit : c'est *Bredow* qui l'a fait connaître dans ses *Epistolæ Parisienses*. » (Schœll. t. VII, p. 10 et suiv.)

(1) Καὶ χωρίζει αὐτὴν ἀπὸ τῆς Εὐρώπης τὰ Γάδειρα καὶ τὸ στόμα τοῦ Νείλου, τὸ μὲν πρὸς δύσιν, τὸ δὲ πρὸς ἀνατολήν. Niceph. Blemmyde, p. 4.

côtes de la Méditerranée, ils étaient réputés Éthiopiens (1).

Or, Blemmyde place dans le pays de ceux-ci un
lac nommé *Cerné* (2), près duquel, dit-il, sont de
très hautes montagnes, d'où sort le Nil.

Ce passage nous montre, selon nous, que ce géographe s'est servi du Périple d'Hannon, et qu'il a
confondu l'île de *Cerné*, dont parle le Périple avec
l'étang dominé par les hautes montagnes qu'Hannon
rencontra après l'île de *Cerné*, et après lequel il
entra dans un grand fleuve plein de crocodiles et
d'hippopotames (3).

Ainsi Nicéphore Blemmyde ne connaissait absolument rien des pays découverts au XVᵉ siècle.

Quant à l'Asie, dont il étend les limites jusqu'au
Nil, il n'avait aucune idée de la partie orientale de
ce vaste continent, puisqu'il dit « qu'il a *une forme*

---

(1) Dans Pline, liv. XXXVII, ch. II, on lit que la contrée où était
l'oracle d'Ammon avait porté le nom d'Éthiopie, quoique cet oracle en
fût qu'à environ 65 lieues de la Méditerranée.

(2) Ἐκεῖσε δὲ πλησίον τῆς λίμνης τῆς ὀνομαζομένης Κέρνης, ἥτις ἐστὶ πρὸς
τὸν ὠκεανόν, ὄρη εἰσὶν ὑψηλότατα, Καὶ ἐκ τούτων ὁ ὀνομαστὸς κατέρχεται Νεῖλος
ὁ ποταμός. *ibid.*

(3) Gosselin fait une remarque à ce sujet, qui nous semble très importante, et qui détruit toutes les hypothèses de quelques géographes
modernes qui ont pensé que le fleuve en question était le Sénégal.
Il dit et prouve, s'appuyant de l'autorité de *Strabon* (liv. XVII, p. 826),
qu'anciennement on trouvait les crocodiles dans tous les grands fleuves
de la *Maurilie*.

triangulaire, large au nord et aigue à l'est (1) »,
lorsque ce continent, au contraire, a près de 60 degrés de largeur à l'est !

Selon lui, la forme de l'Europe est quadrangulaire,
aiguë au couchant, et large à l'orient (2).

Blemmyde paraît, d'après cela, avoir adopté la
forme donnée par Érastosthène à ces deux continents.

Quoiqu'il parle de *Thinæ* (qui correspond au
royaume de *Siam*, selon Gosselin (3) et d'autres
géographes), il nous semble que les connaissances
de ce géographe sur l'Asie vers l'orient paraissent
se borner à l'*Indus*.

Des îles de la mer Atlantique il mentionne les
Hespérides, habitées par les riches Ibériens (4),
l'*Erythia*, habitée selon lui par les Éthiopiens qui
vivent fort long-temps, et les îles *Fortunées*.

Dans les parties septentrionales il mentionne
l'Angleterre et l'Écosse, et il ajoute que, près des

---

(1) Ἔστι δὲ ἡ Ἀσία τὸ σχῆμα τρίπλευρος, πλατέα μὲν πρὸς βορρὰν, ὀξεῖα δὲ
πρὸς ἀνατολάς. *Id.*, p. 5.

(2) Τὸ τῆς Εὐρώπης σχῆμα ἐστὶ τετράπλευρον, ὀξὺ μὲν πρὸς δύσιν, πλατὺ δὲ
πρὸς ἀνατολάς. *Ibid.*

(3) Sur la position de *Thinæ* des anciens, voyez Gosselin, Géographie
des Grecs analysée, p. 142; et, t. II, Recherches sur la Géograph. syst.
des anciens, p. 42, 59, 67, 69, 72 et 74.

(4) *Id.*, p. 9.

lles *Cassitérides*, il y a des endroits où les femmes célèbrent des fêtes en l'honneur de *Bacchus* (1)!

Il est vraiment curieux de voir un géographe du XIII° siècle débiter une fable pareille sur des pays déjà fréquentés à cette époque par les marins de la Méditerranée!

Le dernier pays enfin qu'il mentionne dans la mer septentrionale, c'est *Thulé* (2).

Ainsi ce géographe du XIII° siècle n'a pas fait faire non plus le moindre progrès à la science.

Quoique, dans ce siècle, la géographie n'ait pas fait un seul pas relativement à la connaissance d'une grande partie de notre globe, néanmoins il ne faut pas se dissimuler que, grâce à la lecture des livres des géographes et des savants arabes et orientaux, les hommes les plus éminents de l'Europe, épris, de plus en plus des traditions scientifiques de l'anti-quité, en les rapprochant des écrits des orientaux, se livraient à des discussions très curieuses sur plusieurs questions de la physique du globe, et sur celle de savoir si la zone torride était ou non habitée et inha-bitable; mais tout en discutant ces points, ils ne pro-duisaient (comme nous venons de le voir) que des

---

(1) Πλησίον δὲ τῶν Κασσιτερίδων νήσων τῶν μικρῶν ἐστιν ἕτερος πόρος, ὅπου αἱ γυναῖκες τῶν Ἀμνιτῶν ἐξεναντίας τὸν Διόνυσον ἑορτάζουσιν. *Id.*, p. 19.

(2) *Ibid.*

arguments et des théories, montrant ainsi qu'ils n'avaient pas les moyens de décider ces questions d'après les témoignages ni d'après les observations faites par des voyageurs européens qui eussent franchi la fameuse limite où s'arrêtaient tous les marins du moyen-âge. Et en effet, si un seul avait été au delà du cap Bojador, sur les côtes de l'Afrique occidentale, et eût visité les régions intertropicales, par ce seul fait, on aurait constaté que ces zones étaient non seulement habitables, mais réellement habitées, et ainsi les cosmographes de l'Europe auraient substitué des faits réels à des théories et à des hypothèses plus ou moins savantes. Enfin, les plus instruits ne se seraient pas livrés à tant de discussions, comme l'ont fait Albert-le-Grand, Bacon, Pierre d'Abano et d'autres.

Si donc des voyageurs européens avaient franchi les limites du cap Bojador dans ce siècle, ils auraient fait faire des progrès à la géographie. C'est ainsi que les voyages en Tartarie, effectués pendant cette période, ont fourni à Bacon des données sur la mer Caspienne, qui ont changé entièrement les notions erronées qu'on avait eues jusqu'alors. Mais les progrès que ces voyages ont fait faire par rapport à la connaissance de quelques pays situés dans une portion de l'Asie, n'ont rien appris aux savants et aux cosmographes de l'Europe relativement à une grande partie de l'Asie orientale et méridionale explorée par les Portugais vers la fin du XVᵉ et au commencement du XVIᵉ siècle.

En général, les œuvres des cosmographes, ainsi que les cartes du XIVᵉ siècle, sont les témoignages les plus positifs de ce fait.

Le savant éditeur du récit de Jourdain de Séverac a dit avec raison que « les Portugais ne furent pas « plutôt établis dans la presqu'île de l'Inde, que les « ténèbres qui couvraient l'histoire de ce pays com- « mencèrent à se dissiper pour les Européens (1). »

Les récits des voyages de Marco Polo, les seuls qui auraient pu jeter beaucoup de lumières sur des contrées entièrement inconnues aux Européens, ne commencèrent à exercer une véritable influence sur la géographie que vers le commencement du XVᵉ siècle.

D'abord, ce ne fut qu'en 1298 que Marco Polo, étant prisonnier à Gênes, se détermina à écrire ses voyages. Or, le temps qu'il fallait pour la composition de cet ouvrage, et ensuite le temps matériel nécessaire pour la transcription de plusieurs exem-

(1) Voyez préface de la Description des Merveilles d'une partie de l'Asie, par le P. Jordan, ou Jourdain Catalani, natif de Séverac, p. 17, tome IV, des Mémoires de la Société de géographie, par *Coquebert-Montbret*.

plaires, et celui qu'il fallait pour les faire circuler, nous montre que cela ne pouvait avoir lieu que dans le courant du XIVᵉ siècle. Et en effet, le plus ancien manuscrit de Marco Polo qu'on connaît fut, au dire de quelques auteurs, écrit à Venise en 1307.

Au surplus, il faut remarquer qu'on ajouta peu de foi à cette relation, et on pensa que c'était un tissu de mensonges et de fables. Les parents et les amis même du voyageur partagèrent cette opinion, et à son lit de mort, ils le supplièrent, pour le salut de son âme, de rétracter tout ce qui se trouvait dans sa relation (1).

Or, son testament ayant été fait en 1323, il paraît évident qu'au moins pendant une partie du XIVᵉ siècle, on n'accordait pas le moindre crédit à ses relations. Ces faits expliquent aussi pourquoi ni Sanuto, dont nous parlerons ailleurs, dans la mappemonde de 1321, ni le cartographe auteur de la mappemonde du Chronicon de 1320, ne se sont pas servis des récits de Marco Polo, auxquels, comme nous venons de le dire, ses propres parents n'accordaient aucun crédit.

(1) Voyez à cet égard les excellents articles de M. Walckenaer, dans la Biographie universelle, tome XXXV, et tome II, p. 17 de son livre intitulé *Vies de plusieurs personnages célèbres*, Laon, 1830 ; — Voy. la préface de la traduction anglaise de Marco Polo, par Hugh Murray *The travels of Marco Polo*, Londres, 1844.

Si l'opinion publique, même parmi les compatriotes de Polo, était telle à l'époque de sa mort survenue après 1323, il est tout naturel que les préventions contre ses récits aient duré bien longtemps après, car il était bien difficile de rétablir la vérité à une époque ou l'imprimerie n'existait pas, où ce que nous appelons l'esprit de critique était inconnu, et où, au contraire, l'engouement pour les récits des auteurs de l'antiquité et pour ceux des auteurs ecclésiastiques, était plus enraciné.

Or, si les relations de *Marco Polo* n'ont pas exercé d'influence sur les cosmographes et sur les cartographes de l'Europe pendant le XIVᵉ siècle, celles de Rubruk, de Jourdain de Séverac et d'autres voyageurs en Asie n'ont pas eu un meilleur sort.

Et en effet, ces relations étaient tellement rares que, parmi les douze cent trente-six manuscrits dont se composait la grande bibliothèque du Louvre, créée par un souverain qui n'épargnait rien pour l'enrichir, on ne rencontrait pas un seul exemplaire des voyages des frères mineurs, et cela vers la fin du XIVᵉ siècle et au commencement du XVᵉ (1373 à 1410), tandis que de Solin on y trouvait trois exemplaires (1)

(1) Voyez Catalogue du Louvre, par Giles Malet, publié par M. Van Prät.

et seize manuscrits de l'Almageste et d'autres ouvrages de Ptolémée (1).

Aucun exemplaire des mêmes relations ne se trouvait non plus dans une autre riche bibliothèque de la fin du moyen-âge, dans celle de Louis de Bruges, ni dans celle du roi Eduard de Portugal (1428).

Et, malgré les recherches faites jusqu'à nos jours par un grand nombre de savants, on n'a pu découvrir que quatre manuscrits de la relation de Plan-Carpin (2). Des relations de Jourdain de Séverac, la Bibliothèque nationale de Paris ne possède qu'un seul manuscrit (3). Deux de ces relations furent cependant connues de deux hommes privilégiés, de Vincent de Beauvais et de Roger Bacon.

Elles étaient encore si rares même à la fin du XIVe siècle et au commencement du XVe siècle, que les souverains, qui employaient tous les moyens pour enrichir leurs bibliothèques, n'en possédaient

(1) Ibid., p. 15 et nos 565—571—574—676—703—722—728—831—834 —838—986—1009—1029—1030 et 1040.

Aucun de ces manuscrits de Ptolémée ne renfermait la géographie de cet auteur.

(2) Un se trouve à la Bibliothèque Nationale de Paris, manuscrit nº 8392;

Un autre exemplaire à Berne;

Un autre au Musée Britannique ;

Un autre à Mayence.

(3) Voyez Mémoires de la Société de Géographie, tom. IV, p. 24.

aucun exemplaire. Cela suffirait pour nous faire penser que leurs récits ne pouvaient exercer, du moins pendant cette époque, aucune influence sur les progrès des connaissances géographiques.

Ayant étudié avec soin ces relations, nous nous permettrons de dire et de prouver que Rubruk ne connaissait rien de la partie septentrionale de l'Asie au delà de la Tartarie, comme il l'avoue lui-même par ces mots (p. 327) : « *Terminus anguli aquilonis ignoratur præ magnis frigoribus.* » Et si cette preuve ne suffisait pas pour le montrer, ce qu'il affirme ensuite rendrait évident le fait que nous venons de signaler. Il place dans ces régions des hommes monstrueux, d'après l'autorité d'Isidore de Séville et de Solin. A l'égard de l'Inde et de ses péninsules, ainsi que de l'Afrique et d'autres contrées, les cosmographes du moyen-âge, aussi bien que le dessinateur de cartes, ne pouvaient rien puiser dans les relations de ce voyageur, puisqu'il n'y est pas question de ces grands pays.

Si nous examinons les relations du moine Jourdain de Séverac, qui voyagea dans l'Inde en 1322, elles ne nous laisseront aucun doute qu'il n'a rien connu de positif sur la *Tertia India*, c'est-à-dire des contrées situées au delà du Gange, où les auteurs du moyen-âge plaçaient la *troisième Inde*.

Il déclare même qu'il n'y est pas allé, « *quod non vidi,* » assertion qui se confirme par le récit des fables les plus extravagantes dont il remplit sa relation.

A ces fables il ajoute qu'on dit « qu'entre cette « Inde et l'Éthiopie vers l'orient, se trouve le *Pa-* « *radis terrestre,* » d'où coulent les quatre fleuves du Paradis, qui abondent en or et en pierres précieuses.

Ce qu'il dit des grands archipels de l'Inde vient encore prouver qu'il ne connaissait absolument rien de ces immenses groupes d'îles. A cet égard, tout son récit est aussi rempli de fables. Il dit qu'il y a une multitude d'îles différentes dans lesquelles existent des hommes *à tête de chien* (*in quibus sunt homines caput canis habentes*). Il croit même que les pays situés près de l'Euphrate, sont habités par les diables, « *Et credo quod terra illa sit habitatio demoniorum.* »

En ce qui concerne l'Éthiopie, ce qu'il rapporte montre aussi qu'il ne connaissait pas ce pays. Il dit qu'il y a des griffons qui gardent des montagnes d'or et d'argent et des pierres précieuses. Au midi de ce pays, il place la mer, et il la fait tourner immédiatement vers l'occident (1).

(1) Voyez la Relation de Jourdain, dans le tome IV des Mémoires de la Société de Géographie, p. 55 et suiv.

Cette particularité suffit pour montrer que Jourdain terminait l'Afrique, comme les anciens, bien en deçà de l'équateur.

Des auteurs modernes, après le grand siècle des découvertes, ayant réuni ces relations des voyageurs en Asie, dont nous venons de parler, ont pensé qu'elles étaient généralement connues des contemporains des voyageurs, et partant qu'elles ont fait faire des progrès à la science (1). Mais les ouvrages des cosmographes postérieurs, et les cartes qu'on a dressées depuis que ces mêmes voyages s'effectuèrent, montrent que ni la cosmographie ni la géographie n'ont rien recueilli d'important de ces relations relativement à la connaissance des grands pays explorés au XVe siècle.

L'examen et l'analyse des textes des cosmographes et des cartes du XIVe siècle rendra ce fait évident.

(1) Les catalogues des manuscrits dont se composaient les bibliothèques des XIIIe et XIVe siècles, qui nous restent, montrent combien les exemplaires de ces relations étaient rares.

§ IX.

XIV· SIÈCLE.

MARINO SANUTO, — NICOLAS D'ORESME, — RANULPHUS HYDERN, — FACCIO DEGLI UBERTI, — JEAN DE MANDEVILLE, — BOCCACE, — PÉTRARQUE, — BARTHOLOMEUS ANGLICUS DE GLANVILLA, — GERVAIS, — RICOBALDO DE FERRARE.

Marino Sanuto, un des plus habiles cosmographes de ce siècle, nous montre, non seulement dans la mappemonde qu'il dressa, mais encore dans le texte explicatif qu'il y ajouta, ainsi que dans différents passages de son fameux livre *Secreta fidelium Crucis*, qu'il n'était pas plus avancé que ses devanciers.

D'abord, on peut juger de ses connaissances du globe par les causes auxquelles il attribue les grands dangers auxquels était exposée la Terre-Sainte.

En la plaçant au centre de la terre habitée, il prouve par là qu'il ne connaissait pas l'étendue et le prolongement de l'Afrique et du Nouveau Continent.

« *In terra enim* (dit-il) *habitabili medio posita est, et quasi punctus circumferentiæ.* »

Et d'après ce système, il montre ailleurs qu'il ne connaissait rien au delà de l'Éthiopie, où saint Mathieu (dit-il) introduisit le christianisme. Ses connaissances sur l'Afrique s'arrêtèrent, du côté de l'orient, à *Syène* (Assouan) (1). De la partie occidentale de ce vaste continent, les connaissances de Sanuto étaient encore plus limitées. Elles s'arrêtent à la *Gétulie*, située entre le 30° et le 31° degrés de latitude nord de l'équateur, et, par conséquent, elles n'allaient pas au delà du parallèle de Mogador.

La *Terra nigrorum* de ce cosmographe est l'Abyssinie, comme il le dit lui-même, et non pas les pays nègres de la *Sénégambie* et de la *Guinée*, ce que, du reste, il confirme par la légende qu'il place dans la mappemonde près du tropique, « *Regio inhabitabilis propter calorem* (région inhabitable à cause de la chaleur). »

Ainsi sa description de l'Afrique est en grande partie la même qu'on remarque dans les géographes des premiers siècles du moyen-âge.

Les parties septentrionales de la terre lui sont aussi inconnues. Il y place en effet au nord la légende suivante: *Regio inhabitabilis propter algorem.* (région inhabitable à cause du froid), répétant ainsi la fameuse théorie des anciens et des auteurs du moyen-âge, qui soutenaient que les zones polaires et *intertropicales* étaient *inhabitées*.

(1) Voyez Sanuto *Secreta fidelium Crucis*, lib. III, c. I, dans Bongars, *Gesta Dei per Francos*, p. 260.

La description des trois parties du monde, qu'il partage entre les trois fils de Noé, et qu'il donne à la suite de sa mappemonde, est copiée tout entière de Méla, d'Orose et d'Isidore de Séville.

Sanuto nous laissa une curieuse mappemonde que Bongars a fait graver (1), et qui représente, selon Zurla, son compatriote, le monde alors connu (2). Il a offert ce monument géographique au pape Jean XXII, avec son livre intitulé : *Liber secretorum fidelium Crucis*, et envoya des copies à différents souverains, en 1320 (3).

D'après ce que nous venons de démontrer, il ne peut pas rester le moindre doute que Sanuto ne connaissait pas la vraie forme de l'Afrique, comme on l'a dit dans quelques ouvrages récents, et qu'il n'avait pas appris des Arabes la configuration de ce vaste continent.

Les Arabes eux-mêmes ignoraient la vraie forme de ce continent comme nous le montrerons dans la Ⅰre section de la deuxième partie de ce travail, consacrée à l'analyse des mappemondes et des cartes

(1) Voyez Bongars, *Gesta Dei per Francos*, t. II, p. 288.

(2) Zurla, *Sulle Antiche Mappe Idrogeografiche*. Ce savant dit, p. 13 : *Planisfero di tutto il cognito mondo*.

(3) Dans la Ⅰre section de la IIe partie de cet ouvrage nous parlerons d'autres exemplaires manuscrits de cet ouvrage qui existent en Belgique.

antérieures aux grandes découvertes maritimes du XVᵉ siècle, où on trouve l'explication de la mappemonde du Chronicon de 1320, que nous avons publiée pour la première fois dans notre Atlas, et de celle de Sanuto.

Néanmoins la partie de l'Afrique de la mappemonde de Sanuto est, sur plusieurs points, conforme à l'Afrique de la mappemonde d'Edrisi, conservée à Oxford, surtout pour la partie orographique, c'est-à-dire de la position des reliefs des montagnes de l'Afrique.

La mappemonde de 1320 du Chronicon, ainsi que celle de Sanuto, sont parfaitement circulaires. On remarque encore dans toutes les deux la théorie homérique de l'océan environnant toute la terre.

Ayant placé Jérusalem au centre du monde, il a en conséquence altéré toutes les positions, tant en longitude qu'en latitude, comme tous les autres dessinateurs de mappemondes qui ont placé Jérusalem au centre de la terre, et pour cela on remarque une égale distance de ladite cité à l'extrémité de Cadix, comme à la limite orientale de la Chine, à la partie septentrionale de l'Asie, et à la méridionale de l'Afrique. Les positions des lieux sont tellement altérées dans cette mappemonde, qu'il commence le Katay (*regnum* Catay) auprès des régions de la Caspienne et en deçà du pays de *Gog*. Il est aussi bien digne de remarque qu'au commencement du XIV° siècle, le plus savant cosmographe ait montré une si grande ignorance au sujet des îles de second ordre de la mer Atlantique, ce qui, selon nous, est très important, parce que cette particularité, rapprochée d'autres que nous avons signalées dans nos recherches, nous montre que, du temps de Sanuto, on ne connaissait pas les Canaries ni les Açores. D'abord il met les *Fortunées* au couchant de l'Irlande, avec la légende: *Gulffo de issole CCCLVIII beate et fortunate.*

Zurla observe que les anciens marquaient les îles Fortunées au sud-ouest de l'Europe.

« ..... Ultra Gades, per regna Yspaniæ, Portu-
« galiæ et Galitiæ, non inveniuntur insulæ alicujus
« valoris. »

Or, si les Canaries et les Açores avaient été connues de Sanuto, il n'aurait pas écrit cette légende.

On remarque dans la mappemonde de Sanuto, de même que dans un grand nombre de celles du moyen-âge, que nous donnons dans notre Atlas, un mélange de sources anciennes, et de connaissances postérieures à l'époque romaine, comme nous le montrerons dans la partie consacrée à la cartographie.

C'est ainsi qu'on remarque la légende suivante à l'orient de la mer Baltique : « *Ruteni scismatici* qui « protenduntur usque ad Polonos. »

« L'*India inferior Johannis praesbit.*, » c'est-à-dire une des trois Indes de Marco Polo.

On remarque néanmoins, tant dans la mappe-monde de Sanuto, que dans celle de 1320 du Chronicon, au nord de la *regio VII montium*, un grand fleuve coulant de l'intérieur de l'Afrique près du Nil, qui se divise au commencement en deux bras, et après en deux autres, et reçoit d'autres affluents, et vient enfin déboucher à l'occident (1).

Sanuto avait employé tous les moyens pour recueillir les notions géographiques pour composer son livre. C'est ce qu'il nous révèle dans une lettre adressée au pape (2), en disant qu'il avait passé une grande partie de sa vie en voyageant par mer, allant tantôt à Chypre, tantôt en Arménie, tantôt à Alexandrie, à Rhodes et dans la Romagne, tantôt enfin en se transportant par mer de Venise jusqu'à Bruges. Il acquit par ses voyages la plus grande expérience des choses maritimes, et, malgré cela, il n'était pas plus avancé que ses prédécesseurs sur les points que nous traitons dans cet écrit.

Du reste, dans la partie de notre travail, consacrée à l'explication des monuments géographiques du moyen-âge, on trouvera une analyse détaillée des

(1) Voir les observations de Zurla, *Sulle antiche Mappe*, p. 17.
(2) Voyez Bongars.

cartes de Sanuto publiées par Bongars, comparée avec celles qu'on trouve dans d'autres manuscrits, et qui n'ont pas été publiées jusqu'à présent.

Ainsi Sanuto admettait encore : 1° la théorie homérique de l'océan environnant la terre; 2° De la zone torride *inhabitable*; 3° que les îles Fortunées étaient situées au couchant de l'Irlande; 4° en plaçant encore Jérusalem au centre du monde habitable, d'après la cosmographie des Pères de l'Eglise, il montrait par là qu'il ne connaissait pas le prolongement de l'Afrique, ni la vraie forme de ce continent; 5° soutenant que, sur l'océan Atlantique, on ne rencontrait pas des îles considérables, il paraît montrer que les Açores, les Canaries et Madère lui étaient tout-à-fait inconnues; 6° enfin, n'indiquant aucune région au delà de la Gétulie, située par le 31° degré de latitude nord, il ne nous laisse pas le moindre doute que ses connaissances relativement à l'Afrique occidentale s'arrêtaient, à peu de chose près, au parallèle de *Mogador*, et par conséquent bien en deçà du cap Noun.

Nicolas d'Oresme, célèbre cosmographe du même siècle, n'était pas plus avancé que ceux que je viens d'énumérer, quoique la célébrité de ses connaissances en mathématiques ait appelé sur lui l'attention du roi Jean, qui le donna pour précepteur à son fils en 1360, depuis élevé au trône, sous le nom de Charles V.

Ce cosmographe composa, entre autres ouvrages, un traité de la sphère qu'on trouve dans un manuscrit de la Bibliothèque nationale de Paris, n° 7065. L'analyse de ce traité viendra constater ce fait, que nous avons signalé plus haut. On verra, par les passages que nous allons citer, que sa théorie de la division du globe et des zones habitables et inhabitables est puisée chez les anciens et chez les auteurs arabes.

« La portion de la terre habitable peut être di-
« visée (dit-il) selon les historiens qu'on appelle cos-
« mographes, comme Pline, Pomponius, Solinus,
« Priscien, saint Anselme et plusieurs auteurs as-
« trologiens, comme Albatagny, qui la divisent en
« trois parties, c'est à savoir : l'Asie devers orient,
« Afrique et Europe vers l'occident, et l'Afrique de-
« vers l'équinoxiale, et l'Europe devers le septen-
« trion, et entre ces trois parties et la mer d'entre,
« et divisent les auteurs chacune de ces parties en
« plusieurs royaulmes et régions, *mais tous appar-*
« *tiennent à la mappemonde* (1). »

Ainsi Nicolas d'Oresme, dans sa théorie de la mappemonde, ne s'appuyait sur l'autorité d'aucun auteur de son temps.

(1) Voy. chap. CXXXI.

Nous avions déjà montré, dans nos recherches (1), que ce cosmographe, parlant des différentes zones, disait au chapitre XXVIII, comme ses prédécesseurs, que celles qui sont situées plus près du soleil *étaient inhabitées*, et au chapitre XXIX, il répète que les terres situées sous la zone du soleil *entre les tropiques sont inhabitées*, preuve on ne peut plus évidente que les régions intertropicales n'avaient pas été visitées par les voyageurs de l'Europe.

Notre cosmographe ajoute cependant « que d'au- « tres disent qu'il y a des endroits habités », mais les raisons sur lesquelles il s'appuie sont toutes conjecturales, et elles nous prouvent que ce cosmographe de Charles V n'en produit pas une seule d'après l'expérience ou d'après les récits de voyageurs ou de cartographes qui auraient levé le voile cachant encore ces régions aux regards des Européens, avant les grandes découvertes des Portugais.

Et en effet, dans le chapitre XXX, il répète encore que les régions situées sous le tropique *sont inhabitées*. Les auteurs qu'il cite sont Aristote, Ptolémée et Alfagrani. M. Paulin Paris, dans son savant ouvrage sur les manuscrits français, avait déjà fait observer que, dans ce magnifique manuscrit, on remarque, entre autres choses, deux belles miniatures;

(1) Voy. nos Recherches, p. 276 et suiv.

celle du frontispice nous représente l'auteur assis devant un bureau, en face du bureau est la sphère. Dans le même manuscrit, on trouve la traduction que fit ce même auteur du livre *du Ciel et du monde* attribué à Aristote, traduction qu'il acheva en 1377, d'après les ordres du roi Charles V (1).

Dans une miniature admirablement exécutée, et qui se trouve à la suite du traité de la sphère, on remarque un planisphère dont nous parlerons plus tard (2).

Dans un autre manuscrit cosmographique du même auteur, qui se trouve aussi à la Bibliothèque nationale de Paris (3), ce savant montre encore d'une manière plus explicite qu'il n'a fait que répéter les mêmes erreurs que les cosmographes avaient soutenues pendant les siècles précédents.

Pour le prouver, nous nous permettrons de transcrire textuellement quelques parties de son texte, où on verra qu'il réfute la théorie de l'Antichthone et de ceux qui croyaient que les zones intertropicales étaient inhabitables. Mais il la réfute parce qu'elle était contre la foi de Jésus-Christ ; cependant ne pouvant pas abandonner entièrement les théories

---

(1) Les Mss. français de la Bibliothèque nationale, t. IV, p. 351.
(2) Voy. nos Recherches, p. 276 et suiv.
(3) Bibliothèque nationale de Paris, Mss no 7487.

de ses devanciers ni les systèmes des géographes de l'antiquité, il soutient le contraire autre part, comme on le voit par le curieux passage que nous nous permettrons de transcrire ici.

« Li quarte plage est entre le tropique d'yver et
« le cercle antarctique ; et selon la considération du
« XXVIe chapitre et de l'opinion d'aucuns, ceste
« plage est aussi attrempée et aussi bien habitable
« comme ceste seconde où nous sommes. Et pour
« ce, disent-ils, qu'il y a gens, et royaumes, et ha-
« bitations, tout aussi comme de ceste part, et ont
« yvers quant nous avons esté, et esté quant nous
« yver ; et autonne quant nous yver, et yver quant
« nous autonne. *Mais nul ne peut alar de cy là ne*
« *venir de là cy ne par mer ne par terre.* Si, comme
« ils disent, pour ce qu'il conviendrait, *passer par*
« *la tierce zone, qui est inhabitable,* selon ceste con-
« considération, et mesmement sous les tropiques,
« comme dit-est. »

Or si vers la fin du XIVe siècle les voyageurs européens avaient pénétré dans les régions intertropicales, le célèbre cosmographe de Charles V n'aurait certainement pas soutenu que ceux qui habitaient la terre australe opposée ne pouvaient avoir

(1) Voyez la Mappemonde de Cecco d'Ascoli, qui représente ce système.

de communication avec l'Europe, ni les Européens
y aller, et il ne se serait pas servi des arguments
qui suivent.

« Et dien (disent) que illec sont antipodes, c'est-
« à-dire, gens qui ont leurs pieds contre nos et pour
« ce qu'ils sont à l'opposite partie de la terre, aussi
« comme s'ils fussent subz nous et nous soubz eulx.
« Ceste opinion n'est pas à tenir, et n'est pas bien
« concordable à notre foy. Car la loy de Jésus-
« Christ a esté preschié par toute la terre habi-
« table ; et, selon ceste opinion, telles gens n'en
« auraient oncques ouij parler ne ne pourroient
« estre subgés à l'église de Rome. Pour ce, reprenne
« saint Augustin ceste erreur, ou ceste opinion,
« lib. XVI *De Civitate Dei.* »

Sa description de l'Afrique est entièrement la
même des anciens. Il ne connaît que la partie septentrionale ; quant à l'occidentale, il ne connaît absolument rien, et de l'intérieur ses connaissances
se bornent au pays des Garamantes, c'est-à-dire
à la Phésanie.

Ainsi les auteurs anciens, les Arabes (1) et les
Pères de l'Église étaient les seules autorités sur les-

---

(1) Au chap. XXX, qui a pour titre : *De la Tierce plage, Nicolas d'O-
resme* rapporte que quelques uns disent que la zone sous l'equinoxiale
est habitée, et que c'était l'opinion d'*Avicenne*.

quelles ce cosmographe s'appuyait. Ce qui prouve d'une manière positive que de son temps on ne connaissait pas une grande partie du globe, découverte seulement dans le siècle suivant.

Nous devons faire remarquer ici l'importante particularité, que le globe que nous voyons dans le manuscrit de Nicolas d'Oresme représente le système d'Édrisi, qui croyait, comme nous l'avons déjà démontré, que l'hémisphère opposé au nôtre était entièrement aquatique, ce que c'était la reproduction de l'image cosmographique dont se servait l'école de Thalès (1).

Un autre savant de la même époque, Ranulphus Hidgen, dans la partie cosmographique de son *Polychronicon*, nous montre aussi qu'il n'était pas plus avancé relativement aux sujets qui font l'objet de cet écrit. Les sources dont il se servit pour la composition de sa Cosmographie, sont les ouvrages de Salluste, de Pline, Josèphe, Solin, Eutrope, Isidore de Séville, et de Bède.

Sa description de l'Afrique viendra constater ce fait.

D'abord sa division de cette contrée est la même des anciens ; c'est à savoir la partie occidentale de

_____

(1) Voy. p. 52 de cet écrit.

l'Éthiopie, la Libye, Tripoli, la Gétulie, la Numidie,
et les deux Mauritanies.

Il divise l'Éthiopie en trois parties, savoir : la première partie occidentale qui est montueuse, et s'é-
tend depuis l'Atlas jusqu'à l'Égypte (1); la partie
moyenne est toute sablonneuse ; la troisième partie,
l'orientale, s'y trouve à peine mentionnée. Il la place
entre l'Océan austral et le Nil, vers l'entrée de la
mer Rouge. Elle renferme, selon lui, des peuples
monstrueux, comme les Garamantes, les Troglodytes
qui laissent derrière eux, dans leur course, les cerfs ;
plusieurs de ces peuples maudissent le soleil à cause
de l'intensité de la chaleur, d'autres se nourrissent
de serpents, d'autres mangent la chair des lions et
des panthères ; il y en a d'autres qui n'ont pas de
tête, et ont les yeux et la bouche au milieu de leur
poitrine ; d'autres viennent au monde sans oreilles,
avec la bouche au milieu de leur poitrine, et quel-
uns ont pour roi un éléphant.

Toutes ces fables, notre cosmographe les rapporte
gravement d'après l'autorité d'Isidore de Séville ; et
l'on verra, dans une autre partie de notre ouvrage,
les cartographes du moyen-âge représenter, d'après

(1) Ce système de montagnes se trouve reproduit dans la carte catalane de 1375, dans la Mappemonde italienne de 1424, dans la carte de
Valseca de Mallorque de 1439, et encore dans celle de Juan de la Cosa
que nous avons donnée dans notre Atlas.

ces sources, ces monstres fabuleux dans leurs cartes et dans leurs mappemondes.

La description de Libye est tirée aussi d'Isidore de Séville. Selon l'opinion de ce cosmographe, les Garamantes (c'est-à-dire les habitants de la Phésanie), s'étendent jusqu'à l'Océan Éthiopien ; ce qui prouve, selon nous, qu'il renfermait aussi toute l'Afrique, bien en deçà de l'équateur.

De la partie occidentale du même continent il ne connaît que la Mauritanie Tangitaine, ayant à l'orient le fleuve *Malva*, au midi le détroit *Gaditain*, au couchant le mont Atlas et l'Océan. Ce cosmographe, suivant en tout les géographes anciens, dit, en parlant de cette partie de l'empire du Maroc, qu'on l'appelle « Mauritanie, parce qu'elle est la patrie des Noirs. »

Ainsi *Ranulphus Hydgen*, écrivant déjà au XIVe siècle, nous prouve qu'il était aussi ignorant que ses devanciers, au sujet de la vraie forme de l'Afrique, et du prolongement de cette partie du globe.

Les connaissances de cet auteur, relativement à l'Asie, étaient aussi bien limitées.

Selon lui, une grande partie de ce vaste continent était inhabitée, et il ne connaissait rien au delà de l'Indus. La description des monstres fabuleux dont il s'est avisé de peupler les régions Caspiennes, prouve aussi que cette partie de l'Asie lui était inconnue, et que les voyages faits en Tartarie et en Chine, au XIIIᵉ siècle et au commencement de celui-ci, n'avaient exercé aucune influence sur lui, ou qu'il ne les connaissait pas, ce que nous croyons plus probable. Il adopte aussi la théorie des zones inhabitables, de même que celle de l'océan, comme étant un fleuve qui environnait toute la terre. Au même temps qu'il adoptait toutes ces théories des Grecs, comme il avait adopté les fables des mythographes, il suivait aussi la cosmographie des Pères de l'Église, en plaçant le *Paradis terrestre* avec ses quatre fleuves aux extrémités orientales de la terre, dans un lieu inaccessible, en s'appuyant de l'autorité de *saint Basile*, et de celle d'Isidore de Séville. Sa théorie du cours du Nil, qu'il fait venir de l'est, suffirait à nous prouver que *Ranulphus* considérait l'Afrique comme une terre extrêmement petite.

Au surplus, la mappemonde qu'on trouve dans les deux manuscrits de Londres et de Paris, du Polychronicon de *Ranulphus*, que nous donnons dans notre Atlas, prouve mieux encore l'ignorance de ce cosmographe relativement à la connaissance du globe (1).

(1) Voyez sur cette mappemonde l'analyse que nous donnons dans la deuxième partie de cet ouvrage. — Nous trouvons le nom de Ranul-

Fazio Degli Uberti, auteur du *Dittamonde* (1),
Jean de Mandeville (2) et Boccace (3), n'étaient pas
plus avancés, comme nous l'avons déjà montré dans
un autre ouvrage (4).

Bartholomeus *Anglicus* écrivit aussi, sur la cosmographie, quelques pages qui se trouvent renfermées dans l'ouvrage qu'il intitula : *De Proprietatibus
rerum* (5).

plus écrit de différentes manières, savoir : *Higdenus — Hygeden —
Hickeden — et Hyden*.

Cet auteur était religieux de l'ordre de Saint-Benoît. Il mourut en
1363. Fabricius lui consacra un article dans la Biblioth. Mediæ et Inf.
Lat., t. III, liv. VIII, p. 744. Ce savant dit très exactement que le premier livre renferme la description de la terre, accompagnée d'une
mappemonde. *Vossius* et d'autres savants ont fait mention de cet ouvrage de Ranulphus. La mappemonde du manuscrit du Musée Britannique est plus complète que celle du manuscrit de Paris. *Oudin* cite
les deux manuscrits du Polychronicon, de Paris et de Londres (t. II,
p. 1027).

(1) Voyez nos Recherches déjà citées, p. LX et suiv.

(2) Ibid., p. XII. Mandeville voyagea en Tartarie et en Égypte. De
son aveu, il emprunta beaucoup de récits aux vieilles chroniques et
à des romans de chevalerie. Malte-Brun a déjà fait remarquer qu'il
copia des pages entières du Voyage d'Oderic de Partenau et d'Hayton.

(3) Ibid., p. LXXIV.

(4) Recherches sur les découvertes de la côte d'Afrique, etc. Paris,
1842.

(5) L'ouvrage de Bartholomeus *Anglicus* fut imprimé en 1482, en caractères gothiques. *Fabricius* cite une édition de 1488. (Voy. Biblioth.
Mediæ et Inf. Lat., t. I, p. 479.)

La Bibliothèque de Dijon possède un Ms. du XVe siècle de cet ouvrage.

A la suite de la Cosmographie d'*Asaph*, dont nous avons parlé au
§ VI, p. 54, se trouve dans le même manuscrit un Traité anonyme,
avec le même titre, qui commence « *Incipit liber de proprietatibus
rerum* », en 19 livres.

L'ouvrage de cet auteur est une compilation de Pline et d'Isidore de Séville. Sa division de la terre est tirée de ce dernier auteur, de même que sa description de l'Inde.

La partie relative à la Mauritanie est tirée du liv. V, c, II, de Pline. De même sa Description du Paradis terrestre est tirée d'Isidore de Séville (1) : il ajoute cependant que les païens l'avaient placé dans les îles *Fortunées*. Le dernier pays qu'il mentionne au nord de l'Europe, c'est *Thulé*, que plusieurs savants pensent être l'Islande.

Sa théorie des zones habitables et inhabitables nous prouve aussi que cet auteur n'avait pas la moindre idée des pays découverts au XVe siècle par les Portugais, et que, comme ses devanciers, il ne soupçonnait même pas l'existence d'un grand continent situé à l'ouest, c'est-à-dire l'Amérique.

Gervasius Ricobaldus de Ferrare, qui dans ce siècle composa une Chronique générale (2), consacra le Ve livre à la description du globe (3).

Nous ne terminerons pas l'examen des cosmo-

(1) Voyez plus haut, § III, p. 23, note 3.

(2) Chronicon totius orbis.

(3) Fabricius, dans sa Biblioth. Mediæ et Inf. Lat., t. III, p. 155, parle de cet ouvrage, et renvoie à Eccard. (Corpus historicum medii ævi, sive scriptores rerum in orbe universo, t. I, pag. 1156. Leipzig, 1723.)

graphes de ce siècle sans rappeler que Pétrarque, qui s'est beaucoup occupé de géographie, considérait encore l'archipel canarien comme un des points les plus éloignés du monde (1).

Or, il nous semble de toute évidence, que celui qui croyait que les Canaries étaient le point le plus éloigné du monde du côté du couchant, prouvait par cette assertion, qu'il ne connaissait pas les immenses régions qui existaient au delà du cap Bojador.

Plusieurs voyages en Asie s'effectuèrent pendant ce siècle. Jean de Monte Corvino, que le pape envoya en Tartarie, parvint jusqu'à Pé-kin, en Chine, dans l'année 1305. *Pegolotti* voyagea aussi en Asie en 1335, et écrivit un itinéraire d'Azof à la Chine, qui n'est qu'une simple indication de la route qu'on pouvait prendre pour aller avec des marchandises d'Azof à la Chine et pour en revenir (2).

Oderic de Partenau parcourut aussi l'Asie depuis les côtes de la mer Noire jusqu'à la Chine, en 1330. Mais ce qui nous reste de ses observations n'a pas ajouté aux connaissances de ses prédécesseurs (3).

(1) Voyez nos Recherches citées, p. 288.

(2) L'ouvrage de Pegolotti est intitulé : *Divisamenti di prezzi e misure e usanze di varie parti del Mundo.* Voyez nos Recherches citées, p. LX.

(3) Voyez cette Relation dans la Collection de *Ramusio,* t. II, p. 248-256, Cf. Hacluyt, Voyages, t. II, p. 39. Oderic dit qu'il y a dans les Indes 4,400 îles dont il n'indique pas les noms.

Mais ces voyages n'exercèrent pas d'influence sur la cosmographie ni sur la géographie systématique des savants de l'Europe, comme nous venons de le voir par l'exposition de leurs théories et de leurs connaissances, de même que ces voyages n'ont pas exercé de grande influence sur les cartographes, comme on le verra dans une autre partie de cet ouvrage. L'engouement pour les fables et pour les relations merveilleuses était, dans ce siècle, parvenu au point que l'évêque Guillaume de Wixhans, prescrivit, dans les statuts du nouveau collége qu'il créa à Oxford, en 1380, que les confrères et les écoliers s'entretinssent, à l'issue du dîner et du souper, dans la lecture des chroniques des divers royaumes et des *Merveilles du Monde*. Et il existait même des ordonnances semblables dans d'autres colléges d'Angleterre (1).

Cependant, nous le répétons, tout le mouvement scientifique qui se fait remarquer dans ce siècle, l'esprit de discussion, l'avidité de connaître les merveilles du monde, la création de dix-sept universités dans presque tous les pays de l'Europe ; tout ce mouvement, disons-nous, témoigne déjà de

(1) Whaston History of English Poetry, t. I, p. 92.
Girard de Gallois fut obligé de lire trois fois en public, à Oxford, sa Description de l'Irlande.

l'approche d'une ère nouvelle, du grand siècle des immenses conquêtes de la science géographique effectuées dans le siècle suivant.

Mais pour que l'éclat en fût plus grand, les cosmographes continuèrent à soutenir les mêmes théories et les mêmes systèmes jusqu'à l'époque des grandes navigations et des découvertes des Portugais et des Espagnols; et les cartographes continuèrent aussi dans leurs représentations graphiques à reproduire le monde des anciens et tel qu'on le connaissait au moyen-âge !

§ X.

XVᵉ SIÈCLE.

PIERRE D'AILLY, — GUILLAUME FILASTRE CARDINAL DE SAINT-MARC, — LÉONARD DATI, — et JEAN DE HESE.

Tous les auteurs qui se sont occupés de l'histoire des sciences et des lettres pendant la première moitié de ce siècle, se sont attachés à décrire la renaissance des études classiques, dues en grande partie aux savantes recherches de *Poggio* (2).

(1) Nous devons à Poggio huit discours de Cicéron, un Quintillien complet, Columelle, une partie de Lucrèce, trois livres de Valerius Flaccus, Silius Italicus, Ammien Marcellin, Tertullien, une partie de Vitruve; enfin douze comédies de Plaute furent retrouvées en Allemagne, d'après ses efforts.

Mais nul, à notre connaissance, ne s'est occupé de démontrer l'état des sciences géographiques et de la cartographie pendant la même époque.

Et cependant, depuis 1400 jusqu'aux premières découvertes océaniques des Portugais sous le prince Henri en 1415, quelques auteurs célèbres se sont occupés de la cosmographie et de la géographie.

Nous allons nous occuper de ceux qui, durant cette période de temps, nous ont laissé des ouvrages sur cette branche des connaissances humaines.

Guillaume Fillastre, dont nous avons analysé les ouvrages (1) autre part, et dont les connaissances étaient plus avancées que celles de son contemporain, le cardinal d'Ailly, ne connaissait rien néanmoins au delà de l'équinoxial, comme on le voit par sa mappemonde, 1417, et s'il parle d'*Agensiba Regio*, c'est d'après le géographe d'Alexandrie. Ce cosmographe, dis-je, nous montre qu'il ne connaissait rien du reste de l'Afrique, même eu théorie, et qu'il parlait aussi d'une terre au delà de l'équinoxial placé à une distance si grande, qu'*on pouvait aller par terre à une région aussi froide que la nôtre*, de même que la Scythie, qui est au septentrion, selon lui cette terre s'étendait au delà de la latitude du zodiaque et du cours du soleil, autant que

(1) Voyez nos Recherches citées p. XCLV, XCV,

nous sommes en deçà. Or, cette terre est évidemment un terre polaire, puisque dans les extrémités du continent africain on jouit d'une température des plus douces. Le thermomètre de Réaumur ne s'élève jamais au dessus de 30 degrés, et malgré les effets désagréables qui produisent souvent les variations météorologiques, cela ne dure que quatre ou cinq jours et on ne peut pas éprouver dans la région du cap le froid de la Scythie dont parle Fillastre (1).

Le célèbre cardinal Pierre d'Ailly (*Petrus de Alliaco*), qui composa dans le commencement de ce siècle un Traité cosmographique qu'il intitula *Imago Mundi*, et qu'il dédia à Gerson, supposait encore que l'extrémité de l'Espagne ne devait pas être séparée des Indes orientales par une distance très considérable. Il soutenait, comme Érathostène et Sénèque avaient soutenu bien des siècles avant lui, qu'il était très facile d'aller dans l'Inde par l'Océan en peu de jours (2).

(1) L'article *Fillastre*, publié dans le tome XIV de la Biographie universelle, composé par M. Coquebert de Taizy, parle déjà en 1815 du manuscrit de Pomponius Méla de Reims, où se trouve la mappemonde que nous donnons dans notre Atlas.

(2) Voyez nos Recherches citées p. XCIII de l'Introduction, et p. 106, 107, 211, 289 et 190. Ératosthène disait que si l'étendue de la mer Atlantique n'était pas un obstacle, on pourrait se rendre par mer de l'Ibérie (l'Espagne) dans l'Inde. (Voyez Strabon, liv. I.)

Ces assertions de Pierre d'Ailly nous prouvent que ce cosmographe, comme tous les savants de son temps, ne connaissait pas les régions découvertes quelques années plus tard.

Et en effet il n'aurait pas cru à la facilité de ce trajet, si des navigateurs européens avaient exploré la côte de l'Afrique occidentale au delà du cap Bojador, et si on avait connu le prolongement de cette vaste portion du globe jusqu'au 36ᵉ degré de latitude australe.

M. de Humboldt avait déjà dit « que le cardinal cosmographe était plus occupé d'érudition classique que des relations des voyageurs les plus rapprochés de son époque, et que sa Géographie, à l'exception de quelques citations arabes, rappelle moins le siècle de Ptolémée que celui d'Isidore de Séville (1). »

Il pensait alors que la zone torride était inhabitée, de même qu'il pensait que les deux zones polaires étaient inhabitées.

Leonardo Dati, frère de Goro Dati (2), contempo-

(1) Humboldt, Examen critique de l'Hist. de la Géograph. du Nouveau Continent, t. I, p. 76.

(2) Nous avons examiné un exemplaire de cet ouvrage de la plus grande rareté, imprimé à longues lignes, en lettres rondes. Cette édition a dû paraître en 1470.

Voyez, sur ce poème géographique composé au commencement du XVᵉ siècle, ainsi que sur celui de Goro, l'*Histoire des Sciences en Italie*, par M. Libri, t. II, p. 221.

rain de Buondelmonti (1), qui composa aussi dans
ce siècle un poëme géographique, intitulé : *Della
Spera* (De la Sphère), et dont nous avons parlé dans
un de nos ouvrages (2), n'était pas plus avancé que
ses devanciers.

Dati nous montre, dans son ouvrage géographique,
qu'il ne connaissait pas non plus les pays situés au
delà du cap Bojador. Et en effet le dernier nom
qu'on remarque sur une carte de la côte occidentale de ce continent, dessinée en marge, est celui de
Messa dans l'empire de Maroc (3).

En ce qui concerne le système cosmographique de
cet auteur (4), il nous suffira d'exposer ici quelques
passages de son livre pour montrer que Dati était-
en 1422, aussi arriéré que ceux des premiers siècles
du moyen-âge.

On remarque en marge de ce traité un planisphère dessiné et colorié au XVᵉ siècle, dans lequel
on voit la terre au centre de l'univers ; puis l'Océan
homérique, ou environnant ; ensuite l'air, puis les

---

(1) Ce cosmographe composa un *Isolario*, ou Traité des Iles, dont
nous connaissons deux manuscrits. Nous donnons une notice dans une
autre partie de cet ouvrage.

(2) Voyez nos Recherches citées p. 97.

(3) Nous possédons un *fac-simile* colorié de cette carte.

(4) Nous avons reproduit dans notre Atlas la mappemonde qu'on
trouve dans un magnifique manuscrit contemporain de ce traité.

cercles des planètes d'après le système de Ptolémée (1); et dans une autre représentation du même
genre on voit figurer l'enfer au centre de la terre.
Il donne même le diamètre (2) !

Sa division de la terre est la même adoptée par
la plupart des géographes du moyen-âge dont nous
avons exposé les systèmes. En marge des stances
où il décrit les trois parties du globe, on remarque
une mappemonde dans laquelle un cercle représente
le disque de la terre. Une ligne tracée du nord au
midi divise l'Asie de l'Europe et de l'Afrique; et
une autre ligne tracée de l'ouest à l'est sépare
l'Afrique de l'Europe. L'Asie y est figurée comme
dans tous les autres monuments de ce genre, d'a-
près la théorie des cosmographes, c'est-à-dire plus

_____

(1) Voyez ce monument dans notre Atlas.

TERRA.

« La terra e corpo solido e pesante
« E grave piu che alcun altro elemento
« Posta nel centro dentro a tutte quante
« Le spere e piu di lungi al firmamento
« Da ogni parte egualmente distante
« Fra laria e lei ha laqua suo contento
« Ben che in alcuna parte se discopra
« La terra in alto, e par che sia di sopra. »

(2)   ### INFERNO.

. . . .
« Suo diametro e septe millia miglia
« El cerchio viati due migliara si piglia. »

grande que les deux autres parties du monde ensemble, ce qui prouve d'une manière péremptoire
que ce géographe ignorait la vraie forme et l'étendue de l'Afrique, et ne soupçonnait même pas l'existence du Nouveau-Continent.

Mais ce qui prouve aussi qu'il ne connaissait pas
la moitié du globe, c'est sa démonstration de la
terre, disant qu'elle a la forme d'un T en dedans
d'un O (1).

C'est en effet la représentation de plusieurs mappemondes du moyen-âge dans lesquelles le parallèle
moyen se trouve par le 36e dégré de latitude nord,
c'est-à-dire au détroit de Gibraltar; la Méditerranée

---

(1)   DELLA TERRA.

« Un T dentro a uno O monstra il disegno
« Come in tre parte fu diviso il mondo,
« E la superior parte el magior regno
« Che quasi piglia la mita del tondo,
« Asia e chiamata il gambo ritto e segno
« Che parte il terzo nome dal secondo
« Africa dico da Europa el mare
« Mediterran tra essa in mezo appare. »
                    (Dati della Spera).

Les vers suivants nous montrent encore l'ignorance du cosmographe
à l'égard des sujets que nous traitons dans cet ouvrage :

« Questo tondo non e meza la spera
« Ma molto menore : e *tutto l'altro e mare.* »

De manière que la figure dont il a été question plus haut ne représente pas même la moitié de la sphère, car tout le reste était occupé
par la mer.

y est ainsi placée de manière à diviser la terre en deux parties égales (1).

Dati place aussi le Paradis terrestre dans l'Asie, comme les cosmographes qui le précédèrent (2), et il fait venir le Nil de l'est.

De l'Afrique il se borne à parler de la partie anciennement connue (3) ; et tout en parlant du com-

(1) Voyez les mappemondes d'après ce système que nous donnons dans notre Atlas, et dont nous parlons en détail dans la IIme partie de cet ouvrage.

(2) « Asia e la prima parte dove lhuomo
  « Sendo innocente stava in paradiso. »

(3) « Africa comincia la qual dura
  « Quanto tien poi tutto il litto marino
  « Fino alo strecto e poi quanto si puote
  « Cercha loceano ale parte remote. »

Ensuite Dati nous prouve, tout en suivant les Arabes et ayant puisé aussi quelques idées dans Ptolémée, qu'il ne connaissait pas le cours du Nil.

Il dit en effet :

  « Di Sotto (c'est-à-dire du détroit de Gibraltar) el Nilo
                    fmillia septecento.
  « E piu che la mita absiono e rena
  « Paeze adusto per lo caldo vento
  « E non ba aqua che surga di vena
  « Poi ve un monte di miglia trecento
  « Che vulgarmente si chiama *Charenal*
  « Et edalteza molto smisurato
  « E nelle historie atalante chiamato. »

Sur la belle carte d'Afrique de *Juan de la Cosa*, de 1500, renfermée dans notre Atlas, on remarque une chaîne de montagnes qui s'étend depuis l'Atlas jusqu'en en Égypte, et à laquelle ce cosmographe donne le nom de Carena.

merce des épices qu'on apportait de l'Inde à Damas
et à Alexandrie, il ne dit pas un mot relativement
au commerce avec l'intérieur de l'Afrique, ni avec
la partie occidentale de ce continent. Et en effet,
avant les découvertes maritimes des Portugais, le
commerce des épices se faisait par les ports du
Levant et par ceux de l'Égypte (1).

Dati, du reste, avoue lui-même que les pays
situés à l'occident de *Ceuta* étaient peu connus (2).

Et de la côte occidentale, il mentionne seulement
Arsille, Larache, *Niffe*, Azamor, Gazolla et *Messa*,
au delà de laquelle il dit qu'on ne trouve que des
sables (3).

En ce qui concerne les îles de l'Océan atlantique
situées près de l'Afrique, il mentionne seulement

(1) Le fait que nous indiquons est maintenant hors de doute. Les
auteurs du XVII⁰ siècle, et quelques écrivains de nos jours, qui ont
prétendu que des Européens faisaient déjà le commerce de la *Mala-
guete* au XIV⁰ avec les ports de la Guinée, n'ont jamais produit le témoignage d'un seul auteur, ou document contemporain. Les prétentions de ces auteurs sont donc complétement anéanties par les règles
de la critique historique la plus élémentaire.

(2)   « Di sotto a setta forsi mille miglia
      « Giu per quel litto *sa puoca notitia*.

(3) Ce dernier passage est évidemment pris sur des relations arabes,
relations qu'il avait consultées, comme cela nous semble évident d'a-
près la dénomination de *Bakou* qu'il donne à la mer Caspienne.

les Canaries, comme les plus importantes (1). Là
s'arrêtent toutes les connaissances de Dati; elles
se bornaient encore à celles des anciens et des auteurs du moyen-âge. Dans son ouvrage, on ne remarque pas le moindre progrès de la science géographique, en ce qui concerne les vastes continents
et les grandes régions découvertes quelques années
plus tard (2).

Nous venons donc de reproduire et d'analyser
la géographie systématique des cosmographes du
moyen-âge, en produisant les textes mêmes de leurs
ouvrages, depuis la chute de l'Empire romain, au
V⁰ siècle de notre ère, jusqu'à la première moitié
du XV⁰ siècle, et cette analyse prouve de la manière
la plus évidente, que les savants de l'Europe, ainsi
que tous les géographes les plus habiles, qui faisaient
autorité, n'ont point connu par l'expérience des na-

(1)   « Cercando la rivera tutta quanta ;
         « Vegion da terra piu isole in mare
         « Chanaria et altri di piccolo affare. ».

En marge de ces vers, on voit la configuration de la côte d'Afrique
grossièrement dessinée et un groupe d'îles pour indiquer les Canaries.
Parmi les manuscrits de la Bibliothèque de l'Arsenal il s'en trouve
un du poëme géographique de Dati, avec des figures. (Mss. Italiens,
Histoire et Géograph., n⁰ 42, in-folio.)

(2) Nous n'avons pas parlé de Guillaume Caxton, anglais, qui composa, en 1460, un traité De Imagine Mundi, dont parle Nicolson (Bibliot.
hist. d'Angleterre, pag. 65), parce que cet auteur est postérieur aux
grandes découvertes.

vigateurs ou des voyageurs de l'Europe les régions
intertropicales situées en Afrique avant 1434, époque à laquelle *Gil Eannes* franchit la limite où s'arrêtèrent tous les navigateurs du moyen-âge. La déduction chronologique que nous venons de faire
nous montre aussi que, en ce qui concerne l'Inde,
les connaissances de la plupart des cosmographes
européens, jusqu'aux découvertes des Portugais,
étaient encore, à peu de chose près, les mêmes que
celles du temps d'Eratosthène, pour qui l'embouchure du Gange était le terme des connaissances
positives que le célèbre géographe grec avait recueillies sur l'Inde, car celle de *Thinne* était purement hypothétique.

Pour que le lecteur puisse mieux juger du système
d'Eratosthène, relativement à l'Asie, et de celui de
plusieurs des cosmographes du moyen-âge dont nous
avons parlé, nous nous permettrons de dire que
dans le système d'Eratosthène l'Asie perdait un tiers
de sa longueur et de sa largeur, et, par une conséquence toute naturelle, l'Océan septentrional et
l'océan oriental furent supposés à de moindres distances (1), tandis que d'autre part, les cosmographes

_____

(1) Voyez Gosselin, Géographie des Grecs, pag. 33 et suiv., sur les
connaissances qu'Eratosthène avait de l'Inde. Cf. Strabon, liv. I, p. 64,
et Gosselin, t. III, pag. 276.

du moyen-âge, ne connaissant pas le prolongement de l'Afrique, et considérant ce continent comme étant d'une extrême petitesse, croyaient, par cette raison, l'Asie égale en grandeur à l'Europe et à l'Afrique ensemble, tout en ne connaissant pas non plus les véritables dimensions de l'Asie.

Ce qui concernait la partie méridionale de ce dernier continent était encore si imparfaitement connu en Europe huit années avant l'arrivée de la célèbre expédition de l'amiral portugais *Gama* dans l'Inde, que Jean de *Hese*, qui voyagea en Orient en 1489 et qui écrivit deux livres *de Mirabilibus Indiæ* (1) (des merveilles de l'Inde), y débita tant de fables empruntées aux récits des anciens géographes, qu'on a de la peine à croire qu'il ait réellement visité l'Inde. Après avoir fait mention de son voyage à

(1) Voyez, sur cet ouvrage, *Oudin*, t. III, p. 1240. Cf. *Fabricius*, Biblioth. Med. et Inf. Lat., t. III, p. 581.

L'Itinéraire de *Jean de Hese* fut imprimé à Paris en 1490, et à Anvers en 1565. Nous avons examiné une édition de cet itinéraire, qui se trouve avec le Traité de *Damian de Goes*, publié à Louvain, et intitulé *De Bello Cambaico*, et avec les lettres de David, roi d'Abyssinie. Cette collection se trouve à la Bibliothèque nationale de Paris, dans le vol. in-4°. —O, n° 1242.

Malte-Brun, qui cite ce voyageur, paraît n'avoir pas examiné cette relation. Ce savant géographe soutient que *Jean de Hese* voyagea en 1380, lorsque ce voyageur dit, au commencement, ce qui suit :

« *Anno domini* M.CCCCLXXXIX *ego Joannes de Hese presbyter fui in Hierusalem in Maio*, etc. »

Jérusalem, à Sainte-Catherine du mont Sinaï et en Égypte, il rapporte qu'il avait navigué sur la mer océane pendant trois mois, pour se rendre à l'Inde intérieure, où saint Barthélemy prêcha la foi, et où habitent les Éthiopiens noirs. Là il a vu des pygmées qui ne vivent que douze années. Après avoir visité ce pays fabuleux, notre voyageur ajoute que, poursuivant sa navigation sur la mer d'Éthiopie, il arriva à la terre des *Monoculi* (les hommes qui n'avaient qu'un œil). Pour ne pas oublier une seule des fables répandues par ceux qui ne connaissaient pas ces pays, il ajoute : « que dans cette mer, les navires étaient entraînés vers le fond de la mer par des pierres magnétiques (1). Si on échappait à ces dangers, et si on n'était pas dévoré par les *Monoculi*, on pouvait alors parvenir à l'Inde centrale, et de là aux États du prêtre Jean.

Aucun des cosmographes du moyen-âge, comme nous l'avons démontré, ne soupçonna même l'existence du nouveau continent avant 1493, époque de la découverte de Christophe Colomb, et un grand nombre ont pensé, jusqu'à l'époque des grandes dé-

(1) Rapprochez ce que dit ce voyageur, en 1489, sur les pierres magnétiques, de ce que nous avons dit à cet égard pag. 80 à 82, et où nous avons montré qu'Albert-le-Grand et Pierre d'Abano ont cru aussi à l'existence de rochers magnétiques dans les mers de l'Inde.

couvertes, que la terre habitable se limitait seulement aux deux zones tempérées, comme l'avait soutenu Parménide d'*Élée*, qui vécut quatre cent trente-
quatre ans avant notre ère (1), théorie adoptée par
Aristote, Posidonius de Rhodes et par d'autres (2).

L'engouement des savants pour les théories syté-
matiques des anciens était tel, que les docteurs de
l'Université de Salamanque, encore en 1487, objec-
taient contre le voyage de Colomb, *l'infinité et l'é-
tendue de l'Océan, prouvée par le philosophe Sénèque* (3).

Quelques auteurs modernes, qui ont pensé que
les géographes du moyen-âge étaient plus avancés,
ne se sont certainement pas donné la peine d'examiner scrupuleusement leurs ouvrages, ni les sources
où ils puisèrent leurs systèmes cosmographiques et
leurs notions géographiques; ces écrivains modernes
n'ont pas suivi la règle si sage qui montre que c'est
aux monuments de chaque siècle que l'on doit re-
courir pour y puiser les faits si souvent défigurés
involontairement par l'ignorance, et volontairement
par la mauvaise foi.

(1) Voyez Pline, Hist. Natur., liv. II, c. 68.
(2) Voyez M. Bake dans son édit. de *Posidonius*. Lond., 1810, p. 94.
(3) Voyez Humbold, Examen crit. de l'Hist. de la Géogr. du Nouv.
Cont., t. I, p. 162.

D'ailleurs, la démonstration plus positive encore des faits que nous venons de constater dans cette déduction chronologique de la géographie systématique du moyen-âge, sera mieux éclaircie par l'analyse des monuments cartographiques, qui fait l'objet de la deuxième partie de cet ouvrage.

FIN DE LA PREMIÈRE PARTIE.

ESSAI

sur

L'HISTOIRE DE LA COSMOGRAPHIE

ET DE LA CARTOGRAPHIE

AU MOYEN-ÂGE.

DEUXIÈME PARTIE.

Des Cartographes pendant le moyen-âge, jusqu'aux découvertes des Portugais; de leurs systèmes; des sources où ils puisèrent pour la construction de leurs mappemondes; et de leur ignorance, relativement à l'existence des pays découverts au XV⁰ siècle.

Nous avons démontré, dans la première partie de cet ouvrage, que les cosmographes du moyen-âge n'ont pas connu, jusqu'aux grandes découvertes du XV⁰ siècle, près de la moitié du globe que nous habitons. Nous allons montrer maintenant, par l'analyse des monuments géographiques qui nous restent de ces époques reculées, en les rapprochant des textes des auteurs dont nous avons exposé les systèmes et les doctrines, que les cartographes n'ont fait, pendant cette longue période historique, que reproduire dans leurs mappemondes et dans leurs représentations graphiques les systèmes des géographes de l'antiquité, depuis Homère et Hécatée jusqu'à Æthicus, en mêlant les théories des anciens avec les systèmes cosmographiques des Pères de l'Église, et celles-ci avec les traditions mythologiques des Grecs et les légendes du moyen-âge.

En effet, un grand nombre de mappemondes et de planisphères du moyen-âge, que nous donnons dans notre Atlas, représentent encore dans leurs formes les théories et les idées d'Homère, et celles d'Anaximandre, disciple de Thalès, ou de Thalès lui-même, de Géminus, et d'autres auteurs de l'antiquité.

Elles représentent la figure informe de la terre sur une surface plate sans projection, et en forme de disque, l'Océan entourant le globe.

Du temps d'Hérodote, ainsi qu'à l'époque de Socrate, qui naquit 444 ans avant J.-C., et du temps de Pline (1), on soutenait que la terre était environnée par l'Océan (2).

---

(1) Pline dit : « La mer environne donc le globe terrestre *par le milieu*, comme la ceinture fait le corps; » ce qu'il ne s'agit pas de rétablir par des raisonnements, d'autant plus que l'expérience l'a démontré ainsi : « *Est igitur in toto suo globe tellus medio ambitu præcincta circumfluo mari*, etc. (Plin., Hist. nat., liv. II, c. 67.)

(2) Herodot. liv. IV. c. 36.

Au sujet des opinions des anciens sur la forme de la terre, il faut voir : *Vossius, De figura terræ, quam veteres esse opinati sunt* in novo Museo Germanico. An. 1790, p. 821.

Passim, Bredow, dans sa dissertation intitulée : *Geographiæ et Uranologiæ Herodoteae specimina.*

D'autres planisphères que nous donnons aussi représentent jusqu'au XVe siècle encore la terre immobile au centre de l'univers, d'après le système des anciens, suivi par tous les cosmographes du moyen-âge.

Pendant cette période historique, la science se renfermait dans les couvents, et les moines avaient l'obligation, que Cassiodore leur avait prescrite expressément, de lire les cosmographes (1).

Non-seulement ils lisaient les cosmographes anciens, mais, ce qui plus est, ceux qui parlèrent de cette science n'ont fait autre chose que copier servilement les auteurs anciens, comme nous l'avons montré dans une autre partie de cet ouvrage.

Les cartographes y puisaient les éléments pour la construction de leurs cartes, et la plupart n'ont pas adopté les idées plus savantes d'Aristote, de Platon, de Marin de Tyr et de Ptolémée, comme nous le montrerons plus tard.

Nous ne prétendons pas faire ici l'histoire entière de la cartographie. Nous n'entreprendrons pas non plus de faire une histoire des cartes chez les anciens. Cette histoire, comme l'a déjà fait remarquer un savant académicien (2), se trouve dans les livres des auteurs anciens, et non pas dans leurs cartes, qui ne sont pas parvenues jusqu'à nous. Mais l'histoire des cartes du moyen-âge se trouve tout entière non seulement dans les ouvrages des auteurs de cette période, mais aussi dans les cartes qui nous restent depuis le VII° jusqu'au XV° siècles.

Nous nous bornerons à dire ici que les systèmes de la géographie ancienne ont été formulés par des cartes dressées dans les temps modernes (1).

Bochard, Huet, Michaëlis et d'autres ont donné des cartes de la géographie de Moïse.

Pour celle d'Homère, Henri Voss nous a donné en 1802 une carte curieuse, ainsi que Schenemann, Schlegel, Woelcker, Lelewel et d'autres.

Lelewel nous donne aussi le système de *Cratès* et son globe artificiel.

Pour les systèmes géographiques d'Hérodote, Rennell (2), Larcher, Ukert, Heyne, Baehr, M. Walckenaer, Bobrick, Niebhur, Dahlmann, Bredow (3), et Gosselin pour ceux d'Hipparque et de Marin de Tyr.

Le système de Strabon a été aussi formulé dans

(1) Voyez de Laborde, Comm. géograph. sur l'Exode.

(2) *Geographical system of Herodotus.* In-4°, Londres, 1800, accompagné de neuf cartes.

(3) Bredow, Geographiæ et Uranologiæ Herodoteæ specimina.

des cartes par MM. Letronne, Walckenaer, Wilberg, Nobbe et Ukert (1).

Klausen, pour la géographie d'Hécatée, nous a donné aussi une carte qui accompagne sa publication des fragments de cet auteur et de Scylax (2).

Lelewel nous a donné une carte du système d'*Anaximandre* et d'*Hécatée* (3).

Le professeur Zumpt pour la géographie de Rutilius (4); M. Miller pour les périples de Marcien d'Héraclée, et Isidore de Charax, etc (5).

Du système d'Éphore, de celui d'*Eudoxe*, de *Cnide*, Lelewel nous a donné aussi des représentations (6).

Mais ces cartes qui représentent les différents systèmes géographiques des auteurs de l'antiquité, étant construites par des savants modernes, d'après

---

(1) Geographie der Griechen u Roemen von den fruesten Zeiten bis auf Ptolemaeus. Weimars, 1816, 4 vol. in-8°. *Geographia et Uranologia Herodotea specimina*, 1 vol. in-4°, publié en 1804.

(2) Klausen, Hecataei Milesii fragmenta. Berlin, 1831.

(3) Voyez le Mémoire de ce savant sur *Pytheas* de Marseille, et la géographie de son temps.

(4) Voyez Zumpt. — *Rutilii Claudii Namatiani de Reditu suo, Libri duo.* Berlin, 1840, in-8°.

(5) Voyez Périple de Marcien, d'Héraclée, Epitome d'Artémidore, Isidore de Charax, etc., ou Supplément aux dernières éditions des Petits Géographes, d'après un Ms. de la Bibliothèque Royale. Paris, 1839, in-8°.

(6) Ouvrage cité.

des principes scientifiques, ne peuvent nous donner une idée exacte des représentations graphiques des anciens, tandis que les cartes du moyen-âge au contraire, étant les propres œuvres des cartographes des différents siècles, nous font connaître l'état véritable de la cartographie et de la science pendant toute cette longue période historique.

Un grand nombre d'auteurs ont traité des cartes chez les anciens.

Ainsi, nous ne voulons pas, à propos de la cartographie du moyen-âge, faire ici une compilation facile de tout ce qu'on rencontre à ce sujet dans les ouvrages des Grecs et des Romains, puisque plusieurs savants ont déjà publié une foule d'ouvrages sur cet objet. On trouve en effet des notions sur la cartographie des anciens dans les ouvrages de Fréret, de Rennell, de Gosselin (1), de Vincent, de Malte-Brun, de M. Walckenaer, de Mannert, dans sa préface à la table de Peutinger, dans Robert de Vaugondy (2), dans ceux de Simler, de Wesseling, de Welser, et dans les commentaires sur les anciens itinéraires par Bertius, et sur la table de Peutinger par Scheyb, dans Hoffmann, dans la préface de l'abbé Halma,

---

(1) Gosselin a traité longuement des cartes des anciens, surtout dans les systèmes d'Eratosthène, de Strabon et de Ptolémée.

(2) Voyez Essai sur l'Histoire de la Géographie. Paris, 1755.

à la géographie mathématique de Ptolémée, et d'autres.

On trouve encore des notions plus détaillées dans des ouvrages spécialement consacrés à ce sujet et qui ont été publiés depuis le commencement du dernier siècle. Nous nous bornerons à les citer ici.

Gottschling publia, en 1711, en allemand, une histoire des cartes terrestres (1). Dans l'année suivante, en 1712, Schlicht publia à Berlin un ouvrage spécial sur ce sujet intitulé : *De tabulis geographicis antiquoribus*. En 1724 et 1727 parurent deux autres ouvrages sur ce sujet, composés par *Hauber* (2). En 1839 le professeur Reinganum publia une histoire des cartes chez les Grecs et les Romains (3). Dans l'année 1840, M. Julius Löwenberg publia à Berlin une histoire de la Géographie où il est question des cartes chez les anciens. Cet auteur a donné même à la suite de son texte une planche avec des représentations graphiques très réduites des systèmes d'Homère, d'Hérodote, d'Eratosthène, de Ptolémée, de Méla, d'Edrisi, de Sanuto, de Fra-Mauro et d'Andrea Bianco.

(1) Versucheiner Historie der Land Charten.
(2) Versucheiner Historie der Land Charten.
(3) Geschichte der Erd-und Landerabbildungen der alten besonders der Griechen and Romer. — Jena 1839.

Dans les ouvrages que nous venons de citer on trouve les passages relatifs aux cartes dont il est question dans les livres des anciens. Ces passages nous indiquent que, d'après le livre de Josué (1), les Hébreux avaient des espèces de cartes cadastrales dans lesquelles se trouvait tracée la division des terres des sept tribus juives, avec les limites assignées à chaque tribu.

Les Égyptiens, d'après des passages d'Apollonius de Rhodes (2) et de Saint-Clément d'Alexandrie (3), dessinaient sur des tables les contours des terres et des mers avec les détails des routes et le cours des fleuves. On fait remonter l'usage de ces tables au temps de Sésostris.

Les Grecs possédaient aussi des cartes géographiques de différentes espèces, selon ce que nous apprennent des passages d'Hérodote (4), de Philostrate (5), d'Agathémère (6), d'Aristophane (7), de

---

(1) Josué, XVIII-10-5-8 et 9.

(2) Apollonius, IV, 280.

(3) Saint-Clément d'Alexandrie, Stromat. VI. p. 633.

(4) Hérodote, liv. IV, 36 et V, 49.

(5) Philostrat. Imagin., édit. de Jacobs, 1825, Tom. I, p. 9-12 et 13, Tom. II, p. 17. Comment., p. 233, 278, 483.

(6) Agathémère, Géogr., etc., édit. d'Hoffmann, p. 283 et suiv.

(7) Aristophane, dans sa comédie des *Nuées*.
Au temps de Socrate, les cartes étaient très communes à Athènes. (Voyez Mém. de Fréret, 1738, sur la Table de Peutinger.)

Diogène Laërce (1), de Strabon (2), de Théophraste, de Josèphe (3) et d'Eustathe le Scholiaste (4).

D'autres passages des auteurs latins nous prouvent que les Romains avaient aussi des cartes géographiques, et probablement des planisphères célestes. Pline (5), Vegèce (6), Cicéron (7), Ovide (8), Properce (9), Suétone (10), Florus, Cassiodore (11), et Æthicus dans la préface de sa cosmographie constatent ce fait.

Ces cartes étaient de deux sortes, savoir : des cartes où se trouvaient figurées la terre, l'étendue et la situation relative des diverses contrées, et les autres itinéraires qui indiquaient simplement les distances des lieux et les embranchements des routes, avec des indications propres à faire connaître la nature et l'importance des villes, villages ou stations

---

(1) Diogène Laërce, II, édit. de Genève, de 1593.

(2) Strabon, liv. II, c. I.

(3) Joseph. Antiquit. Jud. V-I-21.

(4) Eusthate, Comm. sur Denis, 73.

(5) Pline, Hist. nat., VI, c. 13 ; VII-36.

(6) Vegèce, De Re Militari, III-6.

(7) Cicéron, De Republica. 14, 17, édit. d'Orelli, et dans le Somnium scip. 4.

(8) Ovide, Fastes, VI.

(9) Properce, Élég., IV-3-35, édit. de Brouckh.

(10) Suétone, in *Domitian.* c. 10.

(11) Cassiodore, *De Divin.* Lect. 23.

qui s'y trouvent mentionnés. Végèce appelle celles-ci *Itineraria picta*, tandis que les itinéraires écrits étaient appelés *Itineraria annotata* (1).

M. Walckenaer avait déjà fait observer que du grand nombre des cartes que les géographes anciens avaient dressées, il ne nous en reste que deux, une de chaque genre.

Ces cartes sont celles de Ptolémée et celle appelée de *Peutinger*, qu'on fait remonter au temps de Théodose, quoique copiée par un moine de XIII° siècle (2); mais les cartes de Ptolémée sont d'une date bien postérieure à celle de quelques-uns des monuments cartographiques que nous avons reproduits dans notre atlas.

Gosselin avait déjà démontré qu'une portion des tables actuelles atribuées à ce géographe n'est pas de lui (3), et que la partie de ses tables de l'Inde, à partir de Catigara, est l'ouvrage d'un géographe postérieur (4).

<hr/>

(1) Voyez l'excellent article Cartes, publié par M. Walckenaer, dans le tom. V de l'Encyclopédie des Gens du Monde, qui a paru en 1835.

(2) Il faut voir à ce sujet la savante préface de Mannert à son édition de la Table Théodosienne, et aussi les commentaires sur ce monument géographique, publiés, en 1824 à Bude, par *Katancsich*, qui ont pour titre : *Orbis antiquus et tabula itineraria quae Theodosii imp. Peutingeri audit ad systema geographiæ redactus et commentariis, etc.* 2 vol. in-4°.

(3) Hist. et Mém. de l'Acad. des Inscript., T. I, 2° série, p. 96 et 97.

(4) Ibid. p. III.

D'un autre côté, M. Walckenaer a fait remarquer que ces cartes ont été dessinées dans les XIIIe, XIVe et XVe siècles, d'après la projection qu'il a donnée et d'après les longitudes des lieux que renferme l'ouvrage du géographe d'Alexandrie.

Nous possédons cependant la notice d'une carte qui se trouve dans un manuscrit de Ptolémée en Belgique, qui est une reproduction d'un manuscrit du IXe siècle (1). Dans la IIIe partie de cet ouvrage, le lecteur verra l'influence que la géographie de Ptolémée exerça sur les cartographes postérieurs au XIVe siècle.

Ce ne fut que dans le siècle même des découvertes océaniques que la géographie de Ptolémée commença à exercer une grande influence sur les cartographes.

§ I.

LES MAPPEMONDES DU MOYEN-AGE SONT EN GRANDE PARTIE UNE CONTINUATION BARBARE DE CELLES DES ANCIENS.

Les quarante-sept mappemondes que nous donnons dans notre Atlas, antérieures aux grandes

(1) Nous possédons déjà des *fac-simile* de quelques cartes coloriées du manuscrit de Ptolémée cité, copies que nous devons à l'obligeance de notre confrère à l'Académie Royale des Sciences de Bruxelles, M. le baron de Reiffenberg.

12

découvertes, sont dans leurs éléments principaux une continuation informe et souvent barbare de celles des anciens.

Mais non seulement ces mappemondes sont une reproduction d'anciennes cartes, mais encore d'autres, qu'on conserve en Angleterre, nous représentent une espèce de l'*Itineraria picta* des anciens (1).

Celle du XI° siècle, qui accompagne l'ouvrage de Richard de Circenster, est évidemment rédigée d'après une carte romaine; et l'itinéraire que suivaient les pélerins pour aller de Londres à Jérusalem par terre, nous paraît être, dans beaucoup de choses, une imitation des cartes anciennes. Dans plusieurs cartes que nous donnons dans notre Atlas, on voit les villes figurées par des murailles, par des édifices, et les royaumes souvent y sont désignés par des souverains peints sur la carte, comme on le remarque dans la carte peutingérienne ou de Théodose, comme nous le prouverons plus tard.

---

(1) Voyez Description of Britain translated from the Richard de Circenster, With the original treatise *De situ Britanniæ*, in-8°.

La carte a pour titre en latin barbare :

« *Mappa Britaniae faciei Romani secundum fidem monumentorum perveterum depicta.*

Richard *Circenster* vécut au XIV° siècle.

§ II.

DES MAPPEMONDES, DEPUIS LE IIIᵉ JUSQU'AU XIIIᵉ SIÈCLE.

Nous savons qu'aux IIIᵉ et IVᵉ siècles, sous Dioclétien, Constance et Maximien, les cartes géographiques étaient en usage. *Eumène* en donne une preuve dans le discours *Pro restaurandis scholis,* qu'il adresse au préfet des Gaules, touchant l'utilité que la jeunesse retirerait des portiques des écoles d'Autun, sous lesquels était exposée une carte de toutes les terres, des mers, des villes et des peuples, avec les cours des fleuves, la sinuosité des côtes, et tous les pays qui servaient de théâtre aux exploits des plus grands capitaines (1).

(1) « Videat præterea in illis porticibus juventus, et quotidie spectet « omnes terras et cuncta maria, et quidquid invictissimi principes « urbium, gentium, nationum aut pietate restituunt aut virtute de- « vincunta ut terrore. Siquidem illic, ut ipse vidisti, credo, instruendæ « pueritiæ causa quò manifestius oculis discerentur, quæ difficilius « percipiuntur auditu, omnium cum nominibus suis locorum situs, « spatia, intervalla descripta sunt, quidquid ubique fluminum oritur « et conditur, quocunque se littorum sinus flectunt, quo vel ambitu « cingit orbem, vel impetu irrumpit oceanus.... Nunc enim nunc « juvat orbem spectare depictum. (Eumenes Pro restaur. schol. « 20, 21). »

Ce passage se trouve transcrit dans le savant Mémoire de M. Naudet, intitulé : *Mémoire sur l'instruction publique chez les anciens* (T. IX, p. 442, des Mémoires de l'Académie des Inscriptions et Belles-Lettres, 2ᵉ série).

Eumène parle aussi de *l'Océan qui entourait tout l'Univers.*

Du Ve siècle, nous ne connaissons pas une seule indication relative aux cartes géographiques.

Du VIe siècle, nous n'avons qu'un seul monument géographique : c'est la mappemonde de *Cosmas*, que nous reproduisons dans notre Atlas.

Du VIIe siècle, il nous reste à peine la notice que Saint-Gall, fondateur de la célèbre abbaye qui porte son nom, possédait; c'est, selon le dire de l'historien de cette abbaye, une carte dessinée avec *un art subtil* (1).

Au VIIIe siècle, Charlemagne avait aussi trois tables d'argent dans lesquelles étaient représentées la terre, les villes de Rome et de Constantinople (2), particularités que nous remarquons dans la mappemonde de Leipzig du XIe siècle, et dans d'autres.

Dans le même siècle, Théodulphe, évêque d'Orléans, avait aussi une mappemonde dont il parle dans ses ouvrages (3).

---

(1) Chronique du moine de Saint-Gall, apud D. Bouquet, t. V, p. 133. Rathbertus, *De Casibus S. Galli*, c. X, dit :

« *Inter hos* (libros) *etiam unam Mappam mundi subtili opera patravit quam inter hos quoque libros communeravit.* »

Cf. Ducange, *Glossarium*, au mot *Mappemundi.*

(2) Voy. Eginhard-Vita Caroli, 44, édit. de 1521, et l'abbé Lebeuf, Dissertat. sur l'état des sciences en France, tom. II, p. 90.

(3) *In tabula picta ediscere Mundos.* Le père Sirmond, T. II, p. 915 et

Mais nous pouvons apprécier, par les monuments géographiques qui nous restent de cette époque, ce que pourrait être le globe ou cercle mobile, pour figurer avec une espèce de zodiaque la machine du monde dont Théodulphe nous parle, et qu'il avait fait représenter dans une de ses salles, et dont il donna une description en vers (1).

Le savant abbé Lebeuf avait déjà fait remarquer que cette description est si obscure qu'on ne peut rien comprendre (2). Théodulfe semble suivre tantôt le système de Ptolémée sur l'immobilité de la terre, et tantôt le système opposé (3).

Un autre poète du même temps figurait le monde comme un *carré*, théorie dont la mappemonde de la cottonienne du XIe siècle, que nous donnons dans notre Atlas, est encore un souvenir (4)

Nous pouvons aussi juger de la forme et du tracé de la mappemonde de Théodulfe, par ses divisions systématiques de la terre, savoir : en Europe, Afri-

---

123, Mabillon, Martène et Durand ont donné divers fragments des ouvrages de ce savant (Voyez Histoire littéraire de la France, Tom. IV, p. 459-74).

(1) Théodulfo, Carm. 3.

(2) Voy. Lebeuf, De l'état des sciences en France sous Charlemagne, Paris, 1754, p. 41 et 42.

(3) Elogium Dungall. Annal. Benedict. T. II, p. 726 et coll. max. T. VII.

(4) Voyez, sur cette théorie, le passage de Gervais, p. 307 de la Ire partie de cet ouvrage.

que et les Indes ; mais, comme tous les cosmographes du moyen-âge, ils entendaient par les Indes un espace immense du côté de l'Orient. Dans la mappemonde de Théodulfe, l'Asie devrait être figurée *plus grande que l'Europe et l'Afrique ensemble*, comme dans toutes les mappemondes antérieures aux grandes découvertes du XV° siècle que nous donnons dans notre Atlas.

Et en effet, quel progrès pouvait-on s'attendre à trouver dans les mappemondes de Saint-Gall, de Charlemagne et de Théodulfe, lorsqu'on voit que le fameux Alcuin, qui exerça une si grande influence scientifique dans ce siècle, donnait au monde l'épithète de *Triquadrum* (1), et suivait la même division systématiue : *Totus orbis* (dit-il), *in tres dividitur partes, Europam, Africam et Indiam* (2).

Ainsi, pour juger de la barbarie de ces monuments géographiques, et pour nous dédommager de leur perte, il nous suffit d'avoir la mappemonde trouvée par M. Libri dans un manuscrit d'Orose de

(1) Alcuin Carm. 13.

(2) Ce passage d'Alcuin paraît être tiré d'Orose. Cet auteur dit, en effet :

« Maiores nostri orbem totius terræ oceani lymbo circumseptum, « *triquadrum statuere :* ejusque tres partes Asiam, Europam, et Africam « vocaverunt : »

Voyez *Bibliotheca Patrum*, édit. de Lyon, T. VI, p. 379. B.

Voyez Opusculum Alcuini, T. II, Thesaurus Anecdot., de Pez., p. 1.

ce siècle, écrit en lettres carolines, et pourtant contemporain de Charlemagne et des cosmographes
que nous venons de nommer. Nous possédons aussi
la mappemonde de Turin, qui se trouve à la suite
d'un manuscrit de l'Apocalypse du VIII° siècle (1),
c'est-à-dire de la même époque, et duquel nous donnons une analyse spéciale autre part.

Le IX° siècle qui suivit, paraît être plus pauvre
que le précédent.

Nous n'avons pu trouver qu'un seul monument
géographique de cette époque ; c'est celui qu'on
rencontre dans un manuscrit de Madrid tiré de la
Bibliothèque de la Roda, en Aragon. Nous donnons
ce monument dans notre Atlas et une analyse spéciale.

Il est digne de remarque que dans ce siècle, où
l'étude de l'astronomie était cultivée, et où elle était
appliquée pour les calculs du jour de Pâques, l'étude
de la geographie, qui a de la liaison avec cette
science, fut dans un état de décadence incroyable.

Le X° siècle est déjà plus riche en monuments de
ce genre que le précédent. Nous n'en avons cependant pu découvrir plus de onze, que nous donnons

(1) Quelques savants pensent que cette mappemonde a été dressée
au X° siècle, d'autres au XI°, et même quelques uns la supposent
du XII°.

également dans notre Atlas, savoir : une mappemonde Anglo-Saxone du Musée Britannique, une autre d'un manuscrit de Florence, et deux autres tirées d'un manuscrit de Macrobe ; deux autres tirées d'un manuscrit renfermant des vies des saints ; enfin cinq autres qui se trouvent dans les manuscrits d'Isidore de Séville.

La cartographie n'a donc pas fait le moindre progrès dans les IX° et X° siècles, malgré les travaux mathématiques d'Hincmar, de Loup de Ferrières, de Raban Maur, de Walafride Strabon, d'Abbon, de Notker et d'autres, même malgré l'attention que les annalistes de ces deux siècles donnaient aux phénomènes célestes qu'ils observaient soigneusement.

La sphère, construite dans ce siècle avec beaucoup de soins et de peine par le fameux Gerbert (Sylvestre II), comme il le dit, ne nous est pas parvenue (1).

Le XI° siècle nous fournit à peine cinq monuments géographiques : le planisphère qu'on trouve dans un manuscrit de Marcianus Capella, à la Bibliothèque de Leipzig ; la mappemonde de la cosmographie inédite d'Asaph le juif ; une autre dans un manuscrit renfermant des vies des saints ; une autre dans un manuscrit d'Isidore, et enfin une autre qui

(1) Gerbert, Epist. 148.

se trouve dans un manuscrit astronomique de la bibliothèque de Dijon (1).

Dans une autre partie de notre ouvrage, nous donnons l'analyse de ces trois monuments publiés dans notre Collection.

Nous ne devons pas nous étonner du petit nombre de monuments géographiques de cette époque, lorsqu'on sait que le nombre des livres même était alors extrêmement petit, qu'un simple recueil d'*homélies* se payait par une somme immense (2), qu'une bibliothèque de 150 volumes était une merveille (3), et qu'il y avait des églises illustres qui n'en avaient pas la moitié (4). Mais dans le XIIᵉ siècle qui suivit, les études et les livres se multiplièrent, les moines empruntaient les livres de géographie aux anciens monastères, et on les transcrivait.

D'autre part les connaissances géographiques s'agrandirent avec les Croisades qui formèrent des relations avec l'Orient, avec l'Arménie et la Tartarie.

C'est certainement à cela que nous devons un nombre plus considérable de monuments géographi-

(1) Ce dernier monument est cité par M. Libri, *Notice des manuscrits des Bibliothèques des départements*, p. 45.

(2) Furent payés de la manière suivante, 200 brebis et 2 muids de grains.

(3) Annal. Benedict., Tom. IV, ad ann. 1048.

(4) Voyez Lebeuf, Dissertat. sur l'état des sciences en France, 1013 jusqu'en 1314, p. 8.

ques dressés dans ce siècle, quoique la cartographie n'ait pas fait le moindre progrès pendant cette époque en ce qui concerne le tracé des mappemondes.

Nous connaissons six mappemondes et planisphères de ce siècle, savoir : une mappemonde qu'on trouve dans un manuscrit de Salluste, de la Bibliothèque *Laurenziana* de Florence ; les deux planisphères d'un manuscrit de l'*Image du Monde*, d'Honoré d'Autun, les deux autres du manuscrit du Liber Guidonis de la Bibliothèque Royale de Bruxelles (1).

Enfin la mappemonde dressée par le chanoine Henri de Mayence, dédiée à l'empereur Henri V (2).

Nous avons la notice de l'existence de deux autres mappemondes de ce siècle, dressées par Werinher (3).

(1) Nous devons un *fac-simile* colorié de ces deux mappemondes à l'obligeance de notre savant confrère de l'Académie royale des sciences de Bruxelles, M. le baron de Reiffenberg.

(2) Cette mappemonde est déposée aujourd'hui au Musée Romanzow, à Saint-Pétersbourg, et S. Ex. M. le comte Ouwaroff a permis à M. le ministre de Portugal, près la cour impériale, d'en faire tirer une copie pour nous, et, avec la plus grande libéralité, a donné l'ordre à M. le bibliothécaire de mettre le même monument à la disposition de la personne chargée d'en faire la copie. Nous espérons donc sous peu donner ce monument dans notre Atlas.

(3) Voyez la Préface de Mannert à son édition de la Table de Peutinger, section VIII.

Les mappemondes, dont il est question dans le texte, se trouvaient à l'abbaye de *Tégernsée*.

Le moine Werinher fut chargé par Rupert, qui était supérieur du monastère, de faire une carte du monde. Günthner pense que c'est

Mannert, qui a fait mention de ces deux monuments, ne nous fournit point des détails qui puissent nous donner une idée de ces deux représentations graphiques de la terre.

Les légendes qui se multiplièrent surtout aux IXe et Xe siècles, et à l'occasion de la translation des reliques, fournirent aussi aux cartographes d'autres éléments pour leurs cartes.

Et en effet, quelques uns inscrivirent ces légendes dans leurs mappemondes, comme nous le montrerons plus tard par l'analyse de ces monuments. Mais malheureusement les cartographes, souvent aussi ignorants que les copistes des manuscrits à ces époques, qui faisaient dire à un auteur ce qu'il n'avait point dit, dénaturèrent aussi ces mêmes légendes. Ils se permettaient à cet égard toutes sortes de libertés. Ils changeaient les termes pour y substituer les leurs. Mannert, dans sa préface à l'édition de la Table de Peutinger, ou de l'*Orbis pic-*

de la carte appelée après de Peutinger, qu'il est question, mais Mannert combat cette hypothèse, puisque le monastère avait déjà deux mappemondes à cette époque, et ajoute que les feuilles écrites de la main de Werinher, existent encore aujourd'hui.... Que l'empereur assis sur un trône au milieu de Rome, est surement Frédéric Ier, dont le monastère vante la munificence à son égard; le premier, représenté avec un casque, dans Constantinople, indique l'expédition de ce même empereur à Jérusalem. Dans la Sardaigne, ajoute-t-il, il y a un lieu marqué d'une croix, et le monastère de *Tégernsée* est le seul qui célèbre la fête de la Sainte-Croix.

tus (1), a fait remarquer les erreurs incroyables commises par le copiste de cette carte célèbre, dans la transcription des noms géographiques.

La même chose se fait remarquer dans un grand nombre de monuments que nous donnons dans notre Atlas, et notamment dans la mappemonde de la Cottonienne du XIe siècle, et dans celle du manuscrit royal 14 du *British Museum* du XIIIe siècle, copiée sans doute d'un monument plus ancien et d'après l'examen duquel on doit présumer que le cartographe qui l'a dessinée a eu entre les mains un autre modèle plus ancien dont il n'a pu expliquer les lettres défigurées par le temps. Quoi qu'il en soit, ces cartographes, comme nous le montrerons ailleurs, n'avaient aussi acucun égard à la position respective des villes. Et cela ne doit pas nous étonner non plus, lorsque nous savons qu'au XIIe siècle l'abbé de Ferrières ignorait qu'il y eut au Pays-Bas une ville du nom de Tournay, et réciproquement les moines de Tournay ne pouvaient pas découvrir la situation de l'abbaye de Ferrières (2).

Les moines avouaient même qu'ils exprimaient les noms des villes *in rustica lingua!* Que pouvait-on attendre des cartographes? Tel était l'état

(1) Voyez la Préface citée, section III.
(2) Voyez l'ouvrage de l'abbé Lebeuf, p. 176, et Spicilegium, T. XII.

ou se trouvait la cartographie à la fin du XII° siècle.

Dans le XIII° siècle qui suivit, les cartographes continuèrent à tracer leurs cartes de la même manière barbare des siècles précédents. L'astronomie était aussi alors dans la plus grande décadence.

La frayeur que les phénomènes célestes inspirait, comme l'aurore boréale, les étoiles filantes, les comètes, etc., prouve dans quel état devait se trouver aussi l'art de tracer les cartes du globe.

Les orientaux étaient plus versés alors dans les sciences que les hommes les plus éminents de l'Europe, et c'est sans doute à leurs écrits que les hommes les plus considérables de ce siècle, Albert-le-Grand, Bacon, Pierre d'Abano, et le Dante, durent des connaissances plus étendues que celles de leurs devanciers, et en effet, ils s'en rapportent souvent à leurs ouvrages sur la géographie, sur la physique du globe et sur d'autres sujets, comme nous l'avons déjà montré dans la première partie de cet écrit.

Au siècle précédent même, le célèbre Alain témoignait qu'on lisait alors les ouvrages d'Albumasar, auteur arabe, qui vécut du IX° au X° siècle (1). Mais

(1) Sur l'état des sciences chez les Arabes au moyen-âge; on doit consulter l'ouvrage de M. Sédillot, intitulé : « *Matériaux pour servir à l'histoire des sciences mathématiques chez les Grecs et Orientaux.* » Paris, 1845, p. 116 et note III, p. 273.

les Arabes qui créèrent une géographie qui leur est
propre, divisant le monde par bandes ou climats, et
y ajoutant leurs itinéraires, et qui parvinrent à
figurer les terres connues de leurs temps, ont été
plus barbares encore que les cartographes de l'Europe
dans la construction de leurs cartes géographiques,
comme on le voit par les mappemondes qu'on trouve
dans leurs manuscrits et dont nous en possédons huit.
Il est vraiment surprenant de voir les Arabes qui, dès
le VIIIe siècle, avaient apporté en Espagne l'astronomie et que plusieurs de cette nation se rendirent
célèbres par leurs observations, par les ouvrages
qu'ils composèrent sur cette science, et par les
instruments d'observations qu'ils construisirent et
dont il nous en reste plusieurs (1), il est vraiment surprenant, disons-nous, de voir à quel point ils étaient
arriérés dans la construction de leurs mappemondes
et de leurs planisphères. Quelques unes des cartes
arabes même qu'on rencontre dans leurs manuscrits,
sont tracées de la manière la plus barbare. Nous aurons l'occasion de parler plus tard de ces monuments géographiques.

(1) Sur l'état des sciences chez les Arabes et sur leurs instruments
d'observation. Voyez *Delambre, Astronomie du moyen-âge*, et *M. Sedillot,*
ouvrage cité.

§ III.

Revenant aux cartographes occidentaux du moyen-
âge, et à leurs représentations graphiques, dont nous
nous étions peut-être trop éloigné, nous ferons remarquer que jusqu'à ce moment on a pu déjà découvrir treize mappemondes du XIII° siècle, dont onze
forment déjà partie de notre Atlas. Mais celle que
le Moine, auteur des Annales de Colmar, annonce
avoir lui-même dessinée, en 1265, sur douze feuilles
de parchemins (1), ne nous est pas parvenue (2), et
il ne nous reste que cette simple mention.

Il existe de ce siècle une autre petite mappemonde en Angleterre, au *college of Arms* (3).

Les *dix* monuments de ce siècle, que nous donnons dans notre Atlas, sont : celui qui se trouve
dans un manuscrit de Salluste, de la Bibliothèque

---

(1) L'Annaliste dit : *Anno MCCLXV. Mappam mundi descripsi in pelles
duodecim pergameni.* —Voyez Schlozer, Hist. script., p. 154, note A ; Goldast, *Germaniæ Histor. illustr.* ; Annales Dominic. Colmariens., t. II, p. 8.

(2) Mannert, dans sa préface à la Table Théodosienne, pense que ce
monument géographique pouvait être la même Table peutingérienne
et il argumente de l'identité du nombre de feuilles.

(3) Nous avons une notice de ce monument, qui nous a été transmise
par notre savant confrère à l'Institut de France, M. Th. Wright, dans
une lettre datée du 25 octobre 1845. Nous donnerons ce monument dans
une des planches de notre Atlas.

Médicea, de Florence ; le planisphère de *Cecco d'Ascoli* : quatre autres tirées de différents manuscrits
du poème géographique de Gauthier de Metz, qui a
pour titre : *Image du Monde;* une mappemonde
très curieuse qui se trouve dans un manuscrit du
Musée Britannique; une autre tirée d'un manuscrit
de *Mathieu Paris*, du même Musée; une autre
plus curieuse encore, tirée du manuscrit royal 14,
C. IX, du Musée britannique ; enfin le planisphère
tiré d'un traité des animaux, d'un manuscrit de la
Bibliothèque Nationale de Paris.

Le XIVᵉ siècle est déjà plus riche en monuments
de ce genre. Vingt-cinq mappemondes et portulans sont déjà connus (1); nous en donnons seize
des premières dans notre Atlas, savoir :

La mappemonde de Nicolas d'Oresme , celle
tirée du Chronicon de 1320 , celle des Chroniques de Saint-Denis, celle qui se trouve à la suite
d'un Ms. de Guillaume de Tripoli (2) , celle qu'on

---

(1) Voyez notre notice sur plusieurs monuments géographiques du
moyen-âge, publiée au Bulletin de la Société de Géographie de Paris,
du mois de mai 1847.

(2) Guillaume de Tripoli accompagna Marco Polo en Asie.

Duchesne (*Scriptores*, vol. V) a donné un extrait de son Voyage. Sinner
cite un manuscrit complet à *Berne* (Catalog., T. II, p. 281).

La Bibliothèque nationale de Paris possède un autre manuscrit d'où
on a tiré le planisphère dont il est question dans le texte.

Voyez, à cet égard, nos Recherches citées p. 94, et addition XVII,
p. 276, du même ouvrage.

remarque dans un Ms. de Salluste de la Bibliothèque de Médicis, à Florence, celle qu'on trouve dans un Ms. de la même bibliothèque, celle qu'on remarque dans un Ms. de Marco-Polo, de 1350, à la Bibliothèque de Stokholm; enfin, quatre autres tirées de différents Mss. de la Bibliothèque Nationale de Paris.

Les mappemondes de cette époque étaient si peu connues à la fin du siècle dernier, que le célèbre historien Robertson disait que la mappemonde des chroniques de Saint-Denis, du temps de Charles V, était la plus ancienne carte connue du moyen-âge, tandis que nous donnons la notice de 40 antérieures, et dont 36 déjà ont été publiées dans notre Atlas. Mannert aussi, dans sa savante préface à la Table peutingérienne (section VII), disait encore, en 1821, que les plus anciennes cartes connues du moyen-âge étaient celles publiées dans le *Gesta Dei per Francos*, faites au commencement du XIVe siècle.

Pour le XVe siècle, nous connaissons déjà plus de trente monuments géographiques dont nous aurons l'occasion de parler autre part, nous bornant ici à faire mention seulement des mappemondes et planisphères antérieurs aux grandes découvertes des Portugais et des Espagnols, effectuées dans ce siècle (1434 à 1500), savoir :

1° La mappemonde qu'on trouve à la suite de

l'*Image Mundi* de Pierre d'Ailly, publiée en 1410, et où on voit marquée l'Aryne ; 2° la carte du Musée Bourbon de Naples, de 1413, que Monseigneur Rossi a fait graver en 1842, carte dressée par un nommé Rodini, et dont M. d'Avezac a donné une curieuse analyse dans le Bulletin de la Société de Géographie (1); 3° la carte de Mathias de Villadeste (2), de la même année 1413; 4° une mappemonde très curieuse datée de 1417, qui se trouve dans la Bibliothèque du palais Pitti, à Florence (3); 5° carte du monde connu, de la Bibliothèque de Weimar, de 1424, dont M. Walckenaer possède un calque; 6° carte anonyme datée de 1430, découverte en 1789 à Sobrello, en Italie, et que l'abbé Borghi a décrite dans la même année; 7° la curieuse mappemonde du cardinal Fillastre, qui se trouve dans le Ms. du Pomponius Méla, de la Bibliothèque de Reims, de 1417; 8° planisphère tiré d'un poème géographique de Florence, d'après le système de Ptolémée et de la cosmographie des PP. de l'Église.

A partir des découvertes des Portugais et des Espagnols dans la seconde moitié de ce siècle, les

---

(1) Voyez Bulletin de la Société de Géographie, T. XX, 3e série, p. 66.

(2) Ibid., p. 67 et Cladera Investigationes historicas.

(3) Notice de plusieurs monuments géograph., etc., par M. Hommaire de Hell, que nous avons publiée avec des annotations dans le Bulletin de la Société de Géographie de Paris, au mois de mai 1847, p. 11.

mappemondes, et surtout les cartes marines, et les portulans, se multiplièrent à tel point, que le nombre même des monuments de ce genre que nous connaissons déjà, jusqu'à l'époque d'Ortélius, excède de plus du double celui des monuments connus depuis le V⁰ siècle jusqu'au XV⁰ inclusivement. C'est l'époque des *hydrographes*, comme l'a très bien désignée un des plus savants géographes de notre temps, qui a fait remarquer que cette période ne commence qu'après les grandes découvertes des Portugais, « parce que ce fut aux découvertes des marins de « cette nation dans l'Ancien et le Nouveau Monde, « que l'on dut les rapides progrès qui eurent lieu « dans la construction des cartes et globes pendant « cette période (1). »

§ IV.

LES CARTES DU MOYEN-AGE SE TROUVENT DISSÉMINÉES PARTOUT.

Les cartes du moyen-âge sont disséminées partout, comme l'a déjà fait remarquer un savant académicien (2); on les trouve dans les manuscrits des ouvrages les plus disparates entre eux. Les unes grandes, développées sur une feuille de parchemin,

(1) Walckenaer, Encyclopédie des Gens du Monde, tom. V, p. 12.
(2) Voyez le passage de l'ouvrage de M. de Laborde *Commentaire géographique de l'Exode et des Nombres*, p. XXII.

comme celle de *Juan de la Cosa*; et d'autres intercalées dans le texte, comme celles qui se trouvent dans la cosmographie d'Asaph, dans le Polychronicon de Ranulphus Hygden, etc.; d'autres peintes précieusement dans une initiale, comme la mappemonde de Reims du Pomponius-Méla, de 1417; d'autres dans un élégant entourage, comme dans le poème géographique de Goro-Dati, et d'autres sur une plaque de cuivre, comme celle de Musée-Borgia; d'autres sur des meubles d'ivoire, comme celle que possède le prince Cariati, à Naples, et qu'on remarque dans un meuble du Musée du Louvre; d'autres dans une cassette appartenant au marquis *Trivulci* de Milan, et dressées par *Paulus Angeminius* (1); d'autres au revers d'une médaille (2); d'autres enfin dans un ciboire en forme de sphère, comme celle provenant du trésor des anciens ducs de Bourgogne à Nancy (3).

(1) Voyez la description des trois cartes, qui renferme cette cassette, dans la 4ᵉ partie de cet ouvrage.

(2) M. de Montigny possède dans son cabinet de médailles une pièce du XVᵉ siècle, au revers de laquelle on voit une mappemonde. M. Chabouillet, du Cabinet des Antiques de la Bibliothèque nationale, nous a communiqué une empreinte de cette médaille, et que, d'après son consentement, nous avons fait graver dans une des planches de notre Atlas.

(3) Voyez le Mémoire de M. Blau sur les monuments géographiques de la Bibliothèque de Nancy (1830).

§ V.

LES CARTES DU MOYEN-AGE SONT DE TOUTE DIMENSION.

Ces cartes sont de toute dimension ; elles varient depuis la grandeur d'une petite pièce de monnaie, comme celle tirée d'un manuscrit d'Isidore de Séville, du XIII⁰ siècle (1), jusqu'à pouvoir occuper tout un pan de muraille, comme celle de Fra-Mauro, de 1459, que nous publions pour la première fois dans notre Atlas en entier, de grandeur de l'original.

§ VI.

TOUS LES SYSTÈMES DES GÉOGRAPHES DE L'ANTIQUITÉ SE TROUVENT REPRODUITS DANS LES CARTES DU MOYEN-AGE, AINSI QUE LES THÉORIES COSMOGRAPHIQUES DES PÈRES DE L'ÉGLISE.

Tous les systèmes des cosmographes et des auteurs de l'antiquité grecque et latine se trouvent reproduits dans les mappemondes et dans les planisphères du moyen-âge, de même que ceux des Pères de l'Église, comme nous aurons plusieurs fois l'occasion de le faire remarquer. Et en effet, les théories

(1) Voyez les quatre mappemondes tirées des différents manuscrits du poème géographique de Gauthier de Metz, du XIII⁰ siècle, que nous donnons dans notre Atlas.

systématiques des anciens s'y trouvent toujours
mêlées à celles de la géographie sacrée.

C'est ainsi que la plupart des cartographes du
moyen-âge, qui suivaient les auteurs sacrés et la
théorie systématique des cosmographes dont il a
été traité dans la I⁰ partie de cet ouvrage, font
venir du Paradis les quatre fleuves, tandis que d'autres les placent en cercle autour de la terre, d'après
l'opinion de Josèphe (1). On remarque dans plusieurs
de ces mappemondes, Adam et Ève, et le serpent
tentateur, comme symbole du péché originel (2), et
l'arbre de vie.

Fra Mauro représente aussi ce symbole dans la
belle miniature qu'on remarque dans sa célèbre mappemonde; et c'est d'après ces systèmes et ces traditions que les cartographes plaçaient *Jérusalem* au
centre du monde habité d'après Ezéchiel (3). C'est

(1) Josephi Antiquit. Judaïc. Lib. I, cap, I, § 3.

(2) Sur la représentation d'Adam et Ève, comme symbole du péché,
voyez la préface du texte de *Bosio* dans sa *Roma Sotteranea* publiée à
Rome en 1632.

Voyez ce que nous avons rapporté dans la I⁰ partie de cet ouvrage,
relativement au poème géographique de l'*Image du Monde*, d'Omons,
écrit en 1265, p. 115, § VIII.

(3) « *Haec est Hierosolyma in medio populorum Collocavi et undique
circum terras.* » (Ezéchiel, chap. 5, vers. 5.)

In medio Judæ est Hierusalem, *quæ est umbilicus totius terræ.*

Voyez Hugues de Saint-Victor, *De situ Terrarum.* Tom. II, chap. II,
p. 345 et *Robert de Saint-Marien,* dans la I⁰ partie de cet ouvrage.

encore d'après ces mêmes systèmes que nous voyons dans la mappemonde du manuscrit n° 4126 de la Bibliothèque nationale de Paris, le cartographe suivre cette théorie au XIV⁰ siècle, et placer Jérusalem au centre de la terre. Le cosmographe, auteur de cette mappemonde, ayant mis aussi au centre de la terre la légende : *Regnum Indie*, paraît avoir voulu réunir les opinions systématiques des Indiens et des Thibétains, qui soutiennent que leur habitation est placée au centre de la terre, et qui font nager celle-ci sur l'eau dans toute sa circonférence (1).

D'autres cartographes n'oubliaient pas de signaler dans leurs mappemondes ou dans leurs cartes toutes les fables des Grecs, comme nous le montrerons plus tard.

Nous nous bornerons ici à indiquer simplement que plusieurs d'entre eux conservèrent dans leurs légendes, qu'on trouve dans leurs représentations graphiques, les Arimaspes, à l'existence desquels Hérodote ne croyait pas (2). Ils avaient soin de les mettre dans les pays hyperboréens, près de la mer Boréale (3).

(1) Voyez cette mappemonde dans notre Atlas.

(2) Voyez la mappemonde du XIII⁰ siècle, du manuscrit royal 14 du *British Museum*, que nous donnons pour la première fois dans notre Atlas.

(3) Voyez Hérodote, IV. c 30.

D'autres plaçaient les Argippæis dans le voisinage des Scythes (1).

Dans une mappemonde du XIIIe siècle, on voit encore les Massagètes d'Hérodote dans les limites desquels on rencontrait un grand fleuve appelé *Aras*, l'*Araxes* d'Eratosthène. Mais le cartographe, dessinateur de cette mappemonde, suivait, en ce qui concerne le pays des *Massagètes*, la géographie d'Hérodote, et non pas d'Eratosthène, qui ne connaît que les Scythes pour habitants de la mer Caspienne.

D'autres cartographes du moyen-âge, comme les cosmographes de cette période historique, confondaient aussi l'Inde avec l'Éthiopie (2). Cette confusion des mots d'Inde et d'Éthiopie est encore un souvenir de la géographie homérique.

M. Letronne avait déjà fait remarquer que cette confusion remontait à la fameuse division qu'Homère a donnée des Éthiopiens en orientaux et occidentaux, division que nous voyons adoptée, presque sans exception, par les cosmographes, comme nous l'avons montré dans la Ire partie de cet ouvrage.

« Ces divisions homériques ont trouvé plus tard une explication dans le système d'Éphore, et une

---

(1) Ibid., IV-23.

(2) La confusion de l'Inde avec l'Éthiopie a fait placer à Lucain les *Sères*, près la source du Nil.

trace évidente dans Hérodote (1). » M. Letronne
pense avec raison, que l'usage de donner le nom de
l'Inde à l'Éthiopie, s'est surtout répandu depuis le
IIIᵉ siècle. Ce savant croit que ce qui y a contribué,
c'est que les chrétiens ont eu besoin, pour leurs
systèmes sur les quatre fleuves du Paradis, d'iden-
tifier avec Nil le Géon, dont les uns faisaient l'*Indus*
et les autres le *Gange* (1), et que cette confusion géographique s'est répandue et a été admise non seulement par les écrivains des IVᵉ et VIᵉ siècles de notre
ère, dont *Cuper* a donné beaucoup d'exemples (2),
mais encore, comme nous l'avons fait remarquer
plus haut, par les cosmographes et par quelques
cartographes, jusqu'à l'époque des grandes découvertes au XVᵉ siècle.

D'autres mappemondes, comme celles du *British
Museum*, du XIIIᵉ siècle, et du Polychronicon de
Ranulphus-Hydgen, du même Musée, nous représentent l'Océan environnant tout entier couvert
d'îles.

(1) Voyez *Journal des Savants*, avril 1825, p. 222, article de M. Letronne.

(2) Voyez Cosmas, Accasius Caesar, et Philostorge, III, 101, cités
par M. Letronne, Journ. des Savants. Paris, 1825, avril.

Voyez Hérodote, VII-70.

(3) Voyez *Introduction du christianisme chez les Blémyes, dans la
vallée inférieure de Nubie*, par M. Letronne.

Cette théorie provenait du désir qu'avaient les dessinateurs des cartes du moyen-âge d'indiquer des terres vaguement décrites par les anciens, ce qui les engageait à remplir le vide de l'Océan d'îles, dont la position était plus variable encore que le nom. Ces dessinateurs, comme l'a observé M. de Humboldt (1), ont contribué à augmenter le nombre des créations fantastiques. Le même savant pense que la persuasion intime de l'existence des terres éparses dans l'espace inconnu des mers, était de beaucoup antérieure à la construction des mappemondes.

« Il est si naturel à l'homme, ajoute ce savant, de rêver à quelque chose au-delà de l'horizon visible, et de supposer d'autres îles, même d'autres continents semblables à celui qu'il habite. »

Qu'il nous soit permis d'ajouter à cette belle pensée de l'illustre savant, que cette théorie provenait aussi des traditions sacrées. Et en effet, la multiplicité d'îles, dont quelques cosmographes du moyen-âge remplissaient les mers qui entouraient le globe, avait aussi son origine dans les traditions sacrées.

Raban Maur, dans son traité *De Universo* (Liv. XII, chap. V, de *Insulis*), disait que dans plusieurs passages des Saintes-Ecritures, il est question des

(1) Voyez Examen critique de l'Histoire de la Géographie du Nouveau-Continent, Tom. II, p. 158 et suiv.

saints qui, frappés par les vagues de la persécution,
ne succomberaient pas, parce que Dieu les proté-
geait (1).

Et le même cosmographe rapproche ce passage de
celui du psaume 96 : *Dominus regnavit, exultare
terra : lætentur insulae multae*, et de celui d'Ezéchiel, le prophète dit : *Fili hominis loquere ad
habitatores insulae.*

Or, l'église universelle s'étendant partout, il était
clair qu'il fallait, d'après ces idées, représenter des
îles partout autour de la terre, afin de conserver
dans les représentations graphiques du globe ces
traditions sacrées. De même que, d'après Macrobe,
Méla et d'autres auteurs anciens, les cartographes
du moyen-âge conservaient aussi dans leurs mappemondes le système des terres opposées et de
l'Antichthone d'un continent séparé du nôtre où les
habitants des zones tempérées septentrionales ne
pouvaient pas aller, de même ceux qui habitaient
cette terre fantastique ne pouvaient communiquer
avec ceux de l'hémisphère septentrional.

Ce qui est plus remarquable, c'est qu'encore au
XVᵉ, et même au XVIᵉ siècle, après les grandes
découvertes, plusieurs des cartographes continuèrent

(1) ... Qui tunduntur fluctibus persecutionum, sed non destruuntur,
qui a deo proteguntur.

à dessiner dans leurs cartes certaines terres fantastiques d'après la géographie systématique des anciens, comme on le verra par l'analyse que nous donnons des mappemondes et des portulans postérieurs aux découvertes des Portugais et des Espagnols au XV° siècle (1).

Nous nous bornerons cependant à dire ici que l'Afrique de la mappemonde de la *Salle* est tracée en partie d'après le système de Ptolémée.

L'Afrique de la mappemonde de Martin de Behaim, quoique dressée déjà en 1492, après le voyage de circumnavigation de l'Afrique, par Barthélemy Diaz, conserve encore au-delà du *Rio do Infante*, sur la côte orientale, limite des découvertes effectuées alors par les Portugais, une grande langue de terre qui s'étend vers l'est et qui représente encore le système du géographe d'Alexandrie, consistant à étendre l'Afrique jusqu'au Catigara. Mais on voit aussi cette théorie de Ptolémée disparaître entièrement de la belle carte d'Afrique de la mappemonde de Juan de la Cosa, de 1500, dessinée après le voyage de Gama, en 1497. Mais si ce grand progrès se fait remarquer à cette époque pour la forme et les contours de l'Afrique, d'autres cartographes du siècle suivant continuèrent à suivre la théorie du cours du Nil de

(1) Voyez la section III de cet ouvrage.

Ptolémée. C'est ainsi que le cosmographe espagnol, qui dessina la carte de 1527, conservée à la bibliothèque de Weimar, et le fameux Diego Ribero, dans sa carte d'Afrique de 1529, suivirent le système de Ptolémée à cet égard, comme on peut le voir par les cartes que nous donnons également dans notre Atlas.

Quelques cartographes du XVe siècle, tels que Andréa Bianco, dont nous reproduisons la mappemonde de 1436, mais dont les éléments géographiques remontent à l'antiquité même, suivaient encore la théorie des géographes qui prolongeaient la côte orientale de l'Afrique vers l'est, jusqu'au Catigara, sur la côte de Malaca, faisant ainsi de la mer des Indes une mer intérieure, de même que nous le ferons remarquer dans les analyses d'autres mappemondes des époques antérieures à Bianco, comme celle du XIe siècle du Musée Britannique.

D'autres, comme l'auteur de la mappemonde de la Médicea, de 1351, donnée par Baldelli, prolongeaient un peu plus l'Afrique au midi, suivant ainsi Ptolémée, qui prolongeait ce continent au sud, au delà des limites des connaissances acquises de son temps, et placent de ce côté (comme on le voit dans la mappemonde en question) une *terre inconnue*; mais d'autres, au lieu de prolonger, à l'exemple du géographe d'Alexandrie, la côte orientale de l'Afrique jusque dans l'Inde, et de former de l'océan indien une mer méditéranéenne, tracent, comme *Strabon*, une *côte fictive au sud* de l'Afrique, entre le cap Bojador limites des connaissances à l'ouest, et la côte du Zanguebar à l'est ; c'est ce qu'on remarque dans le tracé de celle du Ms. du Chronicon de 1320, de Sanuto, et de la mappemonde de Guillaume Fillastre, de 1417, de Bianco, de 1436, et d'autres dont nous parlerons plus en détail dans une autre partie de cet ouvrage, ainsi que dans celle de La Salle, du XV° siècle, et d'autres. Les cartographes, de la même manière que les anciens, et que les cosmographes du moyen-âge, croyant que la zone torride et la glaciale étaient inhabitées, continuèrent à l'indiquer ainsi dans leurs cartes que nous donnons dans notre Atlas.

Ils renfermaient donc toute la terre habitable dans un *quadrilatère* placé au nord de l'équateur, et ils pensaient que toutes les terres habitables étaient plus septentrionales que le 12° de latitude, et plus méridionales que le 52° de latitude nord.

M. Walckenaer avait déjà fait remarquer (1) que l'ouvrage de Ptolémée nous donne, pour la côte occidentale de l'Afrique, les limites de toutes les

(1) Walck. Cosmologie, p. 243.

connaissances des anciens, qu'à l'ouest c'était la côte occidentale de cette partie du globe, jusqu'au cap Juby, vis-à-vis l'île Canarie, qui formait l'extrémité sud du cap du Couchant, les îles Fortunées et les îles Canaries.

Les mappemondes et les planisphères du moyen-âge, antérieurs aux grandes découvertes des Portugais, que nous donnons dans notre Atlas, sont les témoignages et les preuves les plus irrécusables de l'ignorance où on était en Europe relativement à près de la moitié du globe découverte par les Portugais et par les Espagnols, depuis le passage du cap Bojador par le marin portugais *Gil Eannes*, en 1434.

Ainsi tous ces monuments représentent encore : 1° l'Afrique et l'Europe formant souvent ensemble une seule et même partie, et l'Asie toujours plus grande que ces deux parties ensemble. Les cartographes suivaient en cela les théories des cosmographes du moyen-âge, où ils puisaient les éléments pour leurs représentations graphiques ; 2° Dans les 59 mappemondes et planisphères du moyen âge, que nous avons déjà donnés dans notre Atlas, et dont on trouvera l'analyse plus loin, on remarque les théories d'Homère et d'Hecatée, d'Hérodote, d'Eratosthène, de Strabon, de Posidonius, de Méla, de Macrobe, et d'autres géographes de l'antiquité, et au XIV° siècle celles de Ptolémée; 3° Ces théories de la géographie systématique des géographes de l'antiquité se trouvent mêlées à celles de la cosmographie des Pères de l'Eglise. C'est ainsi que l'on y trouve non seulement dans la Mer-Rouge une légende sur le passage des Hébreux (1), mais encore on y remarque placé aux extrémités du monde connu le Paradis terrestre, et Jérusalem placée au centre du monde; dans d'autres, on voit même la femme de Lot changée en statue de sel (2); 4° D'autre part, on y remarque que les cartographes suivaient aussi la nomenclature géographique tirée des cosmographes du moyen-âge. Les villes y sont figurées souvent par des édifices, comme dans la table Théodosienne (3), mais sans aucun égard à leurs positions respectives. Chaque ville y est représentée d'ordinaire avec deux tours, mais on reconnaît les principales à un petit mur qui se trouve entre les deux tours, sur lesquelles on a peint plusieurs fenêtres, ou à la grandeur des édifices même. D'après cela, les dessina-

(1) Voy. la Mappemonde du Ms. royal du British *Museum* du XIII° siècle, et celle du XIV° siècle de Ranulphus Hygden, dans notre Atlas.

(2) Voir la Mappemonde d'Hereford du XIII° siècle.

(3) Mannert, dans sa préface à la table Théodosienne, sect. II, est d'avis que la table peutingerienne doit remonter au temps de l'empereur Alexandre-Sévère.

tours, pour désigner aussi, comme dans la célèbre
table citée, ou d'après des monuments semblables,
les villes les plus florissantes ou les plus renommées,
les indiquaient par plusieurs tours et un mur très
élevé et circulaire, comme on le voit dans la mappemonde de Leipzig du XIᵉ siècle, où les villes de
Rome, de *Jérusalem*, de *Troie*, de *Babylone*, sont
représentées de cette sorte (1).

On remarque la même chose dans la mappemonde
de la Bibliothèque cottonienne, où le cartographe a
figuré *Rome* par une ville de six tours, et ceinte d'un
mur élevé, tandis que *Vérone* n'a que deux tours ;
Carthage, qui y est signalée sans doute par son antique renommée, en a quatre, et *Alexandrie* trois,
mais ceinte d'un mur très élevé, tandis que *Thèbes*
n'a que deux tours, *Jérusalem* quatre, et *Babylone*,
en raison du souvenir de sa grandeur passée, en a
six (2).

On remarque les mêmes particularités dans la
belle et curieuse mappemonde du XIIIᵉ siècle du
manuscrit royal 14 du Musée britannique. On y voit
Saint-Jacques de Compostelle, en Galice, et *Rome*
représentées par des édifices plus considérables que
ceux qui indiquent les autres villes principales de

(1) Voyez cette mappemonde dans notre Atlas.
(2) Ibid., planche 11, monum. 1.

l'Europe, en raison de la célébrité religieuse de ces deux villes. En Asie, *Jérusalem*, que le cartographe place au centre de la terre, est représentée par un édifice plus considérable que ceux qui indiquent les autres villes principales de cette partie du globe. Cet édifice a même une forme toute particulière qui distingue cette ville de toutes les autres. *Babylone* y est représentée par un énorme édifice, dans le portique duquel on voit plusieurs croix (1).

On voit de même dans la mappemonde du manuscrit des chroniques de Saint-Denis de la Bibliothèque de Sainte-Geneviève du XIV° siècle, les villes principales figurées aussi par des édifices.

En Europe, *Paris*, *Rome*, *Athènes* et *Constantinople*.

En Asie, *Nazareth*, *Troie*, *Antioche*, *Damas*, *Babylone*, *Ninive* et *Jérusalem*, qui y est représentée non seulement au centre du monde, mais aussi sous une forme plus considérable.

En Afrique, le cartographe a représenté aussi les villes principales par des édifices avec des tours. On y remarque *Alexandrie* et *Babylone* (le Caire), figurées par de grands édifices (2). La mappemonde de

(1) Voyez cette mappemonde que nous donnons en *fac-simile colorié*, et qui est publiée pour la première fois dans notre Atlas.

(2) Voyez cette mappemonde dans notre Atlas. Nous avons donné le *fac-simile colorié* de ce monument inédit.

Haldingham du XIVe siècle représente aussi les villes par des édifices de différentes formes.

On voit de même, dans la mappemonde du XIVe siècle de la Bibliothèque impériale de Vienne, le dessinateur figurer les principales villes d'après les circonstances indiquées plus haut. On y remarque en effet *Rome* désignée par un édifice plus considérable que celui qui représente Constantinople, *Jérusalem* par un autre plus considérable que les deux précédents, et *Antioche* par un autre plus petit que celui qui représente Troie (1).

Il n'est pas moins digne de remarque de voir dans cette mappemonde du XIVe siècle que la dernière ville de l'Asie fortifiée ou indiquée comme une cité considérable, soit *Antioche*, précisément la même ville qui est aussi la dernière qu'on remarque dans la table Théodosienne, c'est-à-dire la *Margiane*, dans l'empire des Parthes, ville qui fut renfermée dans un rempart de quinze cents stades par *Antiochus*, comme on le lit dans Strabon.

C'était donc d'après ces traditions historiques de l'antiquité, que les cartographes, même à la fin du moyen-âge, figuraient encore dans leurs mappemondes les villes célèbres dans l'histoire des peu-

____

(1) Voyez cette mappemonde dans notre Atlas, ainsi que celle d'Andrea Bianco de 1436, donnée également dans notre Atlas.

ples. C'est ainsi que ces monuments, lors même qu'on veut les considérer comme de peu de valeur sous le rapport géographique, nous offrent néanmoins un véritable intérêt historique, en nous montrant l'influence immense des traditions du passé sur les cosmographes dessinateurs de ces cartes, et en témoignant de leur vaste érudition.

Troie avait été ruinée par les Grecs, mais elle avait joué un grand rôle ; elle vivait dans les écrits classiques, et les cartographes, en la figurant toujours comme une grande ville dans leurs mappemondes, rendaient ainsi hommage à sa splendeur passée.

Ninive avait été détruite aussi depuis bien des siècles, mais les dessinateurs de ces monuments géographiques se rappelaient qu'elle avait été la capitale de l'empire d'Assyrie, et surtout qu'elle était célèbre dans les livres saints, dans ceux des Prophètes et dans l'histoire des peuples, et ils la figuraient dans leurs cartes toujours comme une ville de premier ordre.

Antioche était à ces époques déchue aussi de sa grandeur, mais les cartographes des XIII° et XIV° siècles n'oubliaient pas qu'elle avait été célèbre, que sous les empereurs romains elle avait été la capitale de l'Orient, mais surtout ils n'oubliaient pas que son Église avait été très florissante dès le temps des apôtres, ce qui lui fit donner le nom de *ville divine*.

Carthage aussi avait été ravagée et détruite par les Arabes, mais les cartographes du moyen-âge se souvenaient toujours que cette cité célèbre avait été la première ville commerçante du monde et la capitale d'un des plus grands empires, et surtout qu'elle était devenue célèbre dans l'histoire de l'Eglise.

Nous ferons remarquer aussi qu'à côté des légendes du moyen-âge inscrites dans ces mappemondes, les auteurs de ces représentations graphiques y consignaient aussi, comme nous avons eu l'occasion de l'indiquer, une foule de souvenirs de la mythologie grecque et de la tératologie. Ils allaient les puiser dans les récits des auteurs de l'antiquité, récits qu'ils trouvaient reproduits dans les ouvrages des cosmographes du moyen-âge (1).

C'est à ces sources qu'ont été puisées les légendes relatives aux pygmées, aux cynocéphales, aux acéphales, aux hermaphrodites, aux cyclopes, aux troglodites qui mangeaient des serpents, aux blémyes de Méla qui avaient la bouche dans la poitrine, aux hommes à pieds de cheval (*equinos pedes*), aux arismaspes, aux griffons, aux antipodes qui n'avaient point de doigts, et à tous ces

(1) Voyez la Ire partie de cet ouvrage.

monstres fabuleux que quelques-uns de ces cartographes dessinaient dans leurs mappemondes.

La mappemonde de la cathédrale d'Herefort, du
XIII⁰ siècle, la carte catalane du XIV⁰ siècle de la
Bibliothèque nationale de Paris, celle du Musée
Borgia sont remplies de ces monstres distribués
géographiquement d'après les récits des auteurs de
l'antiquité et des mythographes.

Ces particularités prouvent que les pays où les
cartographes plaçaient ces mythes étaient pour eux
ce qu'ils étaient dans l'antiquité pour Hésiode,
pour Homère et pour Eschyle, c'est-à-dire qu'ils ne
connaissent pas ces contrées. Nous pouvons à cet
égard dire d'eux ce que Strabon (liv. I) disait en
parlant des récits tératologiques des auteurs grecs
nommés plus haut (1).

On y remarque également d'autres légendes relatives aux Amazones que ces cartographes font aussi
suivre les mêmes voyages que les auteurs anciens
nous signalent dans leurs ouvrages. Tantôt ils les
placent dans l'Asie-Mineure, comme au temps d'Ho-

(1) Pendant le moyen-âge on répandait beaucoup de traités avec le
titre de *Merveilles du Monde*, remplis de ces fables.

La Bibliothèque nationale de Paris possède quelques manuscrits des
Merveilles du Monde, entre autres celui qui porte le n° 8392, avec des
monstres disséminés, selon la croyance d'alors, dans les différents pays.

On rencontre dans le même dépôt un autre manuscrit de ce genre,
très curieux, qui porte le n° 8382.

mère, tantôt au delà du Caucase, comme les plaçait *Eschyle*, contemporain de Darius, qui, à cet égard, suivit une opinion différente d'Homère et des écrivains postérieurs ; tandis que d'autres cartographes les transportent en Scythie, sans doute d'après les récits d'Hérodote (1). Les uns les font revenir, comme Platon, aux bords du *Pont-Euxin* ; les autres les placent, comme Strabon, vers le sommet du Caucase (2), et étendent le pays de ces femmes guerrières jusqu'au Tanaïs, au même emplacement que leur assignèrent Théophane, Hypsicrate et Métrodore de Scepsis.

D'autres les plaçaient, comme Procope, dans la partie boréale du Caucase.

De même que Méla, Pline et Ptolémée ne firent à cet égard que copier les anciens ; les cartographes du moyen-âge les imitèrent, transportant partout le mythe des Amazones.

Le cartographe, dessinateur de la mappemonde de la Bibliothèque royale de Turin, plaça le pays de ces femmes guerrières au midi de la Mésopotamie (3), et l'auteur de la mappemonde du Musée Borgia a même représenté trois Amazones, l'une tenant

(1) Voyez Hérodote, IV, 10.
(2) Strabon, XI, 504.
(3) Voyez cette mappemonde dans notre Atlas.

l'arc et la flèche à la main, l'autre avec une lance et un bouclier, et la troisième à cheval.

Or, ces trois Amazones sont la représentation figurée du passage d'Hérodote où l'historien rapporte ce que les Amazones dirent aux Scythes :

« Nous tirons de l'arc, nous lançons le javelot, nous montons à cheval (1). »

Le cartographe a représenté dans sa carte les trois Amazones, l'une tirant l'arc, l'autre également armée, et une troisième à cheval, ayant une espèce de javelot à la main. Mais la forme des boucliers qu'elles portaient n'est pas la même indiquée par les auteurs anciens, qui disaient qu'ils étaient courts et en forme de demi-lune, témoin *Servius* sur ce vers de Virgile :

Qualis Amazonidum lunatis agmina peltis.

Ces cartographes n'oublièrent pas non plus de mentionner et de figurer le labyrinthe de Crète, les colonnes d'Hercule, les crocodiles terrestres dont parle Hérodote, etc.

A côté de ces fables, on y voit consignées en même temps des traditions historiques, entre autres, celles qui concernent les gymnosophistes de l'Inde, que les Phéniciens furent les premiers inventeurs des lettres alphabétiques et de l'écriture, d'autres relatives aux

(1) Hérodote, liv. IV, 104.

campagnes d'Alexandre-le-Grand et à la tour de Ba-
bel, dont quelques cartographes donnent même la
figure ; tantôt elles signalent les endroits de la terre
où les apôtres prêchèrent la foi, et le lac de Jéricho,
où l'on voyait le corps de saint Matthieu; tantôt non
seulement elles nous indiquent l'endroit où l'arche
s'arrêta, mais même elles prennent le soin de la
dessiner; d'autres légendes mettent dans l'Inde le
mythe nestorien du fameux prêtre Jean, tandis que
d'autres cartographes du XV° siècle transportent
l'empire de ce personnage en Abyssinie, et le représentent assis sur son trône, coiffé de sa mitre; ici,
à l'extrémité occidentale de l'Afrique, près du détroit, vous trouvez le mythe astronomique du personnage d'Atlas et la légende des colonnes où les
descendants de Noé trouvèrent renfermées les
sciences après le déluge (1); ailleurs, en Irlande,
vous voyez le purgatoire de saint Patrice (2), tandis
que la célèbre Thulé ou Tile des anciens est placée
aux extrémités septentrionales de l'Europe.

C'est dans l'analyse spéciale de chacun de ces monuments, dans la partie de cet ouvrage consacrée à

(1) Voyez l'*Image du Monde*, d'Omons, Notic. et Extr., T. V, p. 231.
(2) Dans notre analyse de la mappemonde du manuscrit royal du
Musée britannique du XIII° siècle, que nous donnons dans la première
section de cette seconde partie de cet ouvrage, nous traitons du paradis et du purgatoire irlandais.

cet objet, qu'on verra la richesse et l'immense variété de légendes qu'on rencontre dans ces mappemondes.

D'autres cartographes, à une époque déjà très rapprochée des grandes découvertes, c'est-à-dire au XIV° siècle, ne nous donnent, dans chaque partie du monde alors connu, qu'une simple liste de noms géographiques latins disposés en colonnes, listes tirées par les cartographes de celles qu'ils trouvaient dans la cosmographie attribuée à Æthicus, et dans *Julius Honorius*, où on rencontre en effet des listes de noms géographiques disposés par continents.

Mais les dessinateurs des monuments de ce genre, tout en faisant disparaître de leur représentation graphique les légendes qu'on remarque dans les autres, ne manquaient cependant pas d'y faire figurer des traditions tirées de la cosmographie des Pères de l'Eglise (1).

Si les particularités que nous venons de signaler ne suffisaient pas pour prouver de la manière la plus évidente que ces légendes étaient les sources où les dessinateurs des cartes du moyen-âge allaient puiser les éléments pour leurs représentations graphiques, les différentes formes qu'ils donnaient à la terre, et

(1) Voyez les deux mappemondes de Guillaume de Tripoli et de Vienne, que nous donnons dans notre Atlas.

leurs divisions systématiques, dont nous allons citer quelques exemples, prouveraient péremptoirement, selon nous, que les cartographes du moyen-âge ont puisé sans cesse les éléments de la composition de leurs œuvres dans les écrits des cosmographes des dix siècles que nous avons parcourus dans la Ire Partie de cet ouvrage, et dans ceux des anciens.

Et, en effet, nous avons vu Bède-le-Vénérable (1), dont les ouvrages eurent tant de vogue, assimiler la terre à la forme d'un œuf, et nous voyons quelques cartographes du moyen-âge, postérieurs à cet auteur célèbre, figurer la terre dans leurs mappemondes sous la forme d'un œuf, précisément de la même manière que Bède et d'autres l'avaient indiquée.

Ce système avait aussi pris naissance dans l'antiquité, chez les Grecs. Les connaissances qu'ils acquirent en Perse et l'observation du ciel donnèrent origine à ces idées. On présumait que la terre habitable était oblongue et *ovale*, entourée d'un immense océan, et qu'elle prenait ainsi peu de place sur le globe terrestre. D'après cette école, la terre était partagée, selon les uns, en trois, selon d'autres en quatre sections. Celles-ci se rapportaient aux quatre grandes nations, savoir : aux Celtes, Scythes, Indiens et Æthiopiens, qui habitaient tout le confin de l'oval.

(1) Voyez la première partie de cet ouvrage, § III, p. 25.

Celles-là, en considérant la double embouchure des deux fleuves, le Tanaïs (le Don) et le Nil, dont l'une entre dans la mer intérieure et l'autre se jette dans l'Océan. Ces fleuves, à double embouchure, divisaient selon eux la terre habitable en trois îles, celle de l'Orient appelée Asie, et les deux autres îles occidentales qu'ils nomment Europe et Libye.

Quelques unes des mappemondes du moyen-âge, que nous donnons dans notre Atlas, quoique de forme ronde, paraissent appartenir en partie à cette théorie qui considérait les trois parties du globe comme trois îles.

Les mappemondes, dont les cartographes nous paraissent avoir adopté ce système, sont les suivantes :

1° Les mappemondes de Leipsig, du XI° siècle;

2° Les deux petites mappemondes de l'*Image du Monde*, d'Honoré d'Autun, du XII° siècle ;

3° La petite mappemonde du XIII° siècle, dans un manuscrit d'Isidore de Séville (1) ;

4° Celle de Guillaume de Tripoli, du XIV° siècle ;

5° Celle de la Bibliothèque impériale de Vienne, du XIV° siècle ;

6° La mappemonde du XIV° siècle, du manuscrit d'Ermengaud de Bésiers (2).

(1) Voyez planche II de notre Atlas, monument n° 5.
(2) Ibid., mappemonde n° 8.

7° La petite mappemonde du même siècle, tirée d'un manuscrit de la Bibliothèque nationale de Paris (1).

8° La mappemonde d'un manuscrit de Salluste de Florence, du XIV° siècle (2).

Edrisi soutenait, comme quelques auteurs anciens, que la moitié de la terre était plongée dans l'eau, et quelques dessinateurs de mappemondes ont reproduit cette théorie dans leurs représentations graphiques (3).

Alcuin considérait le monde *triquadrum*, et quelques dessinateurs de mappemondes du moyen-âge le dessinent de la sorte dans leurs représentations graphiques.

Gervais, dans sa cosmographie, figurait le monde *de forme carrée*, et quelques dessinateurs de mappemondes lui donnent cette forme, tandis que d'autres conservent seulement un souvenir de cette théorie (4).

Les cosmographes du moyen-âge soutinrent, d'a-

---

(1) Atlas, planche VI, n° 8.

(2) Ibid., planche II, n° 5.

(3) Voyez la mappemonde de Nicolas d'Oresme du XIV° siècle dans notre Atlas.

(4) Voir notre analyse des mappemondes de Cosmas, de celle de la Cottonienne du XI° siècle, de Richard de Haldingham, de la cathédrale d'Hereford, de deux autres des manuscrits du XIII° siècle de l'*Image du Monde*, et de celle du Pomponius Méla de Reims, de 1417.

près les anciens, pendant dix siècles, jusqu'aux découvertes des Portugais, que la zone torride *était inhabitée*, et les cartographes, adoptant cette théorie, indiquèrent dans leurs cartes, par une légende, que les régions situées sous cette zone étaient inhabitées, de même que les zones polaires. Quelques uns donnent même la représentation de cette théorie des zones habitables et *inhabitables*.

Nous produisons dans notre Atlas trois de ces systèmes qui se trouvent figurés dans deux manuscrits du X° siècle dont nous parlerons ailleurs.

§ VII.

DU TRACÉ DES MAPPEMONDES DU MOYEN-AGE.

Le tracé des mappemondes du moyen-âge est entièrement arbitraire et sans aucun rapport nécessaire avec la figure réelle de la terre, ou avec les cercles de latitude et de longitude. Les plus lointaines des contrées connues de l'Afrique sont placées à l'endroit où, dans nos mappemondes, l'on trouve le pôle sud austral, les plus reculées des régions connues de l'Europe placées près du pôle nord (boréal), l'extrémité occidentale de l'Europe et l'extrémité orientale de l'Asie aux deux bouts du diamètre de l'hémisphère.

Telle est la représentation de la terre habitable (ou proprement *habitée*, ἀικουμένη), qui remonte au temps d'Homère. Les mappemondes de cette catégorie comprennent celles du Xᵉ siècle de la Bibliothèque nationale, jusqu'à celle du Pomponius Méla de Reims.

Les limites du monde connu avaient été grandement reculées depuis le temps d'Homère jusqu'au XVᵉ siècle de notre ère, mais la terre était toujours regardée *comme une île immense* qu'entourait un grand Océan.

Plusieurs de ces mappemondes sont extrêmement grossières, principalement sous le rapport du tracé.

Deux lignes parallèles au diamètre nord et sud du cercle représentent l'Hellespont et la mer qui baigne les côtes de l'Asie-Mineure et de la Syrie. Deux lignes parallèles, partant de l'ouest pour rejoindre les deux précédentes, représentent le reste de la Méditerranée. Le double cercle qui entoure le cadre indique le grand Océan. La section orientale du cercle forme l'Asie, la section du nord-ouest, l'Europe, la section du sud-ouest, l'Afrique. Les cartographes adoptaient ce tracé d'après les divisions géographiques et hydrographiques qu'ils trouvaient indiquées dans les ouvrages cosmographiques des savants du moyen-âge et dans ceux des anciens.

Dans cette catégorie entrent les mappemondes suivantes :

I. La mappemonde de la Bibliothèque de Leipzig du XI° siècle (1). — 2. La mappemonde qu'on trouve dans un manuscrit des Vies des Saints également du XI° siècle (2). — 3. Le planisphère d'Honoré d'Autun (3) du XII° siècle ; — 4. La mappemonde d'un manuscrit de Salluste de Florence (4) du XII° siècle ; — 5. La petite mappemonde du *Liber Guidonis* de la Bibliothèque nationale de Belgique (5) du XII° siècle ; — 6. La mappemonde du XIV° siècle d'un autre manuscrit de Salluste de Florence (6) ; — 7. Le planisphère du XIV° siècle tiré d'un *Traité des animaux*, d'un manuscrit de la Bibliothèque de Paris (7) ; — 8. La mappemonde de Guillaume de Tripoli du XIV° siècle de la Bibliothèque nationale de Paris (8) ; — 9. La mappemonde qui se trouve dans un manuscrit de la Bibliothèque impériale de Vienne du XIV° siècle (9). — 10. Le

(1) Voyez notre Atlas.
(2) Voyez dans notre Atlas.
(3) Voyez dans notre Atlas.
(4) Ibid., planche III, monum. n° 4.
(5) Ibid., planche V, monum. n° 4.
(6) Ibid., planche IV, monum. n° 5.
(7) Ibid., planche V, monum. n° 8.
(8) Ibid., planche IV, monum. n° 2.
(9) Voyez notre Atlas, planche IV, monument n° 3.

planisphère colorié qu'on trouve dans le Traité de la sphère (spera) du poème géographique de Goro Dati, du XVᵉ siècle.

D'autres cartographes du moyen-âge tracèrent leurs mappemondes d'une manière encore plus étrange.

Une simple ligne circulaire représente le disque de la terre. Une autre ligne qui coupe le centre du nord au sud, sépare l'Europe et l'Afrique de l'Asie, une autre enfin tracée de l'Occident à l'Orient sépare l'Europe de l'Afrique.

Ce tracé est puisé dans la description de la carte d'Ératosthène, dont Strabon nous a donné la description.

Sur la carte du célèbre géographe grec, la terre habitée se trouvait divisée par une ligne parallèle à l'équateur, et qui aboutissait du côté de l'ouest aux colonnes d'Hercule (le détroit de Gibraltar), du côté de l'est aux caps formés par l'extrémité des montagnes qui bornaient l'Inde au nord (c'est la grande chaîne du Taurus qu'Ératosthène fait commencer au promontoire *Trogilium*, formé par le mont *Mycale*, vis-à-vis *Samos*). A partir des colonnes d'Hercule (de Gibraltar), Ératosthène conduit cette ligne par le détroit de Sicile, par les extrémités méridionales du Péloponèse et de l'Attique, jusqu'à Rhodes et au golfe d'Issus (le golfe de l'*Atas* à l'extrémité orientale de la Méditerranée).

« Dans tout cet espace, la ligne se trouvait tracée
« à travers la Méditerranée ou le long des côtes
« qu'elle rencontre, car c'est aussi dans cette direc-
« tion que la Méditerranée entière s'étend en lon-
« gueur jusqu'à la Cilicie (1).... » Or, les cartographes qui dressèrent ces mappemondes suivirent cette
théorie d'après la carte d'Ératosthène.

Dans cette catégorie sont les monuments suivants :

1. Le planisphère du IXᵉ siècle qu'on trouve dans
un manuscrit de la Bibliothèque royale de Madrid (2).
— 2. Le planisphère du Xᵉ siècle qui se trouve dans
un manuscrit de Florence (3). — 3. Un autre planisphère du XIIIᵉ siècle qu'on trouve dans un manuscrit de la Bibliothèque des *Médicis*, à Florence (4).
— 4. Le planisphère d'un manuscrit du XIIIᵉ siècle, de l'*Image du Monde*, de Gauthier de Metz, de
la Bibliothèque nationale de Paris (5).

(1) Voyez Strabon, liv. II.
(2) Voyez notre Atlas, planche IV, monument nᵒ 2.
(3) Voyez notre Atlas, planche IV, monument nᵒ 3.
(4) Voyez notre Atlas, planche IV, monument nᵒ 6.
(5) Voyez notre Atlas, planche III, nᵒ 4.

§ VIII.

DES CARTOGRAPHES QUI REPRÉSENTENT LE MONDE DIVISÉ EN DEUX PARTIES.

D'autres tracèrent leurs représentations graphiques, selon la théorie des cosmographes, qui faisaient de l'Afrique une partie de l'Europe, considérant cet immense continent, dont on ne connaissait qu'une petite portion, comme étant infiniment moins considérable que l'Europe; ils faisaient de deux parties du monde une seule. Deux lignes circulaires représentaient le disque de la terre et l'Océan environnant ou l'Océan homérique, et une ligne du nord au midi coupant le centre du cercle qui sépare l'Europe et l'Afrique de l'Asie (1).

Dans cette catégorie sont les mappemondes et planisphères suivants :

1. La mappemonde d'un manuscrit de l'*Image du Monde* de Gauthier de Metz, du XIIIᵉ siècle, de la Bibliothèque nationale de Paris (2). — 2. 3. Deux autres mappemondes d'un autre manuscrit du même ouvrage, qui a appartenu à Charles V, et également du XIIIᵉ siècle (3).

---

(1) *Agathémère* (liv. II, édit. d'Hoffmann, p. 349), *De divisione orbis habitabilis* dit : « veteres tamen Africam et Europam, veint quæ una esset, utramque simul uno et solo Europæ vocabulo appellabant. »

(2) Voyez notre Atlas. — (3) Voyez notre Atlas.

§ IX.

D'autres cartographes traçaient leurs mappemondes d'après le système de Priscien, cosmographe du VIIe siècle.

L'Océan environne toute la terre qui forme une
île ; mais selon ce cosmographe elle était de la forme
d'une fronde (1). Selon lui, les contours de la terre
sont inégaux. L'Afrique se rétrécit en pointe au détroit Gaditain et s'étend vers l'Orient (2). La forme
de l'Asie est selon lui celle d'un cône. « La même
« ligne qui donne à l'Europe et à la Libye, en les
« rapprochant, l'image d'un cône, détermine aussi les
« limites de l'Asie. » Dans son système, celle-ci se
rétrécit peu à peu, à mesure qu'elle avance vers les
régions orientales où l'Océan baigne les confins de
l'Inde. L'Europe, quoique sa forme soit, selon lui,
semblable à celle de l'Afrique, s'incline toutefois vers
le nord. Les confins s'étendent de même et s'allongent vers l'Orient. La même ligne les sépare de
l'Asie l'une et l'autre ; l'une regarde le nord et l'au-

(1) C'est le système de Posidonius de Rhodes.
(2) Voyez, dans notre Atlas, la mappemonde d'Asaph du XIe siècle ;
le système de Priscien, p. 14 de cet ouvrage, et celui d'Asaph, p. 54.

tre l'aquilon. « Mais si nous supposons (ajoute-t-il)
que ces deux régions ne font qu'une, leurs flancs,
ainsi réunis, donneront exactement l'image d'un
cône, dont le sommet est à l'Occident et la base
à l'Orient. »

Dans cette catégorie est la mappemonde de la cosmographie d'Asaph, du XI⁰ siècle (1).

§ X.

DES CARTOGRAPHES DU MOYEN-AGE QUI CONTINUÈRENT A REPRÉSENTER DANS LEURS MAPPEMONDES L'ANTICHTHONE, OU L'*Alter orbis* DES ANCIENS, ET UNE FAUSSE THÉORIE DU COURS DU NIL.

D'autres cartographes du moyen-âge continuèrent
à représenter encore dans leurs mappemondes l'Antichthone, d'après la croyance qu'au delà de la ceinture de l'Océan homérique il y avait une habitation
d'hommes, une autre région tempérée, qu'on appelait la terre opposée, où il était impossible de pénétrer à cause surtout de la zone torride (2).

Les mappemondes qui représentent cette théorie,
sont : 1° la mappemonde du manuscrit de Macrobe, du

---

(1) Voyez notre Atlas.

(2) C'était le *Alter orbis* de Méla (I.-9-4). Voyez la première partie de
cet ouvrage, *des Cosmographes*, où nous avons exposé les opinions de
Cosmas, d'Isidore de Séville, de Béde-le-Vénérable, de Raban Maur,
et d'autres à l'égard de cette terre habitable au delà de l'Océan homérique, p. 25—26—43—86—100—108—et 141.

X° siècle (1); 2° la mappemonde de Turin qu'on trouve dans un manuscrit du VIII° siècle (2); 3° celle de Cecco d'Ascoli, du XIII° siècle (3); 4° la petite mappemonde d'un des manuscrits du XIII° siècle, de l'*Image du Monde*, de Gauthier de Metz (4); 4° celle d'un manuscrit islandois du XIII° siècle, tirée des *antiquitates Americanæ* (5); 5° celle qu'on trouve dans un manuscrit de Marco Polo, du XIV° siècle, dans la Bibliothèque royale de Stockholm (1350) (6); 6° celle qu'on trouve au revers d'une médaille du XV° siècle. Ce qui était même pour quelques géographes de l'antiquité une simple théorie, les cartographes du moyen-âge l'ont admise comme une réalité (7).

Une autre particularité qu'il importe de signaler ici à propos des auteurs des mappemondes qui adoptaient l'Antichthone, c'est la théorie systématique

---

(1) Voyez cette mappemonde dans notre Atlas.

(2) Voyez ce monument dans notre Atlas.

(3) Voyez notre Atlas.

(4) Voyez planche IV de notre Atlas.

(5) Voyez notre Atlas.

(6) Voyez notre Atlas.

(7) Voyez sur l'Antichthone deux passages importants dans Cléomède; *Meteorol.*, édit. de Théop. Schmidt, 1832, p. 11 et 12, et dans *Géminus*, Element. astr. cap. 13. (Pet. Uran. p. 52). Le premier en parlant de cette région, australe dit : « L'existence de cette terre antich-
« thone, (des Antœciens), nous l'avons apprise par des considérations
« (théoriques) de physique, générale et *non par l'expérience*.

du cours du Nil, figurée dans quelques unes de ces mappemondes, théorie qui, selon ce que nous avons fait remarquer dans la première partie de cet ouvrage, suffirait pour montrer que les géographes de l'Europe n'ont pas connu, par l'expérience des voyageurs, la vraie forme de l'Afrique avant les découvertes effectuées par les Portugais au XV. siècle.

Et en effet, les cartographes du moyen-âge ne connaissant pas l'étendue de l'Afrique au midi, donnèrent au cours supérieur du Nil la direction de l'ouest à l'est, et plus souvent celle de l'est à l'ouest. M. Letronne avait déjà fait remarquer, même sans avoir vu ces mappemondes, et simplement guidé par l'analyse des textes des auteurs anciens, et discutés avec cette critique si sûre qui distingue les travaux de ce savant, qu'une telle erreur sur la direction du cours du Nil, tenait à la nécessité de combiner la longueur de ce cours attestée par les rapports des naturels avec l'opinion générale sur le peu d'étendue de l'Afrique au midi du tropique (1).

(1) Voyez le savant mémoire de M. Letronne, qui a pour titre : « Discussion de l'opinion d'Hipparque sur le prolongement de l'Afrique au sud de l'équateur et sur la jonction de ce continent avec le sud-est de l'Asie, origine de cette opinion, etc. » (*Journal des Savants*, août et septembre 1831.)

Dans cette catégorie sont les mappemondes de la Bibliothèque Cottonienne du XI⁰ siècle, celle de Leipzig du même siècle, celle du XIII⁰ siècle, du manuscrit royal 14 du Musée britannique, celle de la Médicea, donnée par Baldelli (1); les deux de Ranulphus Hydgen, et de la Bibliothèque de Vienne du XIV⁰ siècle, ainsi que la mappemonde de Guillaume de Tripoli (2); et celle des *Pizzigani* de 1367 du Musée Borgia, d'Andrea Bianco, de 1486 (3) et d'autres. Tous les dessinateurs de ces cartes donnèrent au cours du Nil cette fausse direction. Les cartographes suivaient ainsi et exagéraient même l'antique opinion adoptée par l'école d'Alexandrie, qui plaçait l'Afrique entière en deçà de l'équateur, si l'on en excepte Hipparque et ceux qui ont embrassé le système de la division des mers en plusieurs bassins isolés.

D'après les erreurs et les théories de la géographie systématique des anciens, plusieurs cartographes européens donnèrent à l'Afrique, dans leurs mappemondes, jusqu'à l'époque des grandes découvertes des Portugais, la même forme erronée que les Grecs donnaient à cet immense continent.

(1) Baldelli — B. Illione. Nous possédons un *fac-simile* colorié de cette mappemonde.

(2) Guillaume de Tripoli fait venir dans sa mappemonde, le Nil du Paradis et par conséquent de l'Orient.

(3) Voyez cette mappemonde dans notre Atlas.

Ces dessinateurs, loin de suivre la théorie d'Hipparque, continuèrent à joindre souvent la mer des Indes avec l'Océan Atlantique, d'après l'opinion admise chez les Grecs que les côtes d'Afrique, après le cap des Aromates, tendaient toujours à l'ouest, ce qui leur donnait la persuasion qu'elles devaient rejoindre la côte des Éthiopiens occidentaux qui passait alors pour être inclinée à l'est depuis le détroit des Colonnes. Dans cette hypothèse, l'Afrique n'atteignait nulle part jusqu'à l'équateur et les parties du globe correspondantes à ce cercle étaient censées occupées par une zone de mer qui embrassait sa circonférence.

C'était là l'opinion de Cratès (1), d'Aratus (2), de Cléanthe (3), de Cléomède (4), de Strabon (5), de Méla (6), de Macrobe (7) et d'autres.

Il est surprenant de voir cette théorie traverser tant de siècles, et n'être généralement abandonnée par les dessinateurs des mappemondes qu'après les grandes découvertes des Portuguais.

(1) Cratès apud *Geminum* Elementa astronomica. C. 13, in Uranolog. p. 31, et dans Strabon, Liv. I, p. 31.

(2) Aratus, Phænomena, vers 537.

(3) Cléanthe apud. *Geminum* Elementa astronomica, 13, in Uranologia, p. 31.

(4) Cléomède Meteorolog. L. I. C. 6, p. 33.

(5) Strabon. Liv. I, p. 33, 34, Liv. II, p. 130, Liv. XVII, p. 823.

(6) Méla. *De situ orbis.* Liv. I, Chap. I, p. 7.

(7) Macrobe in Somn. Scipion. Liv. II. Chap. 9. p. 130.

§ XI.

D'autres cartographes représentèrent le monde partagé entre les trois fils de Noé, dont ils désignaient, comme le géographe de Ravenne et d'autres auteurs, les pays qui leur échurent en partage, et ils indiquent chaque portion de ce partage par une distribution particulière.

A cette classe appartient la mappemonde du Xᵉ siècle qui se trouve dans un manuscrit de Madrid, provenant de la bibliothèque de la Roda, en Aragon, qui est presque contemporain de l'anonyme de Ravenne, où on voit sur l'Asie le nom de *Sem*, sur l'Europe, celui de *Japhet*, et sur l'Afrique, celui de *Cham* (1).

D'autres cartographes, qui indiquaient ce même partage de la terre entre les descendants de Noé, étaient plus explicites que celui que nous venons de mentionner. Ils ajoutaient des légendes historiques sur ce partage dans chacune des trois parties du monde.

---

(1) Voyez cette mappemonde dans notre Atlas.

A cette classe appartient une mappemonde qu'on trouve dans un manuscrit du Xe au XIe siècle et qui renferme plusieurs Vies de saints (1).

On remarque sur l'Asie la légende suivante :

« *Post confusionem linguarum et gentes disperse*
« *fuerunt per totum mundum habitaverunt filii* SEM
« *de cujus posteritate descendunt gentes XXVII, et*
« *in Asia, est dicta Asia ab Asia Regina, que est*
« *tercia pars mundi.*

On remarque sur l'Europe la légende suivante :

« *Europa dicta est ab Europa filia Agenoris re-*
« *gis Libie uxoris Jovis abi filis* JAFECH (sic), *visi*
« *sunt terra tenere de cujus posteritate egresse sunt*
« *gentes quindecim et habent civitates CXX.*

Sur l'Afrique, on lit la légende suivante :

« *Africa dicta est ab Afer uno de posteris Abrahe*
« *quam possederunt filii* CHAM *de cujus posteritate*
« *sunt egresse gentes XXX. Et habentur civitates in*
« *Africa CCCLX.*

Sur une autre mappemonde coloriée, qui se trouve dans un magnifique manuscrit d'Isidore de Séville, du XIIIe siècle, on lit sur l'Asie, le nom de SEM; sur l'Europe, celui de JAPHET; sur l'Afrique, celui

---

(1) Voyez cette mappemonde dans notre Atlas.

Dans l'édition princeps des ouvrages d'Isidore de Séville, de 1493, on rencontre une petite mappemonde de cette catégorie.

de Cam; et au bas, écrit en bleu, on lit : *Ecce sic
diviserunt terram filii Noë post diluvium* (1).

XII.

DES CARTOGRAPHES QUI FIGURENT DANS LEURS REPRÉSENTATIONS DU GLOBE LA THÉORIE DES ZONES HABITABLES ET INHABITABLES.

D'autres cartographes figurent dans leurs représentations graphiques le monde divisé en 5 zones habitables et *inhabitables*, comme nous avons eu déjà
l'occasion de le faire remarquer ; mais nous devons
signaler ici que les représentations de cette théorie
que nous avons trouvée dans les manuscrits du
moyen-âge, présentent des variétés très curieuses.

Dans une représentation de ce genre, qu'on ren-
rencontre dans un manuscrit du Xe siècle qui a
pour titre : *Liber Rotarum Sancti Isidori*, le cartographe a figuré le disque de la terre par un cercle,
et par un autre l'Océan environnant. En dedans du
grand cercle, ou du disque de la terre, on remarque
6 petits cercles dont celui du centre indique que les
5 autres représentent les 5 zones, et on y lit : *Circuli Mundi* (2). Une autre, du même siècle, figure le

_____

(1) Nous avons examiné à la Bibliothèque nationale de Paris un
manuscrit précieux d'Isidore de Séville, du VIIIe siècle (Mss. latin,
n° 290) ; mais nous n'y avons rencontré aucune représentation graphique du globe.

(2) Voyez ce monument dans notre Atlas, planche II.

disque de la terre par un cercle, deux lignes de l'ouest à l'est coupent le cercle aux deux pôles, et on y lit : *Frigori inhabitabilis*; deux autres lignes ou bandes représentent au nord et au midi des deux tropiques les deux terres opposées, ou zones tempérées habitables. Le centre représente la *zone torride inhabitable* (1). Un autre cartographe nous donne la théorie des zones habitables et *inhabitables* dans une mappemonde du X° siècle, d'une manière encore plus curieuse, les indiquant par des bandes et des légendes, et la terre opposée, ou la terre antichthone, par un cercle représentant un autre monde (2).

§ XIII.

DES CARTOGRAPHES QUI REPRÉSENTENT DANS LEURS MAPPEMONDES LE REMPART ET LE PAYS DE GOG ET DE MAGOG, D'APRÈS L'APOCALYPSE, ET ÉZÉCHIEL.

Dans d'autres mappemondes, on remarque tantôt la mention des peuples de *Gog* et de *Magog*, tantôt le fameux rempart de ce nom, peint et figuré comme dans celle du XI° siècle, de la Cottonienne du *British Museum* (3), et dans celle du XIV° siècle qui se trouve dans le manuscrit des Chroniques de Saint-Denis,

(1) Voyez ce monument dans notre Atlas, n° 3.
(2) Ib., n° 2.
(3) Voyez cette mappemonde dans notre Atlas.

à la Bibliothèque de Sainte-Geneviève (1). La même mention existe dans la mappemonde de Sanuto, du XIV° siècle, où on lit, derrière une chaîne de montagnes : « *Castrum Gog et Magog.* »

L'auteur de la mappemonde du Musée Borgia, du même siècle, met le pays de *Gog* et de *Magog* à l'orient de la mer Caspienne, et on y remarque les deux légendes suivantes dont voici la traduction :

« *Province de Gog, dans laquelle furent enfermés* « *les Juifs au temps d'Artaxerxès, roi des Perses.* »

Cette légende accompagne la représentation de trois châteaux dessinés par le cartographe.

L'autre légende dit :

« *Magog. Dans ces deux provinces habitent des* « *nations de géants avec toute sorte de mauvaises* « *mœurs. Ce furent des Juifs qui furent rassemblés* « *de toutes les parties de la Perse par le roi Ar-* « *taxerxès.* »

Ces deux légendes paraissent indiquer une croyance de quelques rabbins, qui soutenaient qu'aux extrémités de la terre il existait un pays habité par les douze tribus d'Israël, qui ont été réduites à l'esclavage par Salmanazar.

Andrea Bianco, dans sa mappemonde de 1436 (2),

(1) Voyez cette mappemonde dans notre Atlas.
(2) Voyez cette mappemonde dans notre Atlas.

conserve encore le fameux pays de *Gog* et de *Magog*, et il y figure un château placé sur une montagne, auprès de laquelle on voit un roi assis sur un trône, et au bas on lit : « *Alexandro !* » Ce cosmographe a fait figurer Alexandre dans le pays de Gog, d'après une erreur fabuleuse des Arabes qui, selon *Edrisi*, soutenaient que le rempart en question était l'ouvrage d'Alexandre (1).

L'auteur de la fameuse carte catalane de la Bibliothèque Nationale de Paris, de 1375, indique aussi le pays de *Gog* et de *Magog*, et il place à côté la légende bizarre qui suit :

« *Le grand seigneur de Gog et de Magog. Il viendra au temps de l'Antechrist avec une nombreuse suite* (2). »

Les dessinateurs de ces mappemondes, comme nous l'avons observé plusieurs fois, puisant toujours dans les œuvres des cosmographes et dans les traditions sacrées, inscrivaient ces légendes dans leurs

(1) Voyez la Ire section de cette partie consacrée à l'analyse des mappemondes, où nous traitons du Mémoire de D'Anville sur le rempart de *Gog* et de *Magog*, lu à l'Académie des Inscriptions le 22 mai 1764, et inséré dans le T. XXXI des Mémoires, p. 210.

(2) On trouve dans plusieurs bibliothèques de l'Europe un grand nombre de manuscrits du moyen-âge sur l'Antechrist.

Parmi les manuscrits de celle de Turin, il y en a plusieurs.

Fabricius, dans sa *Bibliotheca Græca*, T. X, p. 65, en cite d'autres dans la Bibliothèque Impériale de Vienne, attribués à Michel *Psellus*.

représentations graphiques. Ils trouvaient ces noms de *Gog* et de *Magog* dans l'Apocalypse et dans Ézéchiel. Ils croyaient que le Prophète désignait par ce nom des peuples des régions septentrionales de l'Asie. Ils les lisaient dans plusieurs interprètes de l'Écriture, tels que saint Jérôme et Théodoret, qui regardaient *Magog* comme le père des Scythes ; ils trouvaient enfin des descriptions de ces peuples dans les ouvrages des plus savants cosmographes du moyen-âge, et ils plaçaient exactement dans leurs représentations graphiques, ces noms et le fameux rempart chez les Scythes (2).

§ XIV.

DES CARTOGRAPHES QUI REPRÉSENTENT ENCORE VERS LA FIN DU MOYEN-AGE LES SYSTÈMES COSMOLOGIQUES DE PLATON, ET DE L'ALMAGESTE DE PTOLÉMÉE ET DES PÈRES DE L'ÉGLISE.

D'autres cartographes traçaient dans leurs représentations cosmographiques le système de l'Almageste de Ptolémée, et en même temps celui des Pères de l'Église ; savoir : la terre au centre de l'univers, la région de l'air autour du globe terres-

(1) Voyez la mappemonde du XIVᵉ siècle de la Bibliothèque Sainte-Geneviève, que nous avons donnée pour la première fois dans notre Atlas.

tre, ensuite, et toujours autour de la *Terre* comme
centre, ils décrivaient les cercles des mouvements
des planètes dans cet ordre: celui de la Lune, de Mercure, de Vénus, du Soleil, de Mars, de Jupiter, de
Saturne, et indiquaient quelquefois la période de leurs
révolutions. Au dessus des planètes, ils plaçaient la
sphère des étoiles fixes, que l'on nomme firmament,
ou huitième sphère; puis deux autres sphères au
dessus du firmament, selon quelques astronomes,
savoir le *Cœlum cristalinum*, et la dernière qui en-
veloppe tous les autres cercles, appelée première
immobile, selon la cosmographie des Pères de
l'Église (1).

Et pour qu'il ne restât pas le moindre doute sur
les sources où les cosmographes puisaient cette théorie, ils avaient soin de l'indiquer par une légende qui
dit :

« *Cœlum immobile secundum sacram et veram*
« *theologiam.* »

A cette catégorie appartient le planisphère d'un
manuscrit géographique de Florence, du XVᵉ siècle,
que nous donnons également dans notre Atlas, et
un autre monument du commencement du même
siècle, qui se trouve dans un manuscrit de la Biblio-

(1) Hérodote était aussi de cette opinion. Voyez liv. II, chap. 20.

thèque nationale de Paris, qui a pour titre : *Astronomia* (1).

Nous donnons aussi ce monument dans notre Atlas.

D'autres cartographes, reproduisant dans leurs représentations graphiques ce même système, tiré des traités des différents cosmographes du moyen-âge, intitulés *Imago mundi* (l'image du monde), y apportaient d'autres modifications. Ils plaçaient l'enfer au centre de la terre ; un cercle indiquait les limbes ; un autre cercle indiquait la terre, puis l'Océan environnant, signalé par un autre cercle et par le mot *eau* ; puis le cercle de l'*air*, ensuite celui du *feu* ; puis les sept cercles des sept planètes ; le huitième représentait la sphère des étoiles fixes ou le firmament ; puis un neuvième cercle pour représenter le *neuvième ciel* ; ensuite un dixième cercle, le *cœlum cristalinum* ; et enfin un onzième cercle qui représentait le ciel *empyrée* demeure des chérubins et des séraphins, et au dessus de toutes les sphères, un cartouche où on lit le nom de *Dieu*.

---

(1) Manuscrit n° 7478.

Honoré d'Autun, dans son traité intitulé *Imago mundi*, dit au chapitre *De Inferno*, qu'il est appelé ainsi parce qu'il est placé dans la région inférieure, et que de la même manière que la terre est placée au milieu de l'air, l'enfer est placé au centre de la terre. « Sicut enim terra est in medio aere, ita est infernus in medio terræ. »

Les cosmographes ont exactement reproduit ces idées dans leurs représentations, dont nous donnons quelques unes dans notre Atlas.

A cette catégorie appartient le système cosmologique tiré d'un manuscrit d'un Traité des animaux, du XIVe siècle, conservé à la Bibliothèque nationale de Paris.

D'autres cartographes, tout en représentant ce système dans leurs représentations, le modifiaient considérablement.

Ils représentaient la Terre au centre de l'univers ; un cercle indiquait l'Océan environnant, un autre la sphère de la Lune ; un troisième celui de Jupiter ; puis un quatrième, autour duquel on lisait : Jupiter, Mars, le Soleil et Mercure; puis un autre cercle ; enfin un dernier qui représentait les *firmaments*. En tout sept cercles ou sphères au lieu de onze.

Dans cette catégorie se trouve une représentation cosmographique tirée d'un manuscrit renfermant un Traité des animaux, conservé à la Bibliothèque nationale de Paris, du XIVe siècle (1).

L'étude de ces mappemondes nous porte à croire, d'après ce que nous venons de démontrer dans cet ouvrage, que ces monuments ne représentent pas seulement les connaissances individuelles de chaque dessinateur, mais bien les connaissances générales qu'on avait du globe pendant le moyen-âge.

Et en effet, rien, dans ces réprésentations gra-

(1) Voyez notre Atlas.

ques du moyen-âge, n'est reproduit d'après la fantaisie des cartographes qui dessinaient les mappemondes. Tout ce qu'on y remarque est toujours puisé aux différentes sources que nous venons d'énumérer.

Les rapprochements que nous avons signalés rendent ce fait d'une évidence palpable. Dans le moyen-âge, époque où la religion dominait tout, les dessinateurs des mappemondes poussaient la fidélité des représentations des idées religieuses à tel point, que dans la mappemonde de Reims, de 1417, peinte dans l'initiale d'un Pomponius Méla, le dessinateur a représenté l'encadrement de la mappemonde sous la forme d'un *carré*, et à chaque angle il a placé un ange embouchant la trompette ; ce qui est évidemment tiré de l'évangile de saint Matthieu, cité par un cosmographe célèbre du IXe siècle, par Raban Maur, qui dans son traité *De Universo* (lib. XII, cap. 2), commentant le psaume 106 : « *A solis ortu* « *et occasu ab aquilone et mari*, » le rapproche de l'évangile de saint Matthieu, 24, où il est dit :

« *Emittet Angelos suos cum tuba et voce magna,* « *et congregabit à quatuor angulis terræ.* »

Ce cosmographe pensait, comme Gervais et d'autres, que, d'après l'évangile cité, il conviendrait mieux de donner à la terre la *forme carrée* ; il pensait comme Lactance, saint Augustin et saint Jean

Chrisostôme, qui trouvoient que le système de Ptolémée était en contradiction avec quelques passages
de la Bible, notamment sur la rondeur de la terre ;
mais notre cartographe du XV⁰ siècle plus avancé,
d'après les connaissances qu'il avait puisées dans
Ptolémée, tout en donnant la forme ronde à la terre,
l'a toutefois encadrée dans *un carré*, pour suivre l'é-
vangile cité, et a placé fidèlement aux quatre angles les anges avec les trompettes : « *Angelos suos*
cum tuba et voce magna, etc. »

Ce fait est confirmé encore par la représentation
d'un ange, que le cosmographe a dessiné au bas de la
lettre, lequel tient le livre de l'évangile de saint
Matthieu ouvert ; et on remarque des pièces de monnaie, pour désigner sans doute son ancienne pro-
fession de publicain ; car saint Matthieu, d'après
l'Écriture-Sainte, ajouta toujours sa qualité de publicain (1).

---

(1) Saint Matthieu fut le premier des évangélistes qui prêcha l'Évangile. (Julius Pollux, Hist. Nat. De Mundi Fabrica ex Genesi et sequen-
tibus chronicis, p. 205. — *De Quatuor Evangelistis*.)

Entre les deux anges qu'on remarque au bas de l'initiale du *Pomponius Mela*, qui renferme cette mappemonde, on remarque le chapeau
et les insignes de cardinal, et ses armoiries portant des gueules à tête
de cerf d'or et bordure dentelée de même : ce sont les armoiries de
Guillaume Fillastre, cardinal de Saint-Marc, en 1411, sous Jean XXIII.

Ces armoiries se trouvent gravées dans la *Gallia Purpurata*. (Paris,
Lemoine, 1638.)

Dans la mappemonde de *Cosmas*, du VIe siècle, qui accompagne sa topographie chrétienne, et qui est de la forme d'un parallélogramme, on remarque aussi quatre anges embouchant la trompette et placés aux quatre points cardinaux du monde : idée puisée à la même source. De manière que ces deux cosmographes, séparés l'un de l'autre par l'espace de neuf siècles, représentaient les mêmes idées et puisaient, à cet égard, aux sources et aux traditions sacrées.

§ XV.

PROGRÈS QU'ON REMARQUE DÉJÀ DANS LA MAPPEMONDE DE FILLASTRE, EN 1417 ; ANALYSE DE CE MONUMENT.

Néanmoins, sous le rapport géographique, on remarque déjà dans la mappemonde de Guillaume Fillastre, de 1417, des progrès, mais ils sont dus aux connaissances plus savantes prises dans l'ouvrage de Ptolémée, et notamment dans les récits de voyageurs en Asie, qu'on étudiait alors avec plus d'attention.

Et en effet, à mesure qu'on se rapproche de l'époque des grandes découvertes, les lignes droites des mappemondes, dont nous avons parlé plus haut, se transforment peu à peu en courbes irrégulières destinées à représenter la configuration des côtes ;

et la mappemonde du Chronicon, de 1320, que nous avons publiée pour la première fois, ainsi que celle du manuscrit de Pomponius Méla, de Reims, 1417, témoignent des connaissances géographiques plus étendues que celles qu'avaient les dessinateurs des mappemondes antérieures ; mais le choix d'une configuration systématique du tracé, puisée dans les ouvrages des cosmographes, imposait à ces cartographes même l'obligation de représenter la position relative des pays éloignés, complétement altérée, pour la faire entrer dans la forme du tracé, et les y inscrire d'après les sources où ils puisaient les éléments pour leurs représentations graphiques.

Toutefois ces mêmes cartographes du commencement du XVᵉ siècle, qui adoptaient en partie le système de Ptolémée, conservaient aussi les erreurs de ce grand géographe. Ils terminaient comme lui l'Afrique par des terres inconnues, ce qui prouve qu'ils ne connaissaient pas les pays découverts quelques années après par les Portugais.

Cependant l'auteur de cette ancienne mappemonde représente encore l'idée homérique de l'Océan environnant la terre. Les régions du nord de l'Europe lui sont encore inconnues ; on y lit : *Terra incognita*. Il donne pour limites à cette terre inconnue, une chaîne de montagnes qu'il appelle *monts*

Hyperboréens; système orographique puisé dans Ptolémée et chez les anciens géographes.

Notre cartographe paraissait être, pour le nord de l'Europe, au temps des premières notions de Rubruck, qui montra l'isolement de la Caspienne (1).

Tout le pays situé au nord et au nord-est de cette mer lui est inconnu ; on y lit *Terra incognita*. De manière que la Russie d'Europe et la Russie Asiatique lui étaient inconnues ; mais les notions fournies par les manuscrits des voyageurs en Tartarie, du XIIIe siècle, et par ceux de Marco-Polo, qui à cette époque commençaient à être connus, lui ont fait inscrire, à l'est de la Caspienne, le mot *India*, pour désigner la Tartarie, et plus à l'est le mot *Cathay*, pour désigner la Chine, dont Rubruck parla aussi, mais par de simples informations recueillies dans le camp des Mongols.

Dans cette mappemonde, la longueur même que le cartographe donne au prétendu golfe Hircanien, est une théorie prise dans la géographie de Pline. En effet cet auteur dit (Hist. nat., liv. VI, chap. 13) ce qui suit :

« Ce détroit n'a que très peu de largeur, mais en « récompense *sa longueur est prodigieuse* (2) ; » et

(1) Voyez Mémoires de la Société de Géographie, t. IV.
(2) Irrumpit autem arctis faucibus et in longitudinem spatiosa.

c'est justement ce que notre cartographe a reproduit
dans sa mappemonde. Son système orographique
des montagnes de l'Asie diffère de celui de Ptolémée. On y remarque cependant, au centre de l'Asie,
une grande chaîne de montagnes de l'ouest à l'est :
chaîne qui, suivant le système de Ptolémée, couvrait
le nord de l'Inde ; et une autre qui s'étend vers le
nord, forme du côté de l'orient une espèce de
triangle, et correspond à la chaîne de l'Imaüs et
à une petite partie des *Emodi montes*, de la carte
de Ptolémée. Il est évident d'un autre côté, que ce
cosmographe, suivant le même géographe, pour
conserver une représentation de la théorie de la
division de la Scythie « *Scythia intra Imaum, et
Scythia extra,* » a coupé ce pays par l'Imaüs, en
détachant une branche qui s'étend au loin vers le
nord. A l'ouest il rattache cette chaîne de montagnes, placée au même méridien du golfe Persique.
Il met les sources du Gange dans cette cordilière,
suivant ainsi Ptolémée ; mais se séparant de la
théorie du géographe d'Alexandrie pour les sources
de l'*Indus* et du Tigre, il fait sortir ces deux fleuves
d'une autre chaîne de montagnes parallèles à celles
qui correspondent à l'Imaüs de Ptolémée ; il les
place de l'ouest à l'est-sud-est, et on y lit *Caucasus*.

Mais il est impossible de reconnaître, par la position où notre cartographe a placé cette chaîne de montagnes, le système caucasique. Il nous semble qu'il n'en avait pas une connaissance bien arrêtée, puisque le système caucasique se compose de deux groupes distincts de montagnes : celui du Caucase, au nord, et celui du Taurus, au sud. Le premier s'étend depuis la mer Caspienne jusqu'à la mer Noire, et il est formé d'une chaîne du sud-ouest au nord-ouest ; un de ses rameaux, au sud, va se rattacher au second groupe, composé du mont Taurus, qui se dirige vers l'ouest, et des monts *Avend*, qui prennent la direction du sud-ouest. On peut y rattacher aussi le groupe du Liban, bien qu'il en soit séparé par la vallée qu'arrose l'*Oronte*.

Cette direction du système caucasique se trouverait dans la chaîne septentrionale, à laquelle il ne donne pas de nom, plutôt que dans la méridionale ; mais la septentrionale se détache beaucoup de la mer Noire. Cependant l'autre rameau qu'on voit au sud pourrait représenter le *Taurus*, s'il lui avait donné la direction de l'ouest. Son système orographique présente donc, selon nous, une grande confusion. Il est vrai que ce cartographe, suivant la géographie systématique des Grecs, ne voulut point représenter tout le côté septentrional de l'Inde par la chaîne de hautes montagnes, jusqu'au-delà des bouches du

Gange, et qui portaient successivement les noms de *Caucase*, d'*Imaüs* et d'*Emodus*, mais bien plus particulièrement celui du *Taurus*.

Il donne à l'Indostan la forme et la configuration que lui donnait Ptolémée, c'est-à-dire tout y est bouleversé. Rien n'y peut donner l'idée d'une presqu'île de douze degrés de largeur et de plus de quinze cents lieues de côtes, qu'il réduit, comme Ptolémée, à une ligne presque droite. Les autres côtés du triangle étaient formés par deux lignes droites, dont l'une s'étendait depuis la bouche orientale du Gange, jusqu'au cap Comorin, et l'autre depuis ce cap jusqu'à la rencontre des montagnes du Caucase, voisines de la Bactriane. (C'était le système de *Mégasthène* et de Desimaque.)

L'Asie, au-delà du Gange, y est encore appelée Inde; de même que la partie renfermée entre le Tigre et l'Indus, et on y lit *India parthis*. Il comprenait encore les Perses avec les Parthes, dont il n'est plus fait mention dans les écrivains modernes. Il paraît, selon nous, que le cartographe a voulu sans doute représenter les trois Indes de Marco-Polo.

Si, pour le système orographique des montagnes de l'Asie et pour la configuration de la Péninsule indoustanique, il règne beaucoup de confusion dans cette carte, comme nous l'avons fait remarquer

plus haut, un grand progrès se fait néanmoins remarquer dans la configuration des deux golfes Persique et Arabique.

La mer Indienne y est signalée comme une grande
mer où figurent deux grandes îles et quelques autres plus petites, et bien en deçà du Gange, quoiqu'il n'y ait réellement de considérable que l'île de
Ceylan; à moins qu'une ne soit la Cory et la Taprobane, et les cinq plus petites la *Milizigeris*,
Leuce, *Trinesia*, *Peperina* et *Heptanesia*, de Ptolémée, qui, par la grandeur et la position qu'il leur
assigne, correspondent à celles que nous venons
d'indiquer. Sur la mer Indienne on lit *Mare Indicum*.
Les contours de la Péninsule arabique sont assez
réguliers. Passant de l'Asie à l'Afrique, notre cosmographe, suivant la théorie de Priscien, représente
ce continent à peu près de la forme d'un cône, dont
le sommet est la pointe occidentale auprès du détroit Gaditain, et la base à l'orient; il termine à
l'Éthiopie, au sud de laquelle il met la *Terra incognita* de Ptolémée : preuve on ne peut plus évidente
que Guillaume Fillastre, comme les savants de son
époque, c'est-à-dire en 1417, ne connaissait pas les
régions découvertes quelques années après par les
Portugais ; car on y aurait trouvé des progrès, si, en
effet, des découvertes ou des voyages antérieurs à

1434 eussent été effectués. Si ces progrès eussent
existé à cette époque, il aurait donné une autre forme
à l'Afrique, et ce cosmographe, qui avait pour l'Asie
profité des récits de Marco-Polo, et pour l'Abyssinie
des notions qu'on avait du fameux prêtre Jean, puisqu'il mit dans cette partie de l'Afrique la légende :
India Presbiteri Joannis; si des voyages et des découvertes en Afrique, disons-nous, eussent été faits
de son temps, nous y aurions remarqué du progrès ;
mais, au contraire, l'Afrique de cette mappemonde
est encore l'Afrique des anciens.

Le cours du Nil est celui que Ptolémée assigne
à ce fleuve. Dans cette particularité, cette mappemonde diffère essentiellement des antérieures renfermées dans notre Atlas, ainsi que de la théorie de
celle du musée Borgia.

Les seules montagnes de l'Afrique, marquées dans
cette mappemonde, sont la chaîne de l'Atlas, où
prennent leurs sources deux grands fleuves qui
se déchargent dans la Méditerranée. Les seuls noms
qu'on lit sur ce continent sont *Africa* écrit en gros
caractères rouges. Sur la partie septentrionale, à
partir de l'occident, *Maurit*, *Numidia*, *Africa
deserta*, *Cyrenis*, *Nilus*, *Ægyptus*, *Meroen* (Meroé).
Au midi *Ethiopia*, puis *Terra incognita*, au delà de
laquelle il place l'Océan.

On remarque du côté de la grande *Syrte* quatre points rouges, par lesquels il a peut-être voulu indiquer les *autels des Philènes* (*Philænorum aræ*), mais il les a placés trop dans l'intérieur. Ainsi l'Afrique de cette mappemonde ne nous présente aucun progrès, si ce n'est celui de suivre les théories plus savantes de Ptolémée, relativement au cours du Nil. Mais, par contre, la partie centrale et méridionale de l'Europe et la Méditerranée y sont dessinées dans plusieurs parties d'une manière remarquable. Il nous semble cependant qu'il a donné trop d'étendue à la Méditerranée du côté de l'Asie; ce qui est une nouvelle preuve qu'il avait suivi Ptolémée, en adoptant même l'erreur commise par ce célèbre géographe, qui donnait une trop grande étendue à cette mer de l'ouest à l'est, erreur qui fut corrigée par les Arabes. Cette petite mappemonde se distingue en cela de presque toutes les antérieures, d'autant plus qu'elle est dressée à une très petite échelle (1).

---

(1) M. Guigniaut, dans un savant article sur *Pomponius Méla*, inséré au Tom. XVII de l'*Encyclopédie des Gens du Monde*, citant ce monument d'après notre Atlas, dit que « cette miniature donne l'image du monde, non pas tel que le concevait l'auteur latin, *mais tel que le connaissait son illustre éditeur.* » (C'est-à-dire tel que Fillastre le connaissait.)

L'analyse que nous venons de faire confirme non seulement l'opinion du savant académicien, mais aussi elle vient ajouter de nouvelles preuves à celles que nous avons précédemment données dans nos Re-

§ XVI.

MANIÈRE DÉFECTUEUSE DONT L'INDE SE TROUVE ORIENTÉE DANS LES MAPPEMONDES AVANT LES DÉCOUVERTES DES PORTUGAIS AU XVe SIÈCLE.

On remarque dans plusieurs de ces mappemondes, antérieures aux grandes découvertes du XVe siècle, l'Inde orientée d'une manière défectueuse ; elle se trouve tournée droit à l'est, après le golfe de Bengale. Les cartographes suivaient aussi en cela la géographie systématique des anciens, d'après laquelle la côte de l'Asie était censée remonter au nord après l'embouchure du Gange, et retourner ensuite à l'occident jusqu'à l'embouchure de la mer Caspienne (1).

cherches, citées p. XVI et XCIV et suiv. de l'introduction, et 96 et 240 du texte. (Paris, 1842.)

Nous ajouterons aussi que M. Blau, dans son savant Mémoire sur les deux monuments géographiques conservés à la Bibliothèque de Nancy (1836), dit p. 45, parlant de cette mappemonde :

« *Elle* (la mappemonde) *est d'une dimension si petite que je n'ai pu en tirer parti.* »

Nous avons été plus heureux, ayant pu donner une longue analyse de ce monument.

(1) Gosselin, dans un Mémoire remis à l'Académie des Inscriptions en 1792, a tâché de prouver que c'est d'après cette hypothèse que non seulement Ératosthène et Strabon, mais encore Méla, Pline, Solin, Orose, Æthicus, Martianus Capella, l'anonyme de Ravenne et Isidore de Séville, ont décrit la forme qu'ils donnaient à l'Inde.

Voyez Tome XLIX des Mémoires de l'Académie des Inscriptions et Belles-Lettres.

Dans d'autres l'Inde s'y trouve orientée d'une manière encore plus étrange. Elle tourne tout-à-fait à l'est de l'*Indus*, limite où s'arrêtaient les connaissances des cartographes, comme le témoigne la mappemonde de *Ranulphus Hidgen* du XIV⁰ siècle (1). Le cartographe, auteur de la mappemonde dressée dans le même siècle, tirée du manuscrit de la Bibliothèque Sainte-Geneviève, ne connaît rien au delà de l'Inde supérieure (2). Celui de la mappemonde de Turin ne signale aucun pays à l'orient de la Judée (3).

Les cartographes même qui dans la première moitié du XV⁰ siècle commençaient à adopter le système de Ptolémée, n'ont pas fait avancer la géographie relativement à la connaissance des pays découverts par les Portugais et par les Espagnols, à partir de 1433.

Et en effet les cartographes qui prenaient pour base de leurs travaux la mappemonde de Ptolémée, y trouvaient que la terre s'étendait en longitude seulement de 120 degrés, à partir des Canaries jusqu'au golfe de Siam (le *Sinus Magnus*), et l'espace situé sous les 15 derniers degrés était obscurément

(1) Voyez cette mappemonde dans notre Atlas.
(2) Voyez cette mappemonde dans notre Atlas.
(3) Voyez cette mappemonde dans notre Atlas.

connu du côté de l'orient, depuis le Gange. Ainsi, ce que les savants connaissaient avec plus d'exactitude à cette époque, c'était la partie de la zone tempérée renfermée entre le Gange et les Canaries.

Nous sommes entré ici dans ces détails, quoiqu'ils dussent trouver naturellement leur place dans la Ire section de cette partie consacrée à l'analyse des mappemondes antérieures aux grandes découvertes, parce que nous avons voulu montrer que la représentation graphique du globe, à une date si rapprochée des découvertes, prouvait de la manière la plus péremptoire I° qu'au commencement du XV° siècle on ignorait encore la vraie forme de l'Afrique ; II° qu'on ne connaissait rien de la partie occidentale découverte à partir de 1434 par les Portugais ; III° qu'on était à peu de chose près dans la même ignorance relativement à la configuration de la péninsule indienne ; IV° qu'au delà du Gange toute les notions étaient vagues et incertaines ; V° enfin qu'on ignorait l'existence du Nouveau-Continent découvert en 1492 par Colomb (1) ; et que ce ne fut

(1) Toutes ces mappemondes et cartes-marines antérieures à l'époque de Colomb, où on ne trouve pas la moindre trace de l'Amérique, servent à justifier ce grand homme de l'accusation rapportée par *Oviedo* (voir Navarrete, t. III, p. 26), accusation qui était devenue populaire, et qui consistait en ce qu'il avait découvert l'Amérique par une relation et une carte d'un pilote qui avait fait naufrage et qui mourut chez lui.

qu'après les grandes découvertes, que les représentations graphiques s'améliorèrent et s'agrandirent d'une manière remarquable, et que les cartographes commencèrent à représenter notre globe dans toute sa grandeur.

Le rapprochement entre les mappemondes du moyen-âge jusqu'à celle de Fillastre de 1417, et celles postérieures à partir de Fra-Mauro en 1459, jusqu'à celle d'Ortélius que nous donnons dans la III⁰ partie de cet ouvrage, rendra cette démonstration évidente et mathématique; c'est ainsi que la comparaison des portulans et des cartes-marines antérieures aux mêmes découvertes, rapprochées des postérieures qui forment les IV⁰ et V⁰ parties de notre Atlas, atteste les grands progrès que les mêmes découvertes ont fait faire aux sciences géographiques et hydrographiques, et à la connaissance du globe.

§ XVII.

DES DIFFÉRENTES ROSES DES VENTS QU'ON REMARQUE DANS LES MAPPEMONDES ET DANS LES CARTES DU MOYEN-ÂGE.

En terminant cette partie de notre ouvrage, nous avons cru devoir consacrer quelques détails à l'examen de la rose des vents qu'on remarque dans les cartes du moyen-âge.

Les cartographes de cette époque continuèrent à suivre tellement les théories et les systèmes de l'antiquité, reproduits dans les ouvrages des auteurs de cette période historique, que les roses des vents qu'on remarque dans plusieurs de ces cartes jusqu'au XIV⁰ siècle, sont les mêmes en usage chez les Grecs dans les temps les plus anciens. Ils trouvèrent non seulement dans les ouvrages des anciens les anciennes roses ou divisions de l'horizon, mais aussi dans ceux des cosmographes du moyen-âge.

Pour prouver ce fait, en ce qui concerne les auteurs du moyen-age, il nous suffira de faire remarquer que non-seulement les cartographes trouvaient dans les manuscrits d'Isidore de Séville et de Bède, qui écrivaient tous deux au VII⁰ siècle, l'ancienne rose des Grecs du temps de *Timosthène*, de 12 divisions de l'horizon, mais qu'on y trouvait celle-ci figurée avec les noms grecs (1).

Ils trouvaient dans *Éginhard*, qui écrivit au VIIIᵉ siècle, l'indication de la rose grecque des 12 divi-

(1) Nous donnons dans notre Atlas trois de ces roses des vents tirées de deux manuscrits précieux du Xᵉ siècle. L'une provient d'un manuscrit renfermant plusieurs vies de Saints, Ms. de la Biblioth. N., n⁰ 7768, et les deux autres d'un autre manuscrit qui contient diverses chroniques. Ces représentations se trouvent à la suite du *Liber Rotarum sancti Isidori*, et la seconde à la suite du livre de Bède. — *De Naturis Rerum*. Une de ces roses se trouve figurée dans une mappemonde au

sions. Ils lisaient dans les manuscrits de l'ouvrage de cet auteur, en parlant des réformes effectuées par Charlemagne : « Qu'il distingua les 12 vents par « des termes particuliers, tandis qu'avant lui on en « avait plus de 4 pour les désigner (1). »

Ils trouvaient dans *Raban Maur*, qui écrivit au IXe siècle, la même rose grecque des 12 vents, centre de laquelle on lit les mots *cosmos* en grec et *mundus* en latin, écrits en croix. Le premier cercle représente le disque de la terre, un second représente l'océan environnant (ou le fleuve océan d'Homère) ; à l'horizon, on remarque la rose en 12 divisions et des légendes qui indiquent les phénomènes météorologiques produits par les 12 vents. (Voyez ce monument dans notre Atlas.)

(1) « Item ventos duodecim propriis appellationibus insignivit, cum « prius non amplius quam vix quatuor ventorum vocabula possent in- « venire. » (Eginhard, *Vita et gesta Caroli magni*. Édition de la Société de l'Histoire de France, publiée avec une traduction de M. Teulet en 1841, chap. 90 et 91.)

A la fin du tome Ier de cette publication, page 415, on lit la note suivante : « Nous pensons que la figure ci-dessous suffira pour donner « une idée précise de la division des vents adoptée par Charlemagne ; « cette division diffère de celle qui est en usage aujourd'hui, en ce « que l'horizon se trouvait ainsi divisé en 12 parties au lieu de 16, et « par conséquent l'espace compris entre l'est et le sud, par exemple, « au lieu de se subdiviser en trois parties, E. S. E — S. S. E. — ne se « partageait qu'en deux, S. E et E. S., et ainsi des autres. »

Le savant traducteur a fait graver une figure de la rose pour donner, comme il le dit, une idée précise de la division adoptée par Charlemagne ; mais nous nous permettrons d'observer que les roses qu'on trouve dans les manuscrits du Xe siècle, dont nous reproduisons quelques unes en *Fac-simile*, donnent une véritable idée de la rose grecque en 12 divisions, adoptée par Charlemagne, quoiqu'elle ne donne pas les noms saxons imposés par Charlemagne et correspondant aux 12 noms grecs.

aussi avec les noms grecs (1), de même que dans la cosmographie d'Asaph au XIe siècle (2), ainsi qu'au XIIe siècle dans l'ouvrage de *Tzetzès* qui adopte également la rose grecque des 12 vents (3). Ils trouvaient la même rose en 12 divisions dans les nombreux manuscrits de l'*Image du monde*, d'Honoré d'Autun, et dans le *Hortus deliciarum* d'Herrade, dans le même siècle. Et ils trouvaient des détails sur la même rose grecque des 12 divisions, dans la chronique d'*Albéric des Trois-Fontaines*, qui écrivit au XIIIe siècle (4). Les cartographes trouvaient encore la même rose des 12 vents dans le poëme géographique de *Goro Dati*, composé dans le XVe siècle (1422) à une époque si rapprochée des grandes découvertes maritimes (5).

(1) Raban *De Universo*, liv. IX, c. 25. — *De Ventis. Hi 12 venti mundi globum flatibus circumagunt, quorum nomina propriis ex causis signata sunt*, etc.

(2) Voyez cette rose dans notre Atlas.

(3) Tzetzès, *Chiliad.*, édit. de Bâle de 1546, p. 254.

(4) Albéric, Chron. ad anno DCCXCIIII, pag. 125, dit, sans toutefois citer *Eginhard*, que le roi Charles, entre plusieurs mesures qu'il adopta au profit des sciences et des lettres, ce fut la division des vents :

« Inchoavit etiam grammaticam patrii sermonis, mensibus anni
« juxta propriam, id est teutonicam linguam vocabula imposuit, *ventos*
« *etiam duodecim propriis nominibus appellavit, cum antea quatuor tan-*
« *tum cardinales in illa lingua nominarentur.* »

Albéric paraît avoir tiré ce passage de l'ouvrage de *Gui de Bazoche* , auteur du XIIe siècle.

(5)　　　　« Zephyro e quel che noi decian ponente
　　　　　« E choro e maestrale et aquilone

Ce fut donc d'après les auteurs que nous avons cités plus haut et d'après des traités de cosmographie, où cette théorie des Grecs se trouvait non seulement décrite, mais même figurée, ce fut d'après ces sources, disons-nous, que les dessinateurs des mappemondes de cette époque adoptèrent les différentes roses des Grecs ou de leurs divisions de l'horizon.

Les mappemondes que nous allons citer prouveront les faits que nous venons de signaler.

L'auteur de la mappemonde ovoïde du XIII° siècle, tirée d'un manuscrit du *Musée Britannique*, adopta encore à cette époque la rose des 2 vents des anciens Grecs, lesquels ne divisaient le cercle de l'horizon qu'en deux parties, et qui ne connaissaient que deux vents, le *Boreas* qui renfermait tous les vents qui soufflent de la bande du nord, ou du demicercle compris entre l'occident et l'orient équinoxial, dans l'espace de 180 degrés, et le *Notos* tous les vents de la bande du sud dans toute l'étendue de l'autre moitié de l'horizon (1).

« Tramontana si chiama e poi seguente
« Borea decto greco euro si pone
« Per lo levante e notho in continente
« Sirocho ha nome e seguita africone.
« E mezo di e lultimo del chiostro,
« Libecio over garbin che se dice ostro.
Goro Dati.

(1) A l'égard de cette rose des Grecs, voyez Gosselin, Éclaircisse-

Le cartographe dont nous donnons la mappemonde adopta cependant, quant à la dénomination
de cette dernière bande, le nom de *Auster*, au lieu
de *Notos*, ayant pris peut-être cette dénomination
dans les additions que les Grecs firent après à la
rose primitive, et qui correspondaient aux points où
le soleil paraît se lever et se coucher dans les sol-
stices d'été et d'hiver, dénominations que Sénèque,
dans les *Naturales Quæstiones*, nous a transmises.

Il est vraiment curieux de voir ce cartographe à
une époque si rapprochée du grand siècle des découvertes, n'adopter, même parmi les roses des
Grecs, ni celle des 4 vents, ni celle des 8 employée
par *Homère*!

L'auteur de la mappemonde de Turin du IXe siècle, antérieure pourtant à celle que nous venons
de citer, paraît avoir adopté la seconde rose des
Grecs de 4 divisions, ou de 4 vents qui soufflaient
des 4 points cardinaux, en divisant l'horizon en parties égales de 90 degrés chacune (1). Ce cartographe
s'est contenté de figurer les 4 vents de la manière
la plus grotesque, par 4 hommes montés sur des
outres, et embouchant des conques d'où sortent les

ments sur les roses des vents des anciens, dans le tome Ier de la traduction française de Strabon, p. xcviii.

(1) Gosselin, Préface à la traduction française de Strabon, p. xcviii.

vents; c'étaient des souvenirs poétiques de l'antiquité que le cartographe a voulu aussi représenter.

L'auteur de la mappemonde de la cosmographie
inédite d'Asaph du XIe siècle, paraît avoir adopté la
même rose des Grecs de 12 vents. Il en donne même
une figure.

Celui de la mappemonde du Ms. du *Liber Gui-
donis* du XIIe siècle, paraît adopter la rose primitive
des Grecs des 2 vents, et les *occidents* et *orients*
solsticiaux.

L'auteur d'une autre mappemonde du même siècle, celle qu'on trouve dans un manuscrit de Salluste
à Florence (1), adopta la rose grecque des 12 vents,
de Timosthène dont nous parlerons ailleurs, et il
donna les mêmes dénominations de la rose en usage
à Alexandrie dans l'antiquité (1).

(1) Voici les noms des vents qui sont renfermés dans les demi-cercles de l'horizon ou en dehors, dans la mappemonde en question :

OUEST.

Zephyrus. . . . Rose grecque de Timosthène.
Favonius. . . . . Le même.
Chorus (Corus). . . . . Le même.

NORD.

Septentrio. . . . . Le même.
Boreas. . . . . Le même.
Circius (Cæcias). . . . . Le même.
Aparctias. . . . . Le même.

EST.

Eurus. . . . . Le même.

Au XIII⁰ siècle qui suivit, nous voyons l'auteur de la curieuse mappemonde du *British Museum* du Ms. Royal, 14 (1), adopter aussi la rose grecque des 12 vents qui, du temps de Philadelphe, était en usage à Alexandrie, d'après Timosthène. Vers le temps d'Alexandre, on ajouta 4 nouveaux vents à la rose des 8, formant ainsi 12, et on continua à faire usage des *orients* et des *occidents* solsticiaux.

Cette division fut généralement adoptée par les Grecs et les Romains (2), mais nous voyons qu'elle était encore adoptée par les cartographes de l'Europe aux XII⁰, XIII⁰ et XIV⁰ siècles, comme le témoignent plusieurs monuments géographiques que nous donnons dans notre Atlas.

L'auteur de la mappemonde que nous venons de mentionner, non seulement adopta cette division, mais il employa les dénominations de la rose de Timosthène, et on y voit l'espace occupé par les

Subsolanus. . . Rose grecque de Timosthène.
Vulturnus. . . . . Le même.

MIDI.

Auster } . . . . Le même.
Notus }

Africus. . . . . Le même.

Sur ces 12 vents, voyez Aristote, *De Mundo*, I, p. 606; et Sénèque, *Natural. Quæstion.*, liv. V, c. 16, et Pline, liv. II, c. 46.

(1) Voyez cette mappemonde dans notre Atlas.

(2) Gosselin, préface de la traduction de Strabon, t. I, p. civ.

Aparctias substitués aux Borées d'Homère, et par
les Zéphyrs, beaucoup plus resserré qu'il ne l'avait
été jusqu'alors; et, loin de se trouver en contact,
ces vents, comme dans la rose grecque de Timosthène, sont séparés l'un de l'autre par un grand intervalle de 60 degrés occupés par les *Thrascias*.

Le cartographe a placé Boreas trop à l'est; c'est
une preuve de plus qu'il a adopté la rose de l'époque d'Alexandre, puisque le milieu du Boreas qui,
au siècle d'Homère, avait indiqué le nord, déclinait
à l'est de 30 degrés au temps de Timosthène (1).

Pour éviter la confusion que présenteraient la comparaison et l'usage des roses propres à chaque nation, il a fallu convenir de les établir toutes sur un
parallèle moyen, et ce fut celui du 36e degré qu'on
a choisi. Et Timosthène, indiquant sur la rose des
vents l'emplacement des différentes contrées de la
terre, fixa les colonnes d'Hercule (le détroit de
Gibraltar) droit au couchant (2).

Or le cartographe, auteur de la mappemonde du
XIIIe siècle, fixa, justement en face des colonnes
qui y sont figurées, dans le détroit de Gibraltar, et
pourtant au 36e degré de latitude, le parallèle moyen,

(1) Voyez Gosselin, préface citée.
(2) Gosselin, préface citée; Agathémère, liv. 1er, chap. 2. Édition
d'Hoffmann. Leipsig, 1842, n. 293.

et y plaça le vent *Zephyros*, comme dans la rose de Timosthène.

Et de même que les vents secondaires et tertiaires de la rose de Timosthène ne répondent point aux vents du même nom dans la rose de Vitruve, ceux indiqués par l'auteur de cette mappemonde et des autres qui ont adopté la même rose, ne répondent point non plus à ladite rose, mais bien à celle de Timosthène, comme nous l'avons vérifié en comparant les 12 divisions grecques avec les dénominations qu'on remarque dans ces mappemondes des XIIᵉ, XIIIᵉ et XIVᵉ siècles, et celles employées dans ces monuments avec les 24 de la rose de Vitruve. Au XIVᵉ siècle, nous voyons encore l'auteur de la mappemonde des Chroniques de Saint-Denis, du temps de Charles V (1), adopter la division de l'horizon en 12 parties, et la rose grecque de Timosthène, et les mêmes noms renfermés dans des demi-cercles de l'horizon, de même que l'auteur de la mappemonde du manuscrit de l'ouvrage de Guillaume de Tripoli, du même siècle (2), adopta la rose en question avec les dénominations des Grecs, comme nous le montrerons d'une manière plus détaillée dans l'analyse spéciale consacrée à ces monuments.

(1) Voyez ce monument dans notre Atlas.
(2) Voyez ce monument dans notre Atlas.

Dans la même analyse, nous ferons mieux remarquer que les cartographes du moyen-âge, de même qu'ils conservaient les noms des vents donnés par les Grecs, changeaient aussi comme eux les divisions de leurs roses, soit pour augmenter le nombre des dénominations qu'elles renfermaient, soit pour en établir le partage sur des principes différents. Ranulphus Hidgen, dans la mappemonde qui accompagne son Polychronicon, Ms. du XIVe siècle, adopta la rose grecque de 4 vents avec les noms de *Favonius*, *Affricus*, *Eurus*, *Westernus*; et *Marino Sanuto*, dans sa mappemonde de 1321, adopte encore la rose de 8 vents.

Mais parmi toutes les cartes qui ont précédé le XVe siècle (1), nous n'en avons pas rencontré une seule où la rose des 24 vents, d'après Vitruve, soit adoptée, particularité qui, rapprochée des motifs qu'eurent les Romains pour adopter cette division, pouvait ajouter une preuve de plus à ce que nous avons démontré dans la Ire partie de cet ouvrage; savoir : que les cosmographes de l'Europe, durant le

(1) Nous trouvons encore la rose grecque des 8 vents dans la carte marine d'Andrea Bianco de Venise, de 1436, donnée par Formaleone. Ainsi les divisions anciennes des Grecs étaient adoptées au XVe siècle dans quelques cartes nautiques même; les noms grecs seulement se trouvent remplacés par des noms italiens. Dans la mappemonde de *Berlinghieri*, on remarque encore la rose des 12 vents.

moyen-âge, ne connurent pas les régions découvertes par les Portugais au XVe siècle, et qu'ils
étaient plus arriérés même que les anciens. Et, en
effet, les Romains ayant étendu leurs conquêtes
sous le règne d'Auguste dans la Germanie, jusqu'à
l'Elbe au 54e degré de latitude, et dans l'Égypte
jusqu'au tropique, reconnurent les inconvénients des
roses divisées d'après les levers et les couchers solsticiaux, parce que dans l'intervalle de ces contrées
les amplitudes variant de 43° 30, les vents d'est et
d'ouest finissaient par prendre beaucoup trop d'espace, et se confondaient avec ceux du nord et du
midi; ils abandonnèrent une méthode qui n'était
supportable que pour la Méditerranée, et ils divisè-
rent leur rose en 24 parties égales de 15 degrés
chacune (1).

Or, si des voyageurs et des navigateurs européens au moyen-âge avaient été jusqu'au tropique,
comme les anciens, les cartographes auraient sans
doute senti les mêmes inconvénients de continuer
à adopter la rose des 12 vents.

Mais ils ne connaissaient pas, par l'expérience des
voyageurs, les pays où les inconvénients signalés
plus haut se présentèrent aux Romains, et comme
ils n'allaient pas aux régions situées sous le tropi-

(1) Gosselin, préface citée.

que, ils continuèrent à adopter la rose des vents qui était en harmonie avec leurs navigations principales dans la Méditerranée, et le long des côtes de l'Europe occidentale situées sur l'Atlantique (1).

Nous devons cependant faire remarquer qu'il serait possible, d'autre part, que le motif qu'on a eu au moyen-âge de ne pas adopter la rose de *Vitruve*, de 24 divisions, c'est que l'ouvrage de *Vitruve* paraît avoir été inconnu à cette époque. Dans le cours de nos recherches et de nos études sur les livres de cette longue époque historique, nous n'avons jamais rencontré une seule citation de cet auteur.

Nous avons consulté à ce sujet M. Hase, dont l'autorité est si grande, et ce savant nous a dit, que, jusqu'au XIIIᵉ siècle, les Grecs de Constantinople ne pouvaient adopter que la rose de Timosthène, et non pas celle de *Vitruve*, puisqu'ils ne s'occupaient que fort peu des auteurs latins, et rarement savaient

(1) D'autres cartographes, dont nous reproduisons les mappemondes dans notre Atlas, n'ont pas même indiqué dans les 4 points cardinaux les vents des différentes roses adoptées depuis l'antiquité. Nous nous bornerons à citer ici quelques unes des mappemondes dans lesquelles cette particularité se fait remarquer : 1º celle de *Cosmas*; 2º celle du Xᵉ siècle de la Bibliothèque de Florence (nº 3, planche III de notre Atlas); 3º celle du manuscrit de Salluste, du XIIIᵉ siècle, de la même Bibliothèque (Ib., nº 6); 4º la mappemonde du même siècle, de Matthieu Paris (Ib.); 5º celle d'un autre manuscrit de Salluste, du XIVᵉ siècle (Ib., nº 5); enfin la belle mappemonde du Chronicon, de 1320, également donnée pour la première fois dans notre Atlas.

cette langue. Il nous confirme dans notre opinion, que les manuscrits de *Vitruve* ne furent connus qu'au XV⁰ siècle, que les auteurs du moyen-âge ne citaient jamais cet auteur, et par conséquent, qu'on ne pouvait pas adopter la rose en 24 divisions.

Et en effet, d'après nos recherches, nous sommes arrivés à constater que parmi les manuscrits des Bibliothèques de la France, de la Belgique, de l'Angleterre, de l'Espagne et du Portugal, au nombre de 543 (1), on ne rencontre que 6 manuscrits de Vitruve, dont la plupart sont de la fin du XIV⁰ et du XV⁰ siècle, ou des traductions en langues modernes.

Le plus ancien que nous avons rencontré est celui de la Bibliothèque nationale de Paris, du XI⁰ siècle (n⁰ 7227). (2).

Non seulement la rareté des manuscrits de cet auteur nous prouve que son ouvrage n'était pas connu au moyen-âge, mais aussi un des encyclopé-

(1) Voyez Hænel, Catog. libror, manuscrit. qui in Biblioth. Gall., Helvet., Belg., Brit., Hisp., Lusit , asservantur.

(2) On trouve à la suite du manuscrit de Vitruve, cité dans le texte, une rose des vents, mais en 12 divisions. Marini, dans sa magnifique édition de Vitruve, publiée à Rome en 1836, cite un manuscrit de cet auteur, qu'on pense être du IX⁰ siècle, et qui appartenait à la Bibliothèque de la reine Christine de Suède, sous le n⁰ 1504, et qui se conserve maintenant au Vatican. Il en cite un autre du XIII⁰ siècle. Il en mentionne d'autres qui se trouvent dans les différentes Bibliothèques de l'Europe, lesquels sont, pour la plupart, du XV⁰ siècle. (Voyez la Dissertation préliminaire de Marini.)

distes le plus érudit de cette époque, Isidore de Séville, ne le cite pas parmi les 183 auteurs dont il fait mention (1). Une autre preuve que cet auteur n'a été connu qu'au XV⁰ siècle, c'est que les premiers livres de son ouvrage furent découverts par Le Poge à Saint-Gall (2).

Au XIV⁰ siècle, cependant, nous remarquons dans les portulans et dans les cartes marines quelques changements que nous ne devons pas passer sous silence, quoique nous soyons forcé de traiter de ce sujet ailleurs. Vesconte, dans son Portulan de 1318, de la Bibliothèque impériale de Vienne, adopte une rose de 16 vents, et les lignes qui indiquent partout les *rumbs* les 16 divisions. Un autre Portulan du même cartographe, daté de 1321, dont nous possédons un *fac-simile*, a adopté la rose de 16 divisions. L'auteur du Portulan, ou Atlas maritime de la Bibliothèque Pinelli, appartenant aujourd'hui à M. Walckenaer, et daté de 1384-1434, a également adopté dans les cartes dressées dans la première époque la rose de 16 vents (3).

(1) Voyez Fabricius, Biblioth. mediæ et inf. lat. Tome III, p. 571, et suiv., édit. in-8°.

(2) Ibid., tome I, p. 483. — C. F., Le Poge, epist., p. 346.

(3) Les Chinois et les Malais divisent aussi l'horizon en 16 *rumbs* des vents.

Voyez Klaproth, *Lettre sur la Boussole*, p. 102 et 32. Paris, 1834.

La boussole est en usage en Chine depuis le XII⁰ siècle de notre ère

Ainsi, dans la première moitié du XIV° siècle les cartographes dessinateurs de cartes marines ajoutèrent quatre nouvelles divisions à la rose grecque de Timosthène (1), et il ne serait pas sans intérêt pour l'histoire de la science d'examiner les motifs qu'ils eurent pour adopter ce perfectionnement.

Nous nous bornerons à dire ici que cette particularité rapprochée du fait qui constate que non-seulement la polarité de l'aimant, mais même que

(Klaproth, lettre citée p. 65). Il paraît même qu'ils se dirigeaient sur la mer, par l'aiguille, entre les années 265 et 419 de J.-C., c'est-à-dire du III° au V° siècle. D'autres passages de leurs livres indiquent l'emploi de cet instrument parmi eux au IX° siècle ; mais l'usage n'en devient indubitable que vers la fin du XIII° siècle. (Ib.) Ils ont adopté non seulement les 16 divisions dont nous venons de parler, mais aussi les 8, comme l'ancienne rose des Grecs, et les 24 la même de Vitruve.

Klaproth dit aussi, après avoir parlé de la rose de 8 qu'ils ont adoptée aussi, « l'autre division de l'horizon qui se trouve dans toutes les boussoles chinoises et celle de 24 et dont on se sert dans tous les ouvrages nautiques. » La division de 12 *rumbs* est généralement usitée au Japon. (Ib.) Il y a aussi beaucoup de boussoles chinoises sur lesquelles on emploie les 12 divisions. (Ib., p. 6 et 7.) Ce savant sinologue a donné les représentations de quelques boussoles chinoises, et un cadran d'une boussole japonaise. (Ib., p. 106.) Les Arabes connaissaient déjà la boussole au XIII° siècle. Ils en faisaient usage dans la Méditerranée et dans la mer de Syrie dès l'année 1243 de J.-C. (Ib., p. 60.)

(1) Dans le poème d'Ermengaud de Béziers, du XIV° siècle, on trouve une rose des vents très curieuse en 16 divisions. Les 16 vents sont représentés par 16 figures soufflant chacune sur les lignes qui indiquent les *rumbs*. Ces figures sont placées à l'horizon. Au centre on remarque deux cercles, dont un représente la Terre et l'autre l'Océan environnant. Ce monument est renfermé dans un *carré*. Nous reproduisons cette curieuse miniature dans notre Atlas. Elle se trouve dans le mss. de la Bibliothèque de Paris, n° 7226.

l'aiguille nautique était déjà connue vers la fin du XII⁰ siècle (1), prouvent que *Flavio Gioia* d'Amalfi ne fut point l'inventeur de la boussole, en 1302 et 1303. Ces rapprochements, disons-nous, pourraient indiquer que le perfectionnement ou addition qu'on remarque dans les Portulans de *Vesconte*, de 1318 et de 1327, est due peut-être à *Flavio Gioia* qui, loin d'être l'inventeur de la boussole (2), l'a toutefois perfectionnée. Du moins ces données chronologiques, puisées à des sources aussi authentiques, peuvent le faire penser ainsi. Mais malgré l'usage qu'on avait commencé de faire de la boussole au XIII⁰ siècle,

(1) Voyez Klaproth, *Lettre à M. de Humboldt sur l'invention de la Boussole*, p. 38 et 39; les morceaux de Guyot de Provins, et de *Jacques de Vitry* dans la *Description de la Palestine* (1204), et ceux *de Gaulhier d'Espinois*.

M. Jal, dans son *Archéologie navale*, t. I, p. 205, donne aussi les morceaux de Guyot de Provins, accompagnés d'observations curieuses, et reproduit un fragment du poème de *Francesco Barberino*, auteur du XIII⁰ siècle, sur l'Aiguille.

Nous n'avons cependant point rencontré dans le savant ouvrage de M. Jal des notions sur les roses des vents en usage au moyen-âge.

(2) On trouve déjà des notions sur la boussole, non seulement dans les poèmes de la fin du XII⁰ siècle, mais aussi dans le célèbre livre *Das Partidas* d'Alphonse le Sage, ouvrage composé vers la moitié du XIII⁰ siècle. (Partida 2, tit. IX, liv. 28, et Partida, tit. XXIV, liv. 5.) On trouve aussi une mention de l'aiguille aimantée dans le *Trésor* de Brunetto Latini, qui mourut en 1295 ou 1296. (Voyez Mémoires de l'Académie des Inscriptions, t. IV, p. 466 et suiv.)

Ainsi, la date qu'on assigne à la prétendue découverte de *Gioia* est postérieure à toutes celles que nous venons d'énumérer.

il paraît que ce même usage n'était pas encore général au commencement du XVᵉ siècle (1).

Et en effet, on n'a pas pu rencontrer jusqu'à présent une seule carte, un seul monument qui puisse prouver d'une manière incontestable que les marins italiens, catalans et autres des pays situés dans la Méditerranée aient entrepris des navigations sur la haute mer extérieure, avant les expéditions portugaises aux Canaries, sous le roi Alphonse IV (1331—1344). Ainsi on ne voit ces marins augmenter les anciennes divisions de l'horizon et les *rumbs* des vents que dans les cartes postérieures aux navigations portugaises que nous venons de mentionner.

La première carte marine, dans laquelle on remarque pour la première fois 32 lignes de *rumbs* des vents, est celle des frères *Pizzigani*, de la bibliothèque de Parme, en 1367, et pourtant postérieure de 36 ans aux expéditions portugaises effectuées sur la haute mer jusqu'aux Canaries. Au surplus, la théorie du cours du Nil, de l'est à l'ouest,

_____

(1) Au commencement du XVᵉ siècle, il paraît que la plupart des marins ne savaient pas se servir de la boussole sur la mer Atlantique, selon ce que nous apprennent deux passages d'*Ibn-Khaldoun* et d'*Azurara*, auteurs de cette époque.

Voyez ces passages remarquables dans nos *Recherches sur les pays situés au sud du cap Bojador* (Paris, 1842, p. 100 et suiv.), et plus loin, dans la partie où nous traitons ce sujet plus en détail.

qu'on remarque dans cette carte, comme nous l'avons déjà fait observer, la forme *carrée* qu'ils donnent au monde alors connu, la figure tirée des récits des auteurs arabes, que les *Pizzigani* ont dessinée dans leur carte, la figure qu'on y remarque pour indiquer aux voyageurs qu'ils ne pouvaient pas franchir la limite des Canaries, ainsi que la légende que les cartographes, qui l'ont tracée, placent près du cap Bojador, ces particularités, disons-nous, montrent que, bien qu'ils aient indiqué 32 *rumbs*, ils n'étaient pas plus avancés que leurs prédécesseurs, relativement à la connaissance de la vraie forme de l'Afrique.

Cette division n'était pas généralement adoptée par les dessinateurs de portulans et de cartes marines vénitiennes, puisque nous remarquons que les cartographes dessinateurs des diverses cartes nautiques dont se compose le Portulan de la bibliothèque de M. Walckenaer, de 1384-1434, adoptèrent pour les plus anciennes 16 *rumbs* (1), et pour celles plus modernes 24 *rumbs*, c'est-à-dire, pour ces dernières, la même division de la rose de Vitruve.

Si l'on rapproche ces particularités du récit du *Pietro Querino*, voyageur vénitien du siècle suivant, qui, poussé par la tempête vers les Canaries,

(1) Voyez ce portulan dans notre Atlas.

en 1431, appelle encore ces îles pays inconnu de tous les marins, principalement de ceux de l'Italie. (*Luoghi incogniti e spaventosi à tutti i marinari, massimamente delle parte nostre* (1);) si l'on rapproche, dirons-nous, ces passages de ceux de Péritsol, dans son *Itinera Mundi*, du temps que mettaient les navigateurs vénitiens pour aller de Venise en Flandre, lorsqu'il sagissait de naviguer sur la mer Atlantique (2), on se convaincra que la particularité qu'on remarque dans la carte des *Pizzigani* des 32 *rumbs* des vents, est loin d'indiquer que les marins de l'Europe aient franchi à cette époque la redoutable limite du cap Bojador, où s'arrêtèrent tous les navigateurs, jusqu'en 1433-1434 que *Gil Eannes* le franchit, non pas poussé par une tempête ou par un hasard, mais en découvreur muni d'instructions, et dans le but d'agrandir les connaissances géographiques. Et en effet, dans d'autres cartes marines postérieures à celles des *Pizzigani*, dressées même dans le grand siècle des découvertes, nous remarquons encore, dans quelques unes seulement, 16 et dans d'autres 22 *rumbs* de vents.

(1) Voyez nos *Recherches* sur les découvertes des pays situés sur la côte occidentale d'Afrique au delà du cap Bojador. Paris, 1842. p. LXII, note 1 et p. 108.

(2) Ib., p. XCVI, dans la note.

L'usage de la rose des 32 divisions ne s'est généralisé que lorsqu'on a entrepris des voyages de long cours, à l'occasion des découvertes du XV° siècle, effectuées par les Portugais et par les Espagnols, et lorsque la boussole est devenue indispensable pour les navigations lointaines sur la haute mer, dont on a alors divisé la circonférence en 360 degrés. Et depuis cette époque, non seulement la rose de *Timosthène* disparaissait des cartes, mais même celle de *Vitruve*, de 24 divisions, ne suffisait pas, et les navigateurs sentirent le besoin de diviser la circonférence de l'horizon en 32 parties appelées *quarts de vents* ou *rumbs*, 8 pour chaque quart de l'horizon, divisions qui subsistent encore.

Et en effet, à la fin du XV° siècle, après que les navigateurs portugais eurent découvert toute la côte occidentale de l'Afrique, au delà du cap Bojador et une partie de la côte orientale; après que *Gama* eut traversé l'Océan indien, et que *Colomb* et les Espagnols eurent découvert le Nouveau-Continent, dès cette époque, disons-nous, la rose de 32 divisions fut généralement adoptée par tous les cartographes (1), comme on le voit dans la carte de Juan

(1) Le célèbre géomètre portugais, Pierre *Nunes* (*Nonius*), contemporain des grandes découvertes, a fait remarquer dans son Traité de Navigation (*Arte de Navegar*), au sujet des cartes dont se servirent les

de *La Cosa*, depuis 1500 (1), et dans toutes les cartes et portulans postérieurs.

L'histoire des différentes roses des vents employés par les cartographes, peut donc servir, selon nous, à démontrer aussi, non seulement les progrès de la science, mais encore ceux de la navigation et des découvertes lointaines.

premiers découvreurs portugais, qu'elles étaient différentes de celles des anciens. « Ils portoient cartes fort particulièrement désignées (dessinées) et compartres de vents, et non point tant seulement comme « celles que les anciens avoient usé, lesquelles n'avoient peu (plus) « de 12 vents figurés, et navigoient sans aiguille, ce qui est peut-être « la cause qu'ils ne se hardissoient point de naviguer autre forme qu'a-« vec vent prospère qui est vent en poupe *et allaient* toutefois le long « de la côte. »

Puis il ajoute : « Nos cartes sont fort différentes de celles des anciens, parce que nous repartons les aiguilles qui en tous endroits où elles sont nous représentent l'horizon en 32 parties égales, etc. »

(Traduction française de l'ouvrage de *Nunes*, manuscrit du XVIe siècle de la Bibliothèque nationale de Paris, n° 7482 (fonds Colbert).

Rapprochez ces passages de ceux d'*Ibn-Khaldoun* et d'*Azurara*, que nous avons indiqués plus haut, note (1), pag. 275.

(1) Un cosmographe du XVIe siècle nous donne la représentation de la rose ancienne des 12 divisions de Timosthène avec les noms grecs des vents. C'est ce que nous remarquons dans celle qu'on trouve dans l'ouvrage rarissime de *Schoner*, intitulé *Opusculum Geographicum*, 1533.

Ce savant, sans nommer l'auteur de cette division, se contente de dire :

« *Veteres naviculariis duodecim ventis usi fuerunt, quatuor cardinalibus, et octo collaterabilibus.*

......« *Naviculariï vero recentiores triginta duos ventos ponunt.*

Mais il ne donne pas les motifs que les anciens ont eus pour adopter la première rose, ou division, non plus que ceux qu'eu·· ·t les modernes pour diviser l'horizon en 32 parties.

§ XVIII.

DE LA BOUSSOLE ANTÉRIEUREMENT AUX GRANDES DÉCOUVERTES
DU XV° SIÈCLE.

L'analyse que nous venons de faire des différentes roses des vents employées par les cartographes pendant le moyen-âge, nous force en quelque
sorte à ajouter ici quelques mots sur l'aiguille nautique à ce que nous avons déjà dit à cet égard.
L'ordre méthodique pour traiter ce sujet serait
d'établir : 1° l'époque à laquelle remonte la connaissance de la polarité de l'aimant ; 2° celle où l'aimant
fut employé pour la première fois comme puissance
directrice ; 3° celle de l'application de l'aiguille à la
navigation ; 4° de la forme primitive de l'aiguille
flottante ; 5° de l'époque où l'aiguille fut suspendue
pour la première fois ; 6° enfin l'époque où on a commencé à employer l'aiguille dans la boîte (boussole).

Mais pour discuter toutes ces questions avec
quelque développement, il faudrait faire un ouvrage
spécial. Telle n'est pas notre intention. Nous nous
bornerons simplement, comme nous l'avons dit plus
haut, à ajouter quelques mots pour éclaircir ce sujet, et afin surtout de montrer qu'à l'époque où les
Portugais commencèrent leurs grandes navigations,

lu plupart des marins ne savaient pas se servir de la boussole sur la mer Atlantique.

Nous ferons remarquer d'abord que jusqu'à présent on n'a pas pu découvrir une seule représentation de l'aiguille marine du moyen-âge antérieure au XIVᵉ siècle (1).

Quant à la *boussole*, la plus ancienne représentation que nous connaissions, est celle qui se trouve dans un manuscrit italien de la Bibliothèque de l'Arsenal, qui renferme le poëme géographique de Goro Dati, du commencement du XVᵉ siècle (2). On connaît enfin une autre figure de la *boussole*, de la même époque, qui se trouve dans une carte allemande, conservée au département des cartes de la Bibliothèque nationale de Paris.

On remarque aussi dans quelques portulans du commencement du XVIᵉ siècle des *boussoles* incrustées dans la reliure (3).

On remarque encore une ancienne boussole dans

(1) Dans le manuscrit latin, nᵒ 7378 A de la Bibliothèque nationale de Paris, intitulé *Mathematica*, et qui renferme différents traités sur la sphère, on trouve au folio 64 d'un petit traité qui a pour titre *De Magnete et rota viva*, une figure de l'aiguille au centre de la roue, et on y lit, près de la pointe placée au centre, *stylus* (aiguille), et à l'extrémité *magnes* (aimant). Mais ce manuscrit est du XIVᵉ siècle.

(2) Manuscrits italiens de la Bibliothèque de l'Arsenal (Histoire et Géographie, nᵒ 42, in-folio).

(3) Un de ces portulans existe à Rome, et un autre, d'après la notice que nous avons obtenue, se conserve au Musée Britannique.

l'épaisseur de la reliure d'un magnifique atlas du commencement du XVI⁰ siècle, conservé à la Bibliothèque de Montpellier.

La plus ancienne description détaillée de la *boussole* et de sa boîte, que nous ayons pu découvrir, se trouve à la suite de quelques routiers inédits, d'un pilote portugais de la fin du XV⁰ siècle (1).

L'origine de l'aiguille nautique a été l'objet des recherches d'un grand nombre de savants.

Nous nous bornerons à indiquer brièvement les connaissances que nous avons relativement aux points que nous avons signalés plus haut, notamment à ce qui concerne l'époque où cette merveilleuse invention paraît avoir reçu son application à la navigation pendant le moyen-âge, chez les orientaux et chez les occidentaux.

D'après les recherches faites de nos jours par Klaproth (2) et par MM. de Humboldt (3), Libri (4) et Edouard Biot (5), il ne paraît pas douteux que

---

(1) Bibliothèque nationale de Paris, Mss. n⁰ 8172. Fonds Colbert.

(2) Klaproth, *Lettres sur la Boussole.*

(3) Humboldt, *Examen critique sur l'histoire de la géographie du Nouveau Continent*; t. III, p. 33 à 37, et *Asie Centrale*, du même auteur, t. I, Introduction, p. XXXVII-XLII.

(4) Libri, Histoire des sciences mathématiques en Italie, t. II, p. 59.

(5) Voyez *Note sur la direction de l'aiguille aimantée en Chine*, etc., dans les comptes-rendus de l'Académie des sciences, t. XIX, séance du 21 octobre 1844.

l'aiguille magnétique était en usage en Chine à une époque très reculée. Mais les *balances magnétiques*, dont un bras portait une figure humaine qui indiquait constamment le sud, ne servaient aux Chinois que pour se diriger à travers les steppes immenses de la Tartarie, de même que l'indication des *chars magnétiques* dont Klaproth a donné des représentations, se trouve dans l'historien *Szumathsiam* dont les mémoires historiques ont été composés dans la première moitié du second siècle avant notre ère.

Nous ferons observer cependant que Deguignes dit qu'il ne faut pas trop se confier aux auteurs chinois sous le rapport de l'exactitude chronologique (1).

Quoi qu'il en soit, aucun des passages tirés des livres chinois par Klaproth et par M. Biot ne prouve d'une manière positive que ce peuple ait fait usage de la boussole sur mer, même encore au XIIe siècle.

Dans le curieux passage, traduit par M. Biot, du *Mung-khi-pi-tham*, liv. 24, où on trouve des détails sur l'aiguille aimantée des Chinois, vers la fin du XIe siècle et le commencement du XIIe, il n'est

---

(1) Voyez Deguignes, *Mémoires sur l'incertitude de la chronologie chinoise*, dans les Mémoires de l'Académie des inscriptions et belles-lettres.

pas dit un seul mot relativement à l'application de cet instrument à la navigation.

Et en effet, Klaproth indique, d'après divers passages recueillis aussi dans les livres chinois, que l'usage de cet instrument n'est devenu indubitable sur mer que vers la fin du XIII° siècle de notre ère (1).

Ce n'est, à ce qu'il paraît, que dans une description du pays de Cambodja, ouvrage composé en 1297, sous le règne de Timour-Khan, que les routes ou directions de la navigation se trouvent toujours indiquées d'après les *rhumbs* de la boussole.

Le père Le Comte et Gaubil (2), ainsi que le père Mailla (3), avaient déjà soutenu que les Chinois faisaient usage de la boussole avant notre ère. Mais tout ce qu'on remarque dans ce que dit Gaubil à ce sujet, ne sont que des conjectures et des suppositions lorsqu'il s'agit des antiquités chinoises.

Barrow parle aussi de l'antiquité de l'aiguille aimantée en Chine (4).

---

(1) Voyez la note (3), pag. 272.

(2) Voy. Gaubil, *Histoire de l'Astronomie chinoise; le Chou-king*, traduit par ce missionnaire et publié par Deguignes, in-4, p. CXXVIII.

(3) Voy. Mailla, *Histoire générale de la Chine*, t. i, p. 316 et 318, et Duhalde, *Description de la Chine*, t. I°r, p. 330; Cf., *Mémoires de l'Académie des inscriptions et belles-lettres*, 2° série, t. VII, p. 416-418; Martini (*Historica Sinica*), liv. IV).

(4) Voyez Barrow, *Voyage en Chine*. (Paris, 1805, t. III, p. 377.)

Tiraboschi (1), Andrés, Bergeron et le jésuite Riccioli réclamèrent l'invention de la boussole en faveur des Arabes.

Chardin a combattu cette opinion, et il est d'avis que les Arabes ont reçu la boussole de l'Europe. Sans entrer dans cette polémique, nous nous permettrons de dire que Chardin avait raison de soutenir que les Arabes n'étaient pas les inventeurs de cet instrument, puisque les témoignages exprès des livres chinois, dont nous avons parlé plus haut, prouvent contre les Arabes. Mais aussi, Chardin n'a pas démontré que les Arabes aient reçu la boussole de l'Europe.

Klaproth ne fait remonter l'usage de la boussole par les Arabes, dans la Méditerranée et dans la mer de Syrie, qu'au delà du XIII° siècle (1243) (2). Hager (3),

---

(1) Tiraboschi, *Histoire de la littérature italienne*, t. IV, liv. 2. Cet auteur réfute ceux qui attribuent aux Chinois cette invention.

(2) Voyez Rémusat, *Mélanges asiatiques*, t. I, pag. 408.
Hyde a donné la figure de la boussole chinoise.
Voyez *Syntagma Dissertationum*, Oxonii 1767, t. 2, table 1. La boussole est citée parmi les instruments dont se servait l'astronome Chou-King. — Souciet, *Observations mathématiques* tirées des anciens livres chinois. Paris, 1729-1772, in-4°, t. II, p. 408.

(3) Voyez Hager, Dissertation publiée à Pavie, avec le titre : *Memoria sulla Bussola Orientale*, 1809, in-4°.
Hager donne la figure d'une boussole astrologique chinoise, et renvoie, pour l'analyse, aux Mémoires concernant les Chinois, t. II, du *Chou-King*, traduit par le père Gaubil, p. 332. Dans cette boussole,

Collina (1) et d'autres, tout en soutenant que l'aiguille nautique est d'invention chinoise, prétendent qu'elle nous fut transmise par l'intermédiaire des Arabes.

D'autres savants ont prétendu que la boussole s'est introduite en Europe par les Mongols, mais cette opinion n'est pas soutenable, puisque cet instrument était déjà connu en Europe avant l'irruption des Mongols.

Nous nous permettrons cependant de faire observer que si les textes des auteurs arabes, antérieurs à 1242, ne viennent pas prouver qu'ils faisaient usage de la boussole à cette époque, le passage de Guyot de Provins, composé en 1190, ainsi que celui de Jacques de Vitry, dans son *Historia Orientalis*, composée en 1204 et 1215, montreraient que les marins de l'Europe faisaient usage de la boussole avant les Arabes. Il est vrai que des savants de premier ordre trouvent dans les dénominations de *Zohron* et d'*Aphron* (sud et nord), données par Vincent de Beauvais dans son *Speculum Naturale*, aux deux

---

le 1er cercle marque les 12 heures du jour ; le 2e, les 12 signes ou animaux du zodiaque chinois ; le 3e, les noms de ces signes en caractères chinois ; le 4e enfin, les 8 divisions de l'horizon, ou des 8 vents principaux.

(1) Collina s'appuie à cet égard sur l'autorité de Renaudot.

pôles, une preuve que l'aiguille aimantée a été introduite en Europe par les Arabes.

D'abord, d'autres savants n'ont pu connaître ces mots comme appartenant à la langue arabe.

Lipenius n'a pu les reconnaître ni pour grecs, ni pour hébreux, ni pour Chaldéens, ni pour arabes (1); et M. Reinaud, que nous avons consulté à ce sujet, nous a déclaré qu'ils n'étaient pas arabes, mais bien hébreux, et signifiaient simplement *Nord* et *Midi*, et non les deux pôles de l'aimant.

Il nous semble aussi que les dénominations dont il s'agit, ayant été employées par un auteur qui écrivit plus d'un demi-siècle après Guyot de Provins, ne nous paraissent pas assez décisives pour résoudre cette question, d'autant plus que Vincent de Beauvais, contemporain d'Albert-le-Grand, n'aurait pu, comme celui-ci, tirer ces dénominations d'une traduction abrégée de l'ouvrage d'Aristote sur les minéraux, par un minéralogiste arabe, où il est beaucoup parlé de l'aimant, mais qui ne contient rien sur la polarité de l'aimant, et où il n'est pas question de la boussole (2).

---

(1) « Ex portentosis istis nominibus polonum Zoron, et Aphron Azon, quæ nec græca, nec hæbraica, nec chaldea, *nec arabica sunt*, colligo et librum et locum esse suppositum. » (Martin Lipen., *De Ophir Salom. navig.*, cap. V, sect. 3, p. 36.)

(2) Manuscrit arabe de la Bibliothèque nationale de Paris, n° 402, cité par M. Libri, *Histoire des sciences mathématiques en Italie*, t. II, p. 61.

Il se pourrait de même que le passage d'Abert-le-Grand ne fût qu'une de ces interpolations dont les manuscrits ont offert tant d'exemples, et que les mots employés par Vincent de Beauvais fussent une interpolation dans les manuscrits dont il s'est servi (1).

Les deux dénominations dont il s'agit plus haut, n'indiquent donc pas la boussole et son usage appliqué à la navigation, mais simplement le nord et le midi, comme nous l'avons déjà indiqué.

Il nous semble donc, qu'il ne faut pas conclure de là que la boussole ait été introduite en Europe par les Arabes, lorsque nous voyons Guyot de Provins se servir, près d'un siècle avant, de dénominations tirées des langues occidentales pour décrire cet instrument. Ainsi Tiraboschi, Signorelli (2), et d'autres auteurs qui font honneur aux Arabes de cette invention, n'ont pas fait attention à ce qu'un des astro-

---

(1) Déjà Falconet, en 1757, avait dit que les Arabes avaient traduit un livre d'Aristote qui renfermait un traité de l'aimant. « Les Arabes, ajoute ce savant, le *traduisirent depuis la découverte de la boussole;* » et dans les additions qu'ils y insérèrent, ils firent mention de cette connaissance sous le nom d'Aristote. On trouve encore dans les bibliothèques des manuscrits de cette traduction *ainsi falsifiée,* et l'on croit avec raison qu'Albert-le-Grand et Vincent de Beauvais en ont tiré le passage qu'ils citent comme d'Aristote, où le philosophe paraît instruit de la nouvelle découverte. (Falconet, *Dissertation historique sur ce que les anciens ont cru de l'aimant,* p. 615, t. IV des Mémoires de l'Académie des inscriptions et belles-lettres.)

(2) Signorelli, *Vicende delle culture delle Due Sicilie,* t. II, p. 287.

nomes arabes des plus savants, Ibn Jounis, qui vivait au XI⁰ siècle, ne fait pas la moindre mention de la boussole. Au contraire, ses tables astronomiques sont faites pour indiquer aux Musulmans, dans leurs prières, de quel côté est située la *Kaaba*.

Dans un ouvrage turc, imprimé à Constantinople, où il est question de l'aimant, on n'attribue point cette invention aux Arabes, mais bien à la ville d'Amalfi (1). Au surplus, les deux auteurs italiens, attribuant cette invention aux Arabes établis dans le royaume de Naples au XIIIe siècle, ont oublié que Guyot de Provins en avait parlé dans le siècle précédent.

Les peuples occidentaux, les Grecs et les Romains, bien des siècles avant les Arabes, savaient que l'on pouvait communiquer au fer des propriétés magnétiques *permanentes* (2). Onomacrite, Hippocrate, Platon, Philon, et d'autres auteurs grecs, parlent de l'aimant et de sa puissance attractive (3), de même Galien, Némésius, Saint-Augustin (4), etc.

(1) Voyez Toderini, *Littérature turch.* Venise, 1787, t. III, p. 112.

(2) Voyez Platon, *Ion, ou le Rhapsode.* Cf. Lucrèce, liv. VI, v. 1000.

(3) Falconet recueillit tous les passages des auteurs anciens sur ce sujet. Voyez sa *Dissertation historique sur ce que les anciens ont cru de l'aimant,* lue à l'Académie des inscriptions et belles-lettres, le 6 avril 1717. (Mém. de l'Académie, t. IV, p. 613.)

(4) Saint Augustin, *De Civitate Dei,* 21; c. 4 et liv. V-8.

Pline, dans son précieux ouvrage, nous en fournit le témoignage (1), mais aucun texte ne nous indique qu'ils aient connu l'aiguille nautique, comme l'ont avancé quelques auteurs s'appuyant sur un passage mal interprété de la *Versoria* de Plaute (2).

Des écrivains, qui attribuaient par système toutes les découvertes aux Anciens, ont prétendu que la boussole avait été connue anciennement en Occident (3). L'allusion de la force de l'aimant à celle d'Hercule a fait croire à Fuller, savant anglais (4), que ce fut Hercule, le Phénicien, qui inventa la boussole! Court de Gébelin en fait honneur aux Phéniciens (5), mais toutes ces opinions ont été ré-

(1) « Sola hæc materia vires ab eo lapide accipit, retinetque longo « tempore, aliud apprehendens ferrum ut anulorum catena spectetur « interdum. » (Pline, Hist. Natur., liv. XXXIV, c. 14, et liv. XXXVI, c. 16; Cf. Dutens. *Recherches sur l'origine des Découvertes*, t. II, p. 28 et suiv.)

(2) Commentarii institut. Bonon. Tom. II, part. II, p. 353.

(3) Voyez Georg. Parchio, *Inventa nova antiqua*, c. 7, § 64. Mais cet auteur prétend à tort aussi que Marco Polo a apporté de la Chine l'aiguille aimantée, en 1260. —Cf. Levino Lemnio, *Secreta Natur. Miracl.*— —Fuller, *Miscellanea Sacra*, c. 14. — Pinedo, *De Rebus Salomon.*, IV. Cet auteur attribue l'invention de la boussole à Salomon.

Voyez aussi Jean-Frédéric Herwart, dans son livre : *Admiranda Ethnicæ Theologiæ mysteria.*

Cet auteur soutient que les Egyptiens ont connu la boussole (*Pixis nautica*), mais il ajoute que l'usage s'en est perdu avec le temps.

(4 Fuller, *Miscellanea Sacra*. Liv. 4, C. 19. Ce savant mourut en 1622.

(5) Court de Gébelin, *Le Monde primitif.*

futées par Vossius (1), Turnèbe, Bochart (2), Dutens (3), Trombelli (4), Grimaldi (5), Montucla (6),
et par Azuni dans sa dissertation sur l'origine de la
boussole (7). Celui-ci attribue l'invention de cet instrument à la France.

Collina, qui écrivit un ouvrage spécial sur ce sujet (8), est tombé dans les mêmes erreurs. Il prétend que les navigateurs anciens étaient aussi habiles que les modernes; selon lui, ils visitèrent
toutes les contrées les plus éloignées de la terre. Il
pense qu'ils sont allés même au Brésil, et il croit
qu'ils auraient dû se servir de la boussole de la

(1) Vossius est d'avis que les Phéniciens et les Tyriens n'ont pas
connu la boussole, et ce savant attribue l'invention de cet instrument
aux Chinois. (Voyez *Var. observat.* C. 14.)

(2) Bochart Geograph. Sacr. Liv. I, C. 38.

(3) Dutens, *Recherches sur l'origine des découvertes attribuées aux modernes.* Tom. II, p. 32 et suiv.

(4) Trombelli, *De Acus nauticæ inventore*, dans les transactions de
l'Académie de Bologne, tom. II, 3e part., p. 333 et suiv.

(5) Grimaldi, *Dissertazioni sopra il primo inventore de la bussola.*

(6) Montucla. — Histoire des Sciences Mathématiques, tom. I.

(7) Azuni. Première édition en 1795. Une deuxième édition de l'ouvrage d'Azuni, sur l'origine de la boussole, fut publiée à Paris en
1809, avec des additions suivies d'une lettre du même auteur, en ré-
ponse au mémoire d'Hager, publié à Pavie, sur le même sujet.

Il a réfuté aussi les absurdités d'Herwart, dans sa *Théologie* païenne,
qui a soutenu que la *Croix-Ansée*, que l'on voit dans les monuments
d'Egypte, était la boussole!!

(8) Considerazioni istoriche sopra la origine de la bussola, publié
à Faenza, en 1748.

même manière que les Portugais se sont servi de cet instrument pour faire le tour de l'Afrique.

Collina attribue à l'invasion des Barbares la perte de l'usage de l'aiguille nautique. Il est inutile de dire qu'il n'a pas pu s'appuyer sur un seul passage des auteurs anciens.

Si les conjectures de Collina n'ont point résolu le problème de l'origine de la boussole, ni l'époque exacte de son emploi sur mer, les disputes de priorité soulevées entre plusieurs pays de l'Europe, n'ont point jeté beaucoup de lumière sur cette importante question.

Grimaldi (1), Capmany (2) et d'autres, ont soutenu que Flavio Gioia d'*Amalfi*, fut l'inventeur de ce précieux instrument. Mais si Gioia en avait été l'inventeur, Polydore Virgile, écrivain italien très rapproché de cette prétendue découverte, en aurait fait mention dans son ouvrage *De rerum inventoribus*, en parlant de l'aiguille, mais il dit au contraire qu'on ne connaît pas et qu'on ne sait pas qui l'a inventée (3).

___

(1) Voyez *Dissertazioni sopra il primo inventore de la bussola*, publié dans le 3ᵉ vol. des transactions de l'Académie de Crotone.

(2) Mémoire publié à Madrid, en 1807, sous le titre : *Questiones criticas*.

(3) Polydore Virgile dit : « Sed et aliud meo judicio admirabilius « fuit invenire *pixidem* i'man (sic) qua nautæ admodum peritissime « navigationem moderantur. Quis tamen eum repererit omnino in aperto « non est. » (Polyd. Virg. Lib. III, c. 18.)

Sanuto, contemporain de Gioia, ne fait non plus aucune mention de cette découverte. D'un autre côté Wallir (1) et Derham (2) ont prétendu que la boussole était d'invention anglaise.

Les Norwégiens ont aussi à leur tour prétendu à la priorité de cette invention. Hansteen a cru tirer du *Landnamebok* une preuve pour faire remonter l'emploi de la boussole par les Norwégiens au XIe siècle, mais elle a été infirmée par les recherches de Kantz (3). Bécan (van Gorp) enfin, si connu par ses paradoxes, attribua l'invention de la boussole aux Allemands, par la seule raison que les noms des vents marqués autour de la boussole, comme *est, sud nord, ouest*, sont des mots puisés dans la langue teutonique (4).

Nous venons de rapporter les opinions d'un grand nombre de savants sur l'origine de la boussole : le lecteur remarquera qu'elles sont toutes contradic-

(1) Wallir dit que le *Circulus nauticus* est le mot latin de l'aiguille, et que le mot *compas* est anglais. Il se livre, à ce propos, à une foule de conjectures étymologiques, pour prouver que cette invention appartient à l'Angleterre.
(Voyez *Philosophical Transactions*, tom. XXIII, p. 1106, mai 1702).

(2) Derhram, *Démonstration de l'existence de Dieu*. Liv. V. Voyez l'ouvrage de ce savant qui a pour titre : *Physico-Théolog*. (1713).

(3) Voyez Klaproth, Lettre sur la Boussole, p. 41, 43, 50.

(4) Gorop. Becani Hispanica, liv. III. Morisot, dans son *Orbis Maritimus*, a cité cet auteur sur cette prétention.

toires. On verra qu'après tant de recherches, aucun document, aucune donnée historique, précise et authentique, ne nous indiquent, jusqu'à présent, comment ce merveilleux instrument s'est introduit en Europe, ni quel en a été l'inventeur. Si nous admettions des conjectures, nous ferions remarquer que l'époque où il fut question, pour la première fois en Europe, de l'aiguille nautique, se trouve être précisément après la première croisade ; et l'aiguille étant connue en Orient avant le XIIe siècle, il se pourrait que les Occidentaux en eussent eu connaissance en Orient.

Au surplus, pendant l'antiquité et le moyen-âge, on croyait que l'Asie était la patrie de l'aimant. Pline (1) lui assigne cette patrie. Marbode la fait venir aussi des Indes (2), et la plupart des auteurs du moyen-âge appellent l'aimant *Lapis Indicus*.

Ce sont donc là des présomptions qui peuvent nous faire penser que cette invention a été introduite en Europe par l'Orient, même par des communications terrestres avec l'Asie, mais nous le répétons, ce ne sont là que des conjectures.

Quoi qu'il en soit de tout ce que nous venons de rapporter, nous croyons pouvoir tirer les inductions suivantes :

(1) Pline. Hist. Nat. Liv. XXXVI—C. 20.
(2) Marbode, Origin. D. 16 — Cap. 4.

1° L'action directrice de l'aiguille aimantée sur terre, a été connue en Chine plusieurs siècles avant que cet instrument fut connu en Europe, si nous admettons comme exacte la chronologie des Chinois (1).

2° L'aiguille nautique appliquée à l'usage sur mer par les Chinois, paraît n'avoir été indubitablement adoptée que vers la fin du XIII° siècle.

3° Aucun texte précis à notre connaissance ne témoigne que l'Europe ait reçu cet instrument par l'intermédiaire des Arabes.

4° Le problème de savoir si l'Europe a reçu la boussole de la Chine, nous semble être encore à résoudre.

5° L'usage de cet instrument, en Europe, remonte avec certitude à la fin du XII° siècle, époque à laquelle on doit borner l'antiquité de cette invention, que l'on pouvait faire reculer à volonté de plusieurs siècles, avant les recherches dernièrement faites par un savant mathématicien, qui trouva, dans un manuscrit du dialogue *De eodem et diverso* d'A-

---

(1) Les auteurs de l'Histoire Universelle, tom. 20, p. 144, édit. in-8°, Londres, et Fabricius *Bibliographia Antiquaria*, C. 21, disent que les Chinois adorent la boussole comme une divinité, puisqu'ils l'encensent avec des parfums et lui offrent des viandes en sacrifice. Cette pratique chinoise tient plus à la magie qu'à des connaissances physiques, aux sortilèges plus qu'aux éléments de pilotage. (Azuni, p. 71.)

délard de Bath, auteur qui vivait au commencement du XIIe siècle, un passage qui semble établir que la boussole n'était pas connue à cette époque en Europe (1).

Nous ajouterons que *Marbode*, qui vivait sous Philippe-Auguste, au commencement de ce siècle, tout en parlant de l'aimant dans son traité *De Gemmis*, ne dit rien relativement à l'aiguille de la boussole (2).

Quoi qu'il en soit, cet instrument était alors aussi imparfait que la navigation.

D'abord l'aiguille n'était pas suspendue. Elle flottait sur un corps léger, souvent sur une paille. Les vers de Guyot de Provins (XIIe siècle), en font une description. Il dit : « Ils (les marins) ont une pierre « brute et brune à laquelle, par la vertu de la *mari-* « *nière* (Magnetes), le fer s'unit volontiers, et, par « ce moyen, ils s'aperçoivent de la droiture du « point. Lorsqu'une aiguille a touché et qu'on l'a « mise sur un petit morceau de bois, ils la posent « sur l'eau, et le bois la tient sur la surface (3). »

(1) Voyez M. Libri, Histoire des Sciences en Italie, tom. 11, p. 62 et ibid. note. 2.

(2) L'ouvrage de Marbode, sur les pierres précieuses, est la plus connue de toutes ses œuvres. On croit qu'il ne fit que mettre en vers latins un ouvrage grec, attribué à Evax, médecin arabe.

(3) Voyez le passage de Guyot de Provins, publié avec des variantes

Pendant le moyen-âge elle ne consistait que dans un morceau de pierre d'aimant de forme oblongue placé sur du liége. C'est dans cette forme que Bailack en a rencontré une, en 1242, entre les mains d'un pilote de Syrie (1), forme pareille à celle qu'on dit que Brunetto Latini vit, en 1260, chez Bacon en Angleterre (2). Hugues de Bercy, auteur du XIIIe

par E. Pasquier. Amsterdam, 1723, tom. I, col. 419. Cf. Ménage *Origini della lingua italiana*. (Genev., 1685, in-fol., p. 141.)

(1) Bailak Kaptchaki composa un ouvrage intitulé : *Trésor des marchands dans le commerce des pierres* (Mss. n. 970 de la Biblioth. Nat. de Paris). Cet auteur écrivit en 1282.

(2) Quelques savants pensent que Brunetto n'est pas allé à Londres et doutent qu'il ait pu voir Bacon. M. Fauriel, dans son savant article sur Brunetto, publié dans le tome XX de l'Histoire Littéraire de la France, page 276, ne dit pas un mot à cet égard. On objecte que les dates ne s'accordent pas pour permettre de croire que l'entrevue des deux savants ait pu avoir lieu. Cette particularité mérite d'être discutée plus en détail. Nous renvoyons donc cette discussion aux additions à cet ouvrage. Nous nous bornerons à transcrire ici ce que Brunetto dit de l'aiguille nautique dans le liv. I, chap. 113 de son *Trésor*.

« Les gens qui sont en Europe (dit-il) nagent-ils à tramontaine de-
« vers septentrion et les autres nagent à celle du midy, et que ce soit
« la vérité, prénés une pierre d'aimant, ce cet *calamite*, vous trouvés
« qu'elle a deux faces, l'une git vers une tramontaine, et l'autre git
« vers l'autre, et chacune des faces allie l'aiguille vers cette tramon-
« taine, vers qui cette face gisoit et pour ce seroient les mariniers
« de ceux se ils ne preissent garde. »

Il y a erreur dans ces dernières paroles, car chaque face de l'aimant, dont on touche une des pointes de l'aiguille, allie cette pointe touchée au pôle du monde opposé à celui vers lequel git la face dont elle a été touchée; mais toujours est-il que l'aiguille était en usage avant Flavio Gioia. (Voyez Falconet, Dissert. cit.)

siècle, décrit aussi l'aiguille telle qu'on l'employait de son temps (1).

Nous pensons, comme Wallir, qu'on no pouvait découvrir dans le même temps 1° la polarité de l'aiguille, 2° son application à la navigation, et 3° la manière de la disposer sur la rose des vents et la construction de la boîte. Le même homme ne pouvait pas inventer tout cela, et ce devait être le résultat de découvertes successives.

Le père Fournier (2), Montucla (3), Lenglet du Fresnoy (4) et d'autres pensent que Flavio Gioia l'a réellement perfectionnée au XIV° siècle, et l'a rendue propre à l'usage des navigateurs.

Il paraît cependant que les marins ne savaient pas s'en servir encore au commencement du XV° siècle sur la mer Atlantique.

C'est du moins l'induction qu'on peut tirer des passages de deux auteurs de cette époque, tous les deux d'une autorité incontestable sur ce qui concerne l'état des connaissances nautiques de leur temps. En effet, les témoignages d'Ibn-Khaldoun, et d'Azurara nous indiquent ce fait.

(1) Voyez Riccioli, *Géograph. et Hydrograph.*, liv. 10, c. 18.
(2) Fournier, *Hydrograph.*, liv. XI, chap. 1.
(3) Montucla, *Histoire des Mathématiques.* Ce savant pense que ce fut Gioia qui inventa la boîte. (Voyez l'ouvrage cité, t. I, p. 451.)
(4) Lenglet, *Tablettes historiques*, t. II, p. 648.

Le premier nous dit ce qui suit :

« Les contrées situées dans la Méditerranée et
« sur les côtes sont représentées sur une feuille
« (portulan) d'après la position qu'elles occupent
« réellement. Sur cette feuille on a également mar-
« qué les différents vents et la direction qui leur
« est propre ; cette feuille a reçu le nom de compas
« (alcombas) ; les pilotes se règlent, d'après elle, dans
« leurs voyages. *Or, il n'existe aucun secours de ce*
« *genre pour la mer environnante ; voilà pourquoi*
« *les navires n'osent pas s'y aventurer. En effet,*
« *s'ils s'éloignaient de la vue des côtes il y en aurait*
« *bien peu qui sauraient retrouver le chemin* (1). »

Or, il paraît évident que si en 1377, époque à
laquelle Ibn-Khaldoun composa ses Prolégomènes,
on eût su faire usage de la boussole sur la mer
Atlantique, ce savant historien-géographe n'aurait
pas soutenu que les navires, en s'éloignant de la
vue des côtes, n'auraient pas su comment retrouver
leur chemin.

(1) Comparez ce passage traduit par M. Reinaud, dans sa traduction
d'*Aboulféda*, t. II, p. 265, dans la note, avec le même passage traduit par
notre confrère à la Société Asiatique de Paris, M. de Slane, dans nos
Recherches citées p. 100, § X.

D'après d'autres passages de différents auteurs, que nous transcrivons dans les additions, on verra que l'usage de la boussole, dans la
mer des Indes, n'était pas encore généralement adopté par les Arabes
au XVe siècle.

Enfin Azurara, un des plus savants historiens de son temps, et qui vivait au commencement du XVᵉ siècle, venant à parler des raisons que l'Infant D. Henri avait données à *Gil Eannes*, pour l'engager à faire tous ses efforts pour doubler le cap Bojador, sans tenir compte des objections et des craintes de certains marins, rapporte que le prince s'était exprimé en ces termes :

« Ce que tu viens de dire n'est que l'opinion de
« quatre marins qui ne connaissent que la route de
« Flandre et de quelques autres ports qu'ils ont
« l'habitude de fréquenter, *hors desquels ils ne sa-*
« *vent plus se servir de l'aiguille ni des cartes pour*
« *se gouverner* (1). »

Ce passage est formel sur la question dont il s'agit, et ces deux auteurs montrent qu'à cette époque les Arabes et les marins de l'Europe, non seulement n'osaient pas s'éloigner des côtes dans leurs navigations sur l'Océan Atlantique, mais aussi qu'ils ne savaient point se servir, pour la plupart, de l'aiguille sur la haute mer.

Il était réservé aux Portugais d'avoir été les premiers à tirer le plus grand parti de ce merveilleux instrument. Et en effet, un savant Italien, qui ne peut pas être taxé de partialité, dit avec exacti-

(1) Voyez nos Recherches citées p. 101, § X.

tude, on parlant du perfectionnement de l'aiguille nautique :

« Que c'est au seul Portugal qu'on doit l'avantage
« d'avoir porté la boussole au degré où elle se
« trouve aujourd'hui ; car aucune autre nation, avant
« celle-là, n'a su la mettre plus à propos en usage
« pour une navigation hardie et vaste sur l'Océan,
« comme l'a été celle des Portugais, lorsqu'ils ont
« voulu découvrir un autre hémisphère (1). »

Il soutient que ce fut à l'école nautique de Sagres que furent le mieux fixées les lois et les principes d'après lesquels on pouvait diriger la rose des vents sous l'aiguille aimantée (2).

En terminant cette deuxième partie, nous nous permettrons de constater l'état où se trouvaient les connaissances géographiques avant les découvertes des Portugais. L'étendue de l'ancien continent et les dimensions de notre globe étaient restées complétement ignorées jusqu'à cette époque. A peine quelques esprits hardis osaient parler des antipodes ; d'autres niaient leur existence. Et nous venons de voir prouvé d'une manière indubitable, que jusqu'au passage du cap Bojador par Gil Eannes, les cosmographes, cartographes, navigateurs et tous

(1) Azuni, sur l'Origine de la Boussole, p. 147.
(2) Voyez André, t. III, p. 462-469.

les savants de l'Europe, ne cessèrent d'admettre les anciens préjugés de la cosmographie grecque sur l'impossibilité de traverser la ligne équinoxiale (1), et ne soupçonnaient même pas l'existence de l'Amérique.

C'est donc dans cet état que les Portugais trouvèrent la géographie et la cartographie à l'époque où ils commencèrent leurs admirables découvertes maritimes.

La géographie, jusqu'à cette époque, n'était qu'une simple énumération de villes, ou de pays, comme nous l'avons démontré par un grand nombre de textes des cosmographes, analysés dans la première partie, et comme on le verra plus en détail dans la partie consacrée à l'analyse des mappemondes. Ainsi, avant la découverte des Portugais il n'y avait pas encore chez les occidentaux un véritable système scientifique de la science géographique ; à peine avait-on déterminé astronomiquement un petit nombre de points de la surface terrestre ; et les cartes géographiques dressées en Europe, dont nous donnons une grande série dans notre Atlas, témoignent que les cartographes ne donnèrent, jusqu'aux découvertes des Portugais, aucune idée des

(1) Voyez tous les témoignages des différents cosmographes que nous avons rapportés dans la 1re Partie de cet ouvrage.

circonstances cosmographiques les plus essentielles. Seulement, les cartes marines ou portulans de la Méditerranée, de la mer Noire et des côtes de l'Europe occidentale étaient dressés avec une grande perfection dès le commencement du XIVe siècle. Les Italiens et les Catalans paraissent avoir été les maîtres dans ce genre de représentations graphiques. L'extension de leur commerce et la fréquence de leurs rapports avec les ports du Levant et de la Méditerranée donna l'impulsion à cette école de cartographes dont il nous reste de bien précieux monuments. Mais quant à ce qui concerne la mer extérieure, toutes les cartes s'arrêtent au cap Bojador pour la côte d'Afrique.

Les portulans de Vesconte, de 1318, 1321 et 1327, les plus anciens monuments de ce genre qu'on ait pu découvrir jusqu'à présent, ne renferment pas une seule carte marine des mers explorées par les Portugais et par les Espagnols au XVe et au commencement du XVIe siècle. On n'y trouve pas une seule carte de l'Afrique occidentale au delà du Mogador, ni une seule de la partie orientale de ce vaste continent, ni des côtes de l'Inde.

De même dans les cartes de Sanuto, on ne rencontre pas une carte marine des mers de l'Inde.

Le portulan Pinelli, de 1384 à 1484, aujourd'hui

dans la bibliothèque de M. Walckenaer, ne renferme pas non plus une seule carte marine des mers explorées par les Portugais depuis 1434. On chercherait en vain les mêmes mers dans les cartes de *Solery*, de Mallorque, de 1385, de *Pasqualini*, de 1408, dans celle du palais Pitti à Florence, de 1417, dans celle de Weimar, de 1424, dans celle de Giraldis, de Venise, de 1426. Enfin dans aucun des portulans européens, connus jusqu'à présent et antérieurs aux découvertes des Portugais, on n'a trouvé des cartes marines avec les côtes et les mers découvertes par les marins de cette nation (1).

Ainsi les descriptions hydrographiques de tout le continent africain, depuis le cap Bojador jusqu'au cap Guadfui sur la côte orientale, celles de la mer rouge (2), celles des côtes de l'Asie méridionale, des immenses archipels de la mer orientale jusqu'au Japon, n'ont paru régulièrement dessinées dans les cartes modernes des occidentaux qu'après les découvertes et les explorations des Portugais.

Les immenses régions du Nouveau-Monde, n'ont de même été figurées sur les cartes du globe et sur

(1) Voyez nos Recherches citées §§ X, XI et XII, pag. 89 à 109, et pag. 258 et 259, pour ce qui concerne la côte occidentale de l'Afrique.

(2) Voyez l'*Itinerarium Maris Rubri*, de D. Jean de Castro.

les cartes marines qu'après les découvertes des Espagnols et des Portugais.

Nous constaterons ces faits de l'histoire de la science, d'une manière plus évidente encore, dans la partie consacrée à l'analyse des cartes antérieures et postérieures aux grandes découvertes maritimes.

FIN DE LA DEUXIÈME PARTIE.

ADDITIONS ET NOTES.

I

§ I, PREMIÈRE PARTIE, P. 8.

Au nombre des auteurs du V⁰ siècle, qui ont traité de la géographie, figure Philostorge, auteur d'une Histoire ecclésiastique, où se trouvent beaucoup de descriptions géographiques : *Photius* nous a conservé des extraits de cet ouvrage (1).

Il divise le monde en trois parties : l'Europe, l'Asie et la Libye, et il adopte la théorie homérique de l'Océan environnant toute la terre.

Il parle de plusieurs royaumes et villes principales de l'Europe. Des îles de la mer Atlantique, il ne mentionne que l'Angleterre (*Albionis insula*) (2).

Quant à l'Asie, il mentionne les Scythes, que les anciens appelaient *Gètes*, et il ajoute qu'au V⁰ siècle ils s'appelaient

---

(1) Godefroy a publié cet abrégé de *Photius* à Genève, en 1843, in-4°, avec de savantes dissertations critiques.

Henri de Valois a donné une édition plus correcte à la suite d'Eusèbe (1673), et D. Cellier lui a consacré une analyse fort étendue dans l'*Histoire générale des auteurs ecclésiastiques*, t. XIII, p. 660.

Nous nous sommes servi de celle de Godefroy, puisque notre but était de constater le système géographique de Philostorge, et nullement les questions philologiques que pourrait présenter le colationnement des textes.

(2) Philostorge, liv. I-3.

Goths, et qu'ils ont envahi l'empire romain (1). Il parle
aussi des *Huns* qui habitaient les monts Riphées, où le
Tanaïs a sa source; il parle aussi des différentes races des
Scythes (2); mais il connaissait mal les régions caspiennes.
Quant à la mer d'Hircanie, il admettait encore la communication avec l'Océan boréal (3). Il mentionne aussi le golfe
Persique, la mer Rouge, la mer Morte (4), la mer Indienne (5), l'Arabie (6), la Palestine; il fait mention de
l'Arménie, où l'on montrait, dit-il, des fragments de l'arche
de Noé (7).

Philostorge ne connaît que l'Afrique des anciens, c'est-à-
dire la Libye supérieure, la Province romaine d'Afrique,
l'Égypte, l'Abyssinie et les Garamantes, ou les habitants de
la Phésanie (8).

Il paraît, d'après son système, que l'Afrique orientale se
prolongeait beaucoup à l'est, et faisait de la mer Indienne
une mer Méditerranée. Cependant, dans sa théorie des
quatre fleuves du Paradis terrestre, il nous montre que ce
cosmographe ne connaissait ni l'Asie orientale, située au
delà du Gange, ni l'Afrique au delà de l'équinoxiale, malgré
sa théorie du cours du Nil.

(1) Philostorge, liv. II, t. 8., v. 3. Il appelle les Goths *Scythicæ Gentes*
— Et liv. IX, t. 17.

(2) Ibid., liv. II, t. 5, et liv. IX, t. 17.

(3) Ibid., liv. III, t. 7.

(4) Ibid., liv. III, t. 7, et liv. VII, t. 3; liv. III, t. 6; liv. VIII. t. 10.

(5) Ibid., liv. III, t. 10.

(6) Ibid., liv. III, t. 1.

(7) Ibid., liv. III, t. 8.

(8) Ibid.. liv. III, t. 11.

Il place le Paradis terrestre aux extrémités orientales du monde, et fait venir de là le Tigre, le Physon et le Géon, ou le Nil.

Il soutient que ces fleuves ont leurs sources dans le Paradis, d'après l'Écriture-Sainte : ..... *Eos ex Paradiso oriri verissima dicere* (1). »

Ainsi toute sa théorie hydrographique du cours de ces fleuves est puisée dans l'Écriture. Il fait disparaître leur cours dans quelques parties de la terre, et les fait reparaître de nouveau dans d'autres contrées. Il cite même à ce propos les psaumes 24 et 135 : « *Ipse super maria fundavit eum* (le monde) *et super flumina præparavit eum.* »

Pour mettre d'accord le cours du Nil avec cette théorie, il fait d'abord venir ce fleuve de l'orient ou de l'est; puis il le fait disparaître ou couler sous la mer Rouge, et ensuite reparaître vers les montagnes de la Lune, dans le sud de l'Afrique (2).

(1) Voyez les Dissertations de Godefroy sur Philostorge, ad cap. VII, *De Tigride fluvio*, p. 125; ad cap. VIII, *De Euphrate fluvio*, p. 128 ; et ad cap. IX, X et XI, *De quatuor Paradisi fluminibus et de Paradiso*, p. 129.

Rapprocher ce que nous disons de Philostorge, dans cette analyse, de ce que nous avons écrit relativement à la position géographique du Paradis terrestre, selon les cosmographes et les cartographes du moyen-âge, dans cet ouvrage, p. 60, note 1; p. 64, note 2; p. 78, note 2; p. 100, note 3; p. 101, note 1; p. 103, note 2; et p. 112, note 3.

(2) Cette théorie ayant exercé une grande influence ... plusieurs cartographes du moyen-âge, nous croyons utile de transcrire ici une partie de la description de Philostorge, relativement au cours du Nil, afin d'éclaircir ce que nous avons déjà écrit à cet égard, p. 24, 250 et suiv. de cet ouvrage. Voici le passage de cet auteur, p. 37 :

« Tigris vero et Euphrates, quia subsidunt, rursumque emergunt, nihil exinde deferre possunt ut Hyphasis uti neque Nilus, nam et hunc exinde fluere divinus Mosis afflatus ait, *Geon* eum nominans, quem

Philostorge, comme tous les géographes de son temps, place dans les pays qui lui étaient inconnus au delà du Gange et ailleurs, des dragons d'une grandeur immense, à pieds de lion, des satyres, des sphinx, des cynocéphales et tous les monstres fabuleux des mythographes grecs.

Si tout ce que nous venons d'exposer n'a point démontré que Philostorge n'était pas plus instruit en géographie que ses contemporains, et qu'il ne connaissait pas non plus les immenses régions découvertes dix siècles plus tard, ce qu'il dit, en parlant de la zone moyenne ou torride, suffirait pour le prouver. Il soutient que toute la terre située au midi, c'est-à-dire les zones intertropicales, *étaient inhabitées* à cause de l'ardeur du soleil (1).

II

§ II, P. 9. — VIe SIÈCLE. — JORNANDÈS, ÉVÊQUE DE RAVENNE.

En parlant des cosmographes du VIe siècle, nous avons dit que *Jornandès* soutenait qu'on ne connaissait pas de

Græci Ægyptum vocaverunt. Hic quidem, ut conjicere est, e Paradiso prodiens antequam supra terram habitabilem appareat, demersus, exinde Indicum mare subiens, sed et circulo id circumcursans, ut verosimile est (ecquis enim hominum hæc perscrutetur) subtusque omnem quæ in medio est terram illatus ad mare Rubrum usque *et sub eo fluens ad alteram ejus partem exit ad montem qui à Luna denominatur:* ubi jam duos magnos fontes efficere dicitur, à sese invicem haud parum distantes, subtusque violenter absorptos, perque Æthiopiam immissus Ægyptum fertur, per petras altissimas et cataractas præceps ruens. »

(1) Voyez, dans notre Atlas, planche II, les monuments n°s 1, 2 et 3, et la mappemonde du XIe siècle, tirée d'un manuscrit astronomique conservé à la Bibliothèque de Dijon.

limites à l'Océan. Pour donner au lecteur une idée de son
système cosmographique et géographique, nous ajouterons
ici quelques détails.

Jornandès commence son *Histoire des Goths* par la division de la terre, d'après Orose (1). Il divise le monde en
trois parties, savoir : l'Europe, l'Asie et l'Afrique, et adopte
aussi la théorie de l'Océan environnant toute la terre. Il
mentionne les îles Fortunées dans l'Océan atlantique, les
Orcades et l'île de *Thylé* dans la mer septentrionale et l'Angleterre. Il consacre même à cette dernière le chapitre II
de son histoire (2).

(1) Jornandès, *De Getarum sive Gothorum origine, et Rebus gestis*, cap. I,
p. 607, édit. de Grotius.

(2) Nous transcrivons ici le texte de cet auteur, non seulement pour
donner au lecteur une idée exacte de ses connaissances géographiques,
mais aussi parce qu'il sert à indiquer les sources où puisaient les cartographes de cette époque pour la composition de leurs représentations graphiques de la terre.

• Majores nostri (dit-il) ut refert Orosius, totius terræ circulum
Oceani limbo circumseptum triquetrum statuere, ejusque tres partes,
Asiam, Europam et Africam vocavere. De quo tripartito orbis terrarum spatio innumerabiles penè scriptores existunt : qui non solum
urbium locorumve positiones explanant; verum etiam, quod est liqui-
dius, passuum milliariumque dimetiuntur quantitatem. Insulas quoque
marinis fluctibus intermixtas, tam majores, quam etiam minores, quas
Cycladas, vel Sporadas cognominant, in immenso maris magni pelago si-
tas determinant. *Oceani vero intransmeabilis ulteriores fines non solum non
describere quis aggressus est, verum etiam nec cuiquam licuit transfretare :*
quia resistente ulva, et ventorum spiramine quiescente, imperme-
abiles esse sentiantur, *et nulli cogniti*, nisi soli et qui eos constituit.
Citerior vero ejus pelagi ripa, quam diximus, totius mundi circulum in modum coronæ ambiens, fines suos curiosis hominibus, et qui
de hac re scribere voluerunt, perquam innotuit, quia et terræ circulus ab incolis possidetur. Et nonnullæ insulæ in eodem mari habitabiles sunt, ut in orientali plaga, et Indico Oceano, Hippodes.

On y remarque d'autres détails sur les différents pays de l'Europe.

Dans la description de quelques pays et de quelques peuples du nord, il cite Ptolémée.

On y trouve aussi une description de la partie septentrionale de l'Asie (1).

Ainsi, cet auteur n'a pas fait faire de progrès à la géographie.

Iamnesia, sole perusta, quamvis inhabitabiles, tamen omnino sui spacio in longum latumque extensæ. Taprobane quoque, in qua exceptis oppidis, vel possessionibus, dicunt munitissimas urbes, decoram Sedaliam, omnino gratissimam Sillestantinam, nec non Etheron, licet non ab aliquo scriptore dilucidas, tamen suis possessoribus affatim refertas. Habet in parte occidua idem Oceanus aliquantas insulas, et pene cunctas ob frequentiam euntium et redeuntium notas. Ed sunt juxta fretum Goditanum haud procul, una Beata, et alia quæ dicitur Fortunata, quamvis nonnulli et illa gemina Galliciæ et Lusitaniæ promontoria in Oceani insulis ponant. In quorum uno templum Herculis in alio monumentum adhuc conspicitur Scipionis. Tamen quia extremitatem Galliciæ terræ continent, ad terram magnam Europæ potius, quam ad Oceani pertinent insulas. Habet tamen et alias insulas interius in suo æstu, quæ dicuntur Baleares, habetque et aliam Mevaniam : nec non et Orcadas numero XXXIIII. Quamvis non omnes excultas. Habet et in ultimo plagæ occidentalis aliam insulam nomine Thylen, de qua Mantuanus

. . . . . tibi serviat ultima Thyle.

Habet quoque hoc ipsum immensum pelagus in parte arctoa, id est, septentrionali, amplam insulam nomine Scanziam ».

(Jornandès, *De Rebus Geticis*, cap. I.)

(1) Voy. Jornandès, ch. IV, *Scythiæ situs et Descriptio*, p. 614, édit. de Grotius.

III

Procope, célèbre secrétaire de Bélisaire, qui suivit ce guerrier dans les campagnes d'Asie, d'Afrique et d'Italie, et qui écrivit au VIᵉ siècle, s'occupa aussi de géographie.

Dans son *Histoire des Goths et des Vandales* on rencontre quelques détails cosmographiques. Nous nous bornerons à les indiquer.

Selon cet historien, l'Océan environne toute la terre; mais, tout en admettant cette théorie des Grecs, il avoue que de son temps on ne tenait pas cela pour certain.

Il paraît adopter la division de la terre en deux parties, savoir : l'Europe et l'Afrique, et l'Asie à l'orient.

Dans l'Océan occidental il mentionne les îles Britanniques, mais il ne parle pas des Canaries et des autres îles situées dans la même mer. Quant à l'Afrique, il avoue, comme les anciens, qu'il ne peut pas donner une description de l'extrémité de ce continent; et, quant au Nil, il dit qu'on ignore où sont les sources de ce fleuve.

Il décrit le littoral de la Méditerranée, du Pont-Euxin et d'autres endroits, et aussi d'une partie de l'Asie.

La partie géographique de l'ouvrage de Procope prouve, selon nous, que ses connaissances se bornaient à celles des anciens (1).

---

(1) Voy. *Procopei Cæsareensis Historiæ Vandalicæ*, édit. de Grotius. Sur Procope et les différentes éditions de ses œuvres, consultez le savant article de M. Daunou, dans la *Biographie universelle*, t. XXXVI, p. 131 et suiv.

Nous avons parlé de Lactance, dans le § II de cet ouvrage, quoique cet écrivain soit du IVe siècle. Nous avons fait mention de lui, en parlant de quelques auteurs du VIe siècle, parce que ses opinions cosmographiques furent adoptées non seulement par quelques auteurs de cette époque, mais aussi parce qu'elles furent également suivies par plusieurs cosmographes du moyen-âge.

Lactance doit être compté parmi les auteurs qui se sont occupés de cosmographie et de géographie. Et en effet, on rencontre non seulement des notions cosmographiques dans le chapitre IX du livre III de son ouvrage intitulé *Divinarum Institutionum*, mais il écrivit un ouvrage de géographie intitulé *De suo ab Africa ad Bithynium itinere*. Il adoptait la théorie de ceux qui croyaient que les navigateurs ne pouvaient pas traverser l'Océan pour aller dans une autre terre (l'*Alter Orbis*) qu'on croyait située dans l'hémisphère austral. Cette opinion suffit pour montrer que du temps de Lactance les marins européens ne naviguaient point sur la mer Atlantique, ni sur la mer Indienne, au delà des limites atteintes par les anciens. Voici, du reste, ce qu'il dit à cet égard dans le chap. IX, du livre III, que nous avons cité, et qui sert aussi à expliquer quelques unes des mappemondes que nous dondons dans notre Atlas.

« *An inferiorem partem terræ, quæ nostræ habitationis contra via est antipodas habere credendum est ?*

« *Quod vero et antipodas esse fabulantur, id est, homines*

à contraria parte terræ, ubi sol oritur, ponentes vestigia, nullà ratione credendum est. Neque hoc ulla historia cognitione didicisse se affirmant, sed quasi ratiocinando conjectant, eo quod intra convexa cœli terra suspensa sit, eumdemque locum mundus habeat infimum et medium. Et ex hoc opinantur *alteram terræ partem, quæ infra est, habitatione hominum carere non posse; nec ad tendunt,* etiamsi figura conglobata et rotunda mundus esse credetur, sive aliqua ratione monstretur, non tamen esse consequens ut etiam ex illa parte ab aquarum congerie nuda sit terra. Deinde etiamsi nuda sit, nec hoc statim necesse esse, ut homines habeat. Quoniam nullo modo scriptura ista mentitur, quæ narratis præteritis facit fidem eo quod ejus predicta complentur; *nimisque absurdum est, ut dicatur aliquos homines ex hac in illam partem, Oceani immensitate trajecta navigare ac pervenire potuisse,* ut etiam illic ex uno primo homine genus institueretur humanum. Qua propter inter illos tunc hominum populos qui per septuaginta duos gentes, et totidem linguas colliguntur fuisse divisi, quæramus, si possimus invenire, illam in terris perigrinantem civitatem Dei, quæ usque ad diluvium arcamque perducta est, atque in filiis·Noe per eorum benedictiones perseverare monstratur, maxime in maximo, qui est appellatus Sem, quando quidem Japhet ita benedictus est, ut in ejusdem fratris sui domibus habitaret (1). »

(1) Sur la vie et les écrits de Lactance, le lecteur doit consulter l'article dans le t. XXIII, p. 85, de la *Biographie universelle,* rédigé par notre confrère à la Société des Antiquaires de France, M. l'abbé de La Bouderie, et surtout l'excellent ouvrage sur les écrits de cet auteur, publié à Londres vingt années après (1839), par le Rev. Brooke Montain, intitulé *A Summary of Writings of Lactantius.*

V

§ II, p. 9. — VIᵉ siècle.

Dans ce siècle, *Léontius* a écrit une dissertation sur la construction de la sphère d'*Aratus*.

Cette dissertation fut publiée par l'abbé Halma.

Aussi, dans le même siècle, le géomètre Jean Pédiosimus *Chartophylax*, de Bulgarie, écrivit un aperçu de la mesure et de la distribution de la terre.

VI

§ III, p. 23. — VIIᵉ siècle.

Nous ajouterons ici, à ce que nous avons dit dans la première partie de cet ouvrage, lorsque nous parlâmes de Jean Philoponus, quelques détails sur son système cosmographique. Son *Traité de la Création du Monde*, est rempli de détails cosmographiques très curieux. Il adopte l'opinion de saint Basile, qui place la terre immobile au centre de l'univers (1). Il n'approuve cependant pas la théorie homérique de l'Océan environnant la terre; car il dit « que ceux qui avaient décrit les limites de la terre ont pensé que l'Océan l'environnait tout entière à la manière d'une île. » Mais l'Océan forme plusieurs grands golfes dont on cite les quatre principaux, savoir : la *mer Hispérique*, qui commence à Cadix, s'étend du côté de l'orient, baigne les côtes de la

(1) Voy. Philoponus, *De Mundi Creatione*, lib. III, cap. VI, p. 108 et suiv., et ch. VII, même livre.

Pamphylie, et du côté du nord jusqu'au Pont-Euxin et la Méotide; le Pont-Euxin, qui s'étend à l'occident jusqu'à l'*Ister*, vers l'orient jusqu'au *Phase*, dont les habitants, appelés Lazi, étaient les anciens *Colchiens*. Les deux autres golfes sont, l'Arabique et le Persique, qui sortent de la mer Rouge : on affirmait que cette dernière mer était la partie de l'Océan austral; et le quatrième, la mer du nord, appelée mer Caspienne.

Ainsi, Philoponus pensait que la mer Caspienne communiquait avec l'Océan boréal, mais il n'admettait pas l'autre théorie que la mer Rouge faisait partie de l'Océan austral, selon les écrivains qui étendaient l'Afrique orientale trop à l'est, et qui faisaient de la mer Indienne une mer Méditerranéenne. Il réfute aussi l'opinion de plusieurs géographes, qui prétendaient que l'Océan austral communiquait avec la mer Rouge. Cependant Philoponus paraît croire d'autre part que les marins ne pouvaient pas traverser la zone torride, à cause de la chaleur. Tel nous paraît être l'ensemble de ses théories à cet égard.

VII.

§ V, p. 48. — Xe SIÈCLE.

Dans la note de la page 48, nous avons été de l'avis de Saint-Martin, relativement à l'époque de la géographie attribuée à Moyse de Chorène; cependant nous croyons devoir dire ici qu'après que notre texte était déjà imprimé nous avons vu dans un savant Mémoire publié par notre confrère, M. Vivien de Saint-Martin, dans les sociétés de géographie de Paris et de Pétersbourg, *sur la géographie ancienne du Caucase avant les Romains*, p. 147, que M. Neumann, *Versuek Arme-*

nichi *Litterat.*, publié en 1837, s'est efforcé de prouver que la géographie de Moyse de Chorène est bien du V° siècle et non pas du X°; et qu'il réfute les allégations de Saint-Martin. *Schaffarik*, dans un *Mémoire sur l'ancienne patrie des Slaves*, antérieur à son grand ouvrage sur les *Antiquités slaves*, dit que la plupart des passages allégués par Saint-Martin ne se trouvent pas dans les manuscrits de la géographie de Moyse de Chorène, d'une époque antérieure à ceux dont les frères Whiston se sont servis; et Neumann dit aussi que Indjidgiand, dans ses *Antiquités arméniennes*, assure la même chose.

VIII

§ V, p. 53. — X° SIÈCLE.

Nous n'avons pas parlé, dans la première partie de cet ouvrage, de l'empereur grec Constantin *Porphyrogénète*, parce qu'il ne nous a laissé, à proprement parler, aucun ouvrage cosmographique. Néanmoins, nous croyons devoir dire ici qu'il s'occupa de géographie et qu'il nous a laissé deux livres contenant la *description géographique des provinces de l'empire* (1).

On y remarque des descriptions de plusieurs pays de l'Europe et des différentes îles de la Méditerranée. On y rencontre aussi des descriptions de quelques parties de l'Asie, de l'Arabie, de la Perse, de l'Arménie, de l'Assyrie, de l'Afrique, et d'autres.

(1) Voy. dans la Byzantine, vol. III, Bonnæ, 1840.

IX

§ VI, p. 53. — XI⁰ siècle.

Herman *Contractus*, dont nous avons déjà parlé, composa, outre son Traité sur l'Astrolabe, une chronique intitulée : *Chronicon de sex Mundi ætatibus* (1).

On remarque dans cet ouvrage le partage géographique des trois parties du monde parmi les descendants de Noé (2).

X

§ VI⁰ p. 54. — XI⁰ siècle.

Le manuscrit de la Cosmographie d'Asaph le Juif, de la Bibliothèque de Paris (Mss. latin, n° 4764), est dans un état parfait de conservation. Il est in-folio, et contient 32 colonnes.

Il renferme 20 représentations astronomiques et cosmographiques, et la mappemonde que nous avons donnée dans notre Atlas. Toutes ces figures sont dessinées avec un grand soin et coloriées.

La I⁰ représente les 4 éléments, savoir : la *terre* au centre; un cercle désigne le disque de la terre, un second cercle celui de l'*eau*, puis un troisième celui de l'*air*, un quatrième

---

(1) La chronique d'Herman fut publiée par Canisius dans le t. III de son *Thesaurus Monumentorum*, p. 194; dans le t. I du *Rerum Germanicarum Scriptores*; dans la *Bibliotheca Patrum*, édit. de Lyon, t. XVIII, et dans celle de Cologne, t. XI.

(2) Voyez, à cet égard, ce que nous avons dit, p. 34, dans l'analyse de l'ouvrage du géographe de Ravenne, au IX⁰ siècle, et pag. 234 et suivantes.

enfin celui du feu. C'est le même système de *Timée de Locres*.

La II° est une autre représentation de la terre au centre d'un *carré*, dont les angles se trouvent aux 4 points cardinaux. Ce carré est renfermé dans deux cercles qui représentent, selon nous, le premier, le disque de la terre, et le second, l'Océan environnant.

La III° représente la rose des vents et les rhumbs (1).

La IV° représente le système cosmographique d'Aristote, de Ptolémée et celui des Pères de l'Église.

Au centre, on lit *Infernus* renfermé dans un 1er cercle qui représente le limbe, le II° représente *la terre*, le III° *l'eau*, le IV° *l'air*, le V° *le feu*, le VI° *la lune*, le VII° *Mercure*, le VIII° *Vénus*, le IX° *le soleil*, le X° *Mars*, le XI° *Jupiter*, le XII° *Saturne*, le XIII° *le firmament*, le XIV° *le cœlum cristalinum*, le XV° cercle enfin, *le ciel empyrée*; et on y lit autour : *Cherubin—Dominationes—Potestates—Archangeli— Natura humana—Angeli—Virtutes Principatus— Troni Seraphin* (2). Au haut, on lit : *Summitates Sanctas.* Et plus haut : *Figura—Universi.*

La V° figure représente la terre, puis les 7 cercles des 7 planètes, et ensuite les 12 signes du zodiaque.

La VI° représente le cours du soleil et une table pour trouver la lettre dominicale de 28 années.

La VII° figure sert à indiquer le jour et la nuit dans les deux hémisphères.

Le VIII°, le cercle des 12 signes du zodiaque et du cours du soleil.

(1) Voyez cette rose des vents dans la 2° planche de notre Atlas.
(2) Nous donnons une représentation semblable dans notre Atlas, tirée d'un manuscrit du XIV° siècle.

La IXe, du cours de la lune.

La Xe, la théorie des éclipses du soleil.

La XIe, la théorie des éclipses de la lune.

La XIIe, une autre figure représentant le cours de la lune.

Les XIIIe, XIVe, XVe, XVIe, XVIIe, XVIIIe, XIXe cercles, des heures et du cours des planètes.

La XXe, la mappemonde que nous avons reproduite dans notre Atlas.

XI

§ VI. — P. 56.

Nous n'avons pas cité Adam de Brême parmi les cosmographes du XIe siècle, parce que cet auteur se borne à parler simplement des peuples du nord, des îles Orcades, de l'Angleterre et de Thule, d'après Bède-le-Vénérable. Pour ses descriptions des pays du nord, il s'appuie même sur l'autorité de Martianus Capella, sur ce qu'il avait appris des renseignements que lui avait donnés le roi Suénon, et sur ce qu'il avait puisé dans l'ouvrage d'Anschaire. Il place les Amazones près de la mer Baltique (1), et les cynocéphales dans la Russie. « *Sæpe videntur* (dit-il) *captivi et cum verbis latrunt in voce..* »

Il ne connaît la Scythie que d'après Martianus Capella (2).

(1) Voyez ce que nous avons dit à l'égard du pays des Amazones, selon les auteurs anciens, p. 214 et suivantes.

(2) Voyez *De situ Daniæ et reliquarum trans Daniam regionum natura* (1629). Ce traité est joint à l'édition que Mader a donnée de l'Histoire ecclésiastique de Brême.

Le petit traité d'Adam de Brême, quoique rempli de
fables, est intéressant pour la géographie de l'Europe septentrionale au moyen-âge (1).

XII

§ VII, P. 66, NOTE 2. — SUR LE TRAITÉ GÉOGRAPHIQUE DE
RICHARD DE SAINT-VICTOR.

M. Weiss fait observer dans son article sur Richard de Saint-
Victor, inséré dans la Biographie universelle, t. XXXVII, que
le traité de géographie qu'on attribue à Hugues est peut-être
de lui, et que l'erreur proviendrait de ce que non seulement
tous les deux appartenaient à l'abbaye de Saint-Victor, mais
aussi parce que Richard fit ses études sous le célèbre Hugues.

XIII

P. 74, 78, 79, 93, 104 ET SUIV., ET 143.

—

DES COSMOGRAPHES ARABES ET DE LEURS CARTES.

Dans un de nos ouvrages nous avions déjà montré que
les Arabes au moyen-âge étaient plus avancés dans les connaissances géographiques de l'Afrique orientale, que les savants de l'Europe (2). Mais à l'époque où nous avons traité
des géographes arabes, nous avons simplement examiné

(1) Voyez Lindenbrog, dans ses *Scriptores rerum. Germ. septentrional.*
Hamb., 1706. Muray a donné un commentaire de l'ouvrage d'Adam de
Brême, dans les *Nov. Comment. Gottingens.* Tome I.
(2) Voyez nos Recherches sur la découverte de l'Afrique occidentale
au delà du cap Bojador (Paris, 1842), p. XXXIV, XXXV, XXXVII à XLVII,
et p. CI de l'Introduction, et p. 91, 92, 99, 100 et suiv., et 286-289.

quelles étaient les connaissances de ces géographes orientaux au sujet de l'Afrique orientale et occidentale. Maintenant, nous croyons devoir ajouter quelques détails à ce que nous avons déjà dit des Arabes dans cet ouvrage (1). Nous consacrerons donc ici quelques pages à leurs cosmographes et à leurs cartes, et cela à cause de la grande influence que leurs ouvrages exercèrent sur la science des Européens, et aussi pour compléter la série de notices chronologiques sur les géographes arabes.

La géographie des arabes commence au IXᵉ siècle. Ils se trouvèrent à la fois en contact avec les Grecs, les Goths, les Indiens et les Chinois (2), et on peut dire qu'ils devinrent les dépositaires d'une grande partie de la science connue, et la transportèrent en occident. Les Abbacides donnèrent la plus grande protection aux sciences en s'aidant des savants nestoriens qu'ils avaient amenés de Perse et de la Mésopotamie (3). Deux kalifes, Haraoun-al-Rechyd et Almamoun, demandèrent à l'empereur de Constantinople les meilleurs livres grecs qui furent ensuite traduits en langue arabe, et contribuèrent puissamment à répandre la science. Plusieurs historiens mentionnent avec éloge le zèle de ces deux princes pour la propagation des connaissances scien-

(1) Voyez plus haut, p. 103, 104 et 106, et p. 189 et 190 de la IIᵉ partie.

(2) Voyez Deguignes, *Hist. des Huns*, t. II, p. 494. — Cf., Elmacin, *Hist. Sarracenica*, in-4°, 1625, p. 84 et 85. — Voyez le savant discours préliminaire de M. Reinaud, à la *Relation des voyages faits par les Arabes dans le IXᵉ siècle*, t. I. Paris, 1845. *Relat.*, p. 32-86, 148, 228, etc.

(3) Jourdain, *Recherches sur les traductions d'Aristote*, p. 84. — Cf., *Notices et Extraits des Manuscrits*, t. I, p. 45. — Casiri, *Biblioth. Arab. Hisp.*, t. I, p. IX. — Aboulféda, *Annales Moslem.*, t. I, p. 481 et suiv.

tifiques (1). Les Ommyades d'Espagne suivirent cet exemple.
Plusieurs ouvrages scientifiques furent traduits du grec en
arabe, par l'influence des chrétiens. Ils élevaient, en même
temps, des observatoires munis d'instruments plus parfaits
que ceux d'Hipparque et de Ptolémée (2). Dans Casiri, nous
trouvons une longue suite de géographes arabes, dont plusieurs naquirent dans la péninsule Hispanique (3). Dans
l'histoire de l'*Astronomie du Moyen-Age*, par Delambre, nous
voyons aussi un grand nombre d'astronomes et de géomètres
arabes. Au milieu de cette vie scientifique, les kalifes donnèrent ordre à leurs généraux, dès les premières conquêtes,
de faire des descriptions géographiques des pays soumis (4).
La curiosité et le commerce poussaient des voyageurs musulmans jusqu'aux Indes et à la Chine, tandis que d'autres
formaient des établissements à Sofala. Il s'opérait ainsi, par
les Arabes, guerriers, marchands et missionnaires à la fois,
un échange continuel d'idées, de produits, depuis le Gange
jusqu'au Tage, depuis l'Afrique jusqu'aux Alpes (5).

(1) Voyez Golius, *Notæ ad Alfragan*, p. 68. — Cf. Assemani, Catal.
Codic. Orient. Biblioth. Mediceæ, p. 257; et Not. et Extraits, t. VII.
Ire partie, p. 38.

(2) Assemani, Catalog. Cod. Orient., etc., p. 401. — Cf. Delambre,
Hist. de l'Astronomie au moyen-âge, p. 198. — Jourdain, *Recherches sur
les trad. d'Arist.*, p. 64 et 65. — Cf., *Notice de plusieurs opuscules mathématiques renfermés dans le Manuscrit arabe, n° 1104, de la Bibliothèque
nationale*, par M. Sédillot, dans le t. XIII des *Not. et Extr.*, p. 126 et
suivantes.

(3) Casiri, *Biblioth. Arabico-Hisp.* — Cf. Aboulféda, *Geograph. Scriptores minores. Oxoniæ*, 1698, t. III.

(4) Sprengel, *Hist. des Découvertes*, p. 187. — Cardone, *Hist. de l'A-
frique*.

(5) Deguignes, *Hist. des Huns*, t. I, 1re l, p. 57. — Cf. Libri, *Hist. des
Scienc. en Italie*, t. I, p. 110.

Vers le XI° siècle, des chrétiens commencèrent à traduire de l'arabe les œuvres des auteurs grecs, et d'autres savants occidentaux traduisirent, pendant le moyen-âge, les ouvrages des Arabes en latin.

Nous voyons encore, au XI° siècle, *Campanus* traduire de l'arabe les œuvres d'Euclide (1). Et en effet les premières traductions des livres des Arabes remontent, selon plusieurs auteurs, au XI° siècle (2).

Au XII° siècle, Pierre-le-Vénérable fit faire une traduction de l'arabe (3). En 1190, on a fait en Espagne un commentaire sur Averroes (4), et Gérard de Crémone traduisit en latin, à la même époque, plusieurs ouvrages scientifiques des Arabes, entre autres les *d'Arzakhel*. Dans ce même siècle, les empereurs de la maison de Souabe, notamment Frédéric II, protégèrent beaucoup les savants et les lettres, et fondèrent des universités ; et ce dernier apporta d'Orient des manuscrits, tandis que le sultan lui envoya, de son côté, entre autres présents magnifiques, une tente où les mouvements des astres étaient représentés à l'aide de ressorts cachés (5). Ce même empereur fit traduire plusieurs ouvrages arabes (6).

Les croisades contribuèrent beaucoup aussi à l'introduction en Europe de la connaissance des langues orientales (7).

(1) Voyez plus haut, p. 54.

(2) Voy. Not. et Extraits, t. VI, p. 403.

(3) Voyez Lebeuf, *Dissert. sur l'état des sciences en France*, p. 331.

(4) Voyez *Not. et Extr. des Manuscrits*, t. VI, p. 403.

(5) Voy. *Extraits des Historiens arabes*, par M. Reinaud. (Paris, 1829, in-8°, p. 407 et 408.)

(6) Voy. Jourdain, *Essai sur les Traduct. d'Aristote*, p. 50 et 56.

(7) Voyez Lebeuf, *Sur l'état des Sciences en France*, p. 34.

Dans le XIII° siècle qui suivit, le fameux Raymond Lulle, contribua, de son côté, à propager l'étude de l'arabe (1), et Guillaume d'Auvergne, philosophe mathématicien, étudiait aussi à la même époque les écrits des Arabes, et surtout ceux d'Averroes, Alfârabi, d'Avicenne, et d'Algazel (2).

Nous avons fait mention, dans la I°° partie de cet ouvrage, de plusieurs cosmographes chrétiens qui citaient l'Encyclopédie arabe d'*Ibn-Sina* (Avicenne) et d'*Alfaraby*. Nous avons montré, par des passages des œuvres d'Albert-le-Grand, de Pierre d'Abano, du Dante et d'autres, que les occidentaux reçurent plusieurs notions scientifiques de l'Inde par l'intermédiaire des auteurs arabes. Ce fut aussi par eux qu'une partie de la science des grecs a été restituée à l'Occident. On créa en Asie, en Égypte et en Espagne des collèges de traducteurs, et des universités où l'on enseignait les sciences de la Grèce (3).

Les bases scientifiques de la cosmographie et de la géographie des arabes furent puisées dans les systèmes des Grecs. Nous aurons l'occasion d'en parler plus en détail ailleurs.

Des voyageurs arabes se rendaient déjà en Chine au IX° siècle (877) (4), et Sallam explorait, par ordre du kalife de Bagdad, les environs de la mer Caspienne. Ils trafiquaient dans tous les ports de l'Inde.

Ce siècle produisit un des premiers géographes arabes : le

(1) Voyez Lebeuf, *Dissert.* cit.

(2) Féron publia les œuvres de ce savant en 2 vol. in-folio.

(3) Voyez Jourdain, *Recherches sur les Traductions d'Aristote*, p. 87.

(4) Voir les Relations de Renaudot, données par M. Reinaud, et *Not. et Extraits*, t. I, p. 156. — Notice de Deguignes.

Scheeh Ibn-Ishak el Farsi el Yiztachry. Mais ce géographe nous montre, dans son *Livre des Climats* (1), qu'il connaissait bien mal les contrées où les Mahométans mêmes avaient déjà pénétré.

Au sujet du *Soudan*, il se borne à dire « qu'il est situé à l'extrémité du *Mogreb*, au bord de l'Océan, et qu'il ne borne aucun autre pays, car il se terminait d'un côté par l'Océan et le désert du *Mogreb*, et de l'autre par le désert de l'Égypte, où sont les *Oasis*, enfin par le désert qui est inhabité, à cause de la grande chaleur. » Il savait cependant que les pays du Soudan étaient fort étendus, mais déserts et misérables; et malgré cela, ce géographe ne connaissait pas les régions du midi, car il dit que les habitants du *Soudan* n'avaient point de lieux habités, ni d'empires, excepté du côté du *Mogreb*. Les deux points extrêmes que ce géographe signale au midi des États barbaresques, sont *Suweila* au sud-est de *Tripoli*, et *Sedjelmessa* au sud-est de Fez, et *la côte d'Afrique lui est complétement inconnue.*

De la même manière, Massoudi, qui écrivait au X⁰ siècle, ne connaissait pas non plus la côte occidentale de ce vaste continent, découverte plus tard par les Portugais. Il déclare, en effet, de la manière la plus positive, que les marins ne pouvaient pas naviguer sur la mer Atlantique au delà des colonnes d'Hercule (2).

(1) Sur ce géographe et sur son ouvrage, consultez la Dissertation de M. Moeller (Gotha, 1839), et la préface de notre savant confrère à l'Académie des Sciences de Berlin, le professeur C. Ritter, et qui précède la traduction de Mordmann. (Hambourg, 1845.)

(2) Voyez, à ce sujet, le passage de cet auteur, p. 92, § X, de nos Recherches citées.

D'autre part, les Arabes continuèrent à voyager à cette époque dans les mers des Indes. Ce géographe parle du roi de *Comar* et du cap *Comorin*. Ils fréquentaient aussi les côtes du Malabar et du Coromandel (1).

Du temps de Massoudi, les vaisseaux d'*Oman* et de *Siraph* allaient à *Sofala* (2).

Ce cosmographe, quoiqu'il parle de la mesure de la terre (3), observe cependant que, seulement, *un tiers du globe terrestre est habité*, qu'un second tiers ne consiste qu'en déserts inhabitables, et que l'autre tiers est occupé par la mer (4). Mais par la préface de cet auteur, publié par M. de Sacy, on peut juger combien les sciences chez les Arabes étaient cultivées à cette époque (5). En effet, Massoudi y dit qu'il a traité des diverses nations..., décrit les mers qui existent dans l'univers, les points où elles commencent et où elles finissent; distingué celles qui ont des communications avec d'autres......, les grandes îles, les plus grands fleuves, leurs sources, leurs embouchures et l'étendue de leurs cours; ce qui concerne la figure de la terre, et les sentiments des sages des différentes nations sur l'étendue de la position du globe, qui est habitée, et celle qui est déserte. Il ajoute qu'il a décrit les sept climats, leur étendue en longueur et en largeur; la portion qui est habitée et ses dimensions, le

(1) Ibid., p. 15. Sur la construction des vaisseaux arabes qui naviguaient sur la mer des Indes au Xᵉ siècle, voyez Deguignes, loc. cit., p. 161.

(2) Massoudi cite Ptolémée sur la mesure de la circonférence de la terre. (Ibid., p. 51.)

(3) Voyez Deguignes, *Not. et Extraits*, t. I, p. 14 et 15.

(4) Voy. *Not. et Extraits*, t. VIII, p. 133 à 142.

(5) Voyez Deguignes, *Not. et Extraits*, t. I, p. 11.

cours des planètes, les disputes qui eurent lieu sur la fixité
du globe, sur l'influence que les astres exercent sur les habitants, *leur variété de figures* et de couleurs, et d'inclinaisons.
Il y parle aussi des points cardinaux qui divisent l'horizon.

Quant à Ibn-Haucal, autre géographe arabe, qui vécut au
X° siècle, nous avons déjà montré autre part qu'il n'était
pas plus avancé, et que sa description de l'Afrique nous
prouvait qu'il ne connaissait rien au delà de Sohu ou
Selu (1).

Le XI° siècle vit paraître un des plus savants cosmographes arabes, Albyrouny (ou *Aboul Ryan*). Dans un autre
ouvrage, nous avons déjà donné tout le système cosmographique de cet auteur (2).

Dans le même ouvrage, nous avons aussi reproduit le
système cosmographique d'Édrisi, qui vécut dans le siècle
suivant (XII° siècle) (3), ce qui nous dispense de l'exposer
ici de nouveau.

Le XIV° siècle produisit plusieurs cosmographes arabes.
Nous citerons entre autres *Ibn-Saïd*, dont nous avons déjà
parlé ailleurs (4), et qui dit expressément, à la première
page de son *Traité de Géographie*, que la largeur de la partie
habitée de la terre, prise du midi au nord, est de 80 degrés,
et que la partie en dehors de celle-ci *est inhabitée* à cause de
l'extrême chaleur du soleil. Quant à l'autre partie extérieure,
du côté du nord, elle est, selon lui, inhabitée à cause du

---

(1) Voyez nos Recherches citées, p. XXXV et suiv.

(2) Ibid., p. LXV à LXVIII de l'Introduction.

(3) Ibid., p. XXXVII à XLI-LXXIII de l'Introduction, et p. 91, 99,
173, 259, 269, 278, 279, 287 et 290.

(4) Voyez nos Recherches citées, p. XLII à XLVII, LIX.

froid. *Yakout*, auteur d'un dictionnaire géographique, *Zacaria*, qui composa un livre intitulé *Description des pays et des traditions des peuples*. Enfin *Kazuiny*, un des plus célèbres savants arabes et qu'on a surnommé le *Pline des Orientaux*.

Ce géographe adopte encore non seulement la théorie homérique de l'Océan environnant le globe, mais aussi que les plages baignées par cette mer étaient inconnues. Il soutient, en même temps, qu'il y avait des créatures et des animaux que personne ne connaît, excepté Dieu.

Si ces passages n'avaient pas, à eux seuls, prouvé que ce cosmographe ne connaissait absolument rien de l'Océan atlantique et des régions découvertes au XV° siècle, ce qu'il dit, lorsqu'il parle de cette mer, suffirait pour le prouver.

S'appuyant sur l'autorité d'*Aboul-Ryhan* (Albyrouny), auteur du XI° siècle, il dit « que la mer occidentale, qui baigne le littoral du pays de l'*Andalos* (l'Espagne), que les Grecs appellent *Aukiianus*, personne ne peut la traverser. »

Il sait néanmoins que dans l'Océan il y a des îles ; mais pour montrer qu'il ne connaissait pas le nombre, ni les positions, il ajoute « *que personne ne connaît, excepté Dieu.* »

Quant à la mer qui baigne la côte orientale de l'Afriq, Kazuiny nous donne la preuve qu'il avait, à cet égard, plus de connaissances que les Européens. Il connaît, en effet, toute la partie de la mer orientale jusqu'au *Zend* (Zanguebar), vers le 10° degré de latitude australe ; mais au-delà il avoue, comme Albyrouny (1), *que jamais aucun navire ne s'est hasardé à cause de l'immense danger* (2).

(1) Voyez l'important passage d'Albyrouny, relativement à ce sujet, transcrit dans nos Recherches citées, p. LXVII.

(2) Voyez « Descriptio Oceani excerpta ex opera Adjaib al Makhuat

Le texte arabe de la cosmographie de Kazuiny vient d'être publié, et on nous promet une traduction allemande (1).

Le texte est accompagné de trois représentations dont nous parlerons plus tard, lorsque nous traiterons des monuments cartographiques des Arabes.

Le XIV° siècle a produit aussi plusieurs géographes arabes d'une grande célébrité.

Déjà, dans un autre de nos ouvrages, nous avons parlé de *Bakouy* (2), d'*Aboulféda* (3), d'*Ibn-Wardy* (4) et d'*Ibn-Khaldoun* (5). Nous parlerons maintenant d'un autre dont nous n'avons pas parlé jusqu'à présent : il s'agit de *Benakaty.*

Cet auteur écrivit en 1317 de notre ère. Il traite, dans la 7° partie de son histoire, de la géographie des Indiens, et, dans la partie relative à la mesure de la terre habitée, il dit :
« Sachez que la terre a la forme d'un globe suspendu au mi-
« lieu du ciel, elle est divisée par les deux grands cercles du
« méridien et de l'équateur qui se coupent à angles droits en
« quatre parties, celles du nord-ouest, nord-est, sud-ouest et
« sud-est. *La partie habitée de la terre se trouve dans l'hémis-*
« *phère septentrional dont la moitié est habitée.* Cette bande des
« sept climats, embrassant dans son étendue la moitié de l'hé-

auctore Zakaria ben Mohhamed ben Mahhamud al Meirmuni al Kazuini, apud Moeler-Catalog., libr. tam Mss., quam impressorum qui in Bibliotheca Gothana asservantur. Append.—I. (Gotha, 1826, 2 vol. in-4°).

(1) Le texte arabe de la cosmographie de Kazuiny fut publié à Gottingue, en 1847, par Ferdinand Wüstenfel, avec ce titre :
« *Zakarija Ben Muhamed Ben Mahumud el Cazwinis* ». — Kosmographie.

(2) Voyez nos Recherches déjà citées, p. LXXVII et suiv., et p. 91.

(3) Ibid., p. LXIII et LXXXV de l'Introduction, et p. 286.

(4) Ibid., p. XLVII, et 59. Sur ses cartes, p. 287-290.

(5) Ibid., p. LXXXV et p. 99, 101, 102, 290, 321.

« misphère septentrional, est le quart de la terre divisée en
« sept climats, environnée de la mer nommée Océan (1). »

On voit donc les auteurs arabes soutenir encore au XIVe
siècle que la partie habitée de la terre se trouvait renfermée
seulement dans la moitié de l'hémisphère septentrional !

Ibn-Wardy, qui vécut dans le même siècle, adopte aussi la
théorie de l'Océan environnant, dont on ne connaît (dit-il)
ni l'étendue, ni la profondeur.

Les Arabes connaissaient encore si peu l'Océan, qu'il
ajoute « que cette mer renferme des villes habitées par des
« génies, et que dans un de ses coins est le trône d'*Iblis*, ou
« du diable. »

Selon ce géographe, la montagne de Kaf environne toute
la terre et les mers. Le ciel est appuyé dessus comme une
tente.

Cette théorie est empruntée aux Grecs; c'est le *cingulum
mundi* ou la ceinture de la terre.

Mais l'auteur arabe ajoute à cette théorie qu'une vaste
mer, qu'il appelle *Bahr-al-Mohith*, est répandue sur les bords
intérieurs de cette montagne et environne toute la terre.

Nous ferons remarquer qu'on ne peut soutenir que ce
géographe était peu instruit des voyages, puisqu'il cite même

(1) Ce passage est donné par M. de Hammer, dans le Bulletin de la
Société de Géographie de Paris, t. VII, 2e série, cahier de juillet 1836,
p. 51.

Benakati a abrégé le recueil de *Rechideddin*, lequel avait lui-même
puisé ces renseignements sur l'Inde dans un ouvrage resté tout-à-fait
inconnu jusqu'à présent (ajoute M. de Hammer) : c'est la grande Encyclopédie indienne, faite par l'arabe *Aboul-Ryhan* (Albyrouny), qui a
accompagné le sultan Mahamouth, le Ghaznavide, dans son expédition
aux Indes. »

l'expédition de *Swatoslaf*, grand-duc de Russie, contre les
Bulgares, au X° siècle (1).

En ce qui concerne l'Afrique, ce géographe ne connaissait
pas la côte occidentale de ce continent au delà du cap Bojador. Les passages que nous allons produire témoigneront de
son ignorance à cet égard.

Selon lui, l'Afrique, à l'occident, est bornée d'un côté par
la mer *Ténébreuse*, *au delà de laquelle personne n'a pénétré.*

Cette assertion suffirait pour prouver que les Arabes de
son temps ne naviguaient point sur la mer Atlantique.

Puis il répète la fable des statues qu'on remarquait dans
les îles de *Khalidat* (les Canaries).

« Dans chacune de ces îles, dit-il, il y a une statue d'ai-
rain, haute de cent coudées, *qui montre de son doigt qu'on ne*
peut aller au-delà. On ignore qui les a fait élever (2). »

Ailleurs, il dit : « La mer *Ténébreuse* (Almoudhlim), ainsi
nommée à cause des dangers qu'on y éprouve; et l'Océan
occidental, *on ne fait que côtoyer ses bords, et on ignore ce*
qui est au-delà. »

Si l'on rapproche ce passage de celui d'*Édrisi* (3), et surtout de ceux d'Ibn-Khaldoun (4) et d'Azurara (5), qui vé-

(1) Voyez *Not. et Extr. des Mss.*, t. II, article de Deguignes.

(2) Voyez *Not. et Extr.*, t. II, p. 25. Rapprocher ce passage de ceux
que nous avons cités dans nos *Recherches sur les découvertes de la Côte*
occidentale de l'Afrique, p. LXXVII et suiv., § X, p. 91-92. en parlant de
Massoudi, de Bakoui, d'Ibn-Saïd, p. LXXIX, et du curieux passage du
manuscrit arabe intitulé *Akhbar-az-Zeman*, que nous avons donné dans
le même ouvrage, p. CII, dans une note.

(3) Voyez le passage d'Édisi, dans nos Recherches citées, p. XXXIX
et XL. Paris, 1842.

(4) Ibid., p. 99 et suiv. — (5) Ibid., p. 101.

entrent au XVᵉ siècle. Il en résulte la preuve la plus péremptoire, selon nous, que les Arabes et les marins des nations situées sur les bords de la Méditerranée ne naviguaient pas alors *sur la haute mer* dans l'Océan atlantique, et qu'on ne faisait que *côtoyer*.

Tous ces témoignages montrent aussi que ce fut d'après cette tradition que l'historien Barros rapporta qu'avant les découvertes du prince Henri on ne faisait que côtoyer en allant *du levant vers le ponant*.

Un auteur moderne n'a pas compris la véritable signification de ces paroles de Barros, et n'a pas vu que l'illustre historien était assez instruit pour indiquer le Portugal comme un pays du levant. Cette phrase indiquait donc que tous les navigateurs, dont les pays étaient situés sur la Méditerranée, c'est-à-dire *au levant*, *côtoyaient toujours* et ne prenaient pas la haute mer, et ne pouvaient jamais indiquer seulement ceux du Portugal, dont le pays est situé à l'extrémité occidentale, c'est-à-dire à la pointe extrême du ponant de l'Europe, comme l'a cru l'écrivain moderne.

Quant aux voyages et découvertes des Arabes dans le nord, nous renvoyons le lecteur aux ouvrages de Forster : *Voyages and Discoveries in the Nord*. Londres, 1786, liv. II, p. 31 ; et à Stuve, dans son travail sur le commerce des Arabes sous les Abbassides.

Au XVᵉ siècle, Bakoui Yakouti [1] ne connaissait rien de la côte occidentale de l'Afrique, comme nous l'avons montré dans un autre de nos ouvrages [2].

[1] Manuscrit arabe de la Bibliothèque nationale de Paris, nº 585. (Voyez *Not. et Extr.*, t. II, p. 388. Notice de M. de Sacy.)

[2] Voyez nos Recherches citées, p. LXXVII et 91.

Il ne connaissait que six îles de l'Archipel canarien. « C'est
« là que les savants (dit-il) ont fixé le premier degré des
« longitudes. Dans chacune de ces îles, il y a une statue
« haute de cent coudées, qui est comme un fanal pour diri-
« ger les vaisseaux et leur *apprendre qu'il n'y a point de route*
« *au-delà* (1). A l'occident de l'Espagne (dit-il encore) est
« la mer d'*Asouad*, ou Noire, qu'on appelle *mer des Ténè-*
« *bres* (2). »

Bakoui est, comme tous les auteurs arabes, un compila-
teur (3). Il place Sedjelmessa par le 31° degré 30 m. de latitude nord, et sur le chemin pour aller au pays de l'Or (4).
Quant au cours du Nil, il suit la théorie de Ptolémée; c'est-
à-dire qu'il fait venir ce fleuve du sud de l'équateur des
montagnes de la Lune (5).

Ce qui semble prouver cependant que Bakoui ne connaissait
pas le Sénégal, c'est qu'en parlant des fleuves où on rencontre
des crocodiles, il dit que le seul fleuve où on les rencontre,
est dans le *Sind* (dans l'Inde). Quant à l'Asie, ce géographe,
en parlant de *Serendib* (Ceylan), mentionne une montagne
où Adam descendit. Cet auteur parle aussi, à différentes reprises, d'observations astronomiques faites dans l'Inde, et
rapporte qu'à *Mikdaschy*, ville située à l'entrée du pays des
Zinges (Zunguebar), sur le bord de la mer, au midi de
l'*Yemen*, on cesse d'y voir le pôle du nord (c'est-à-dire l'é-

(1) Voyez *Not. et Extr.*, t. II, p. 397.

(2) Quelques auteurs arabes appellent la mer Méditerranée *mer
Verte*.

(3) Voyez Schultens, *Index Geographicus*.

(4) Voyez *Not. et Extr.*, t. II, p. 400.

(5) Ibid., p. 456.

toile polaire), et qu'on se dirige par celui du midi et l'étoile *Soheil*, ou *Canope* (1), particularité qui ajoute une nouvelle preuve à ce que nous avons dit dans cet ouvrage, lorsque nous nous sommes occupé du système cosmographique du Dante (2).

Les auteurs arabes continuèrent même, après les grandes navigations des Portugais et des Espagnols, à montrer dans leurs ouvrages qu'ils ne connaissaient absolument rien de l'Océan atlantique.

Ben-Ayas, qui écrivit une cosmographie au commencement du XVI° siècle (1516), adopte encore la théorie de l'Océan environnant. En parlant de la mer Atlantique : « On l'appelle (dit-il) mer Ténébreuse, l'eau en est trouble, et *personne n'ose s'y hasarder* à cause de la difficulté d'y naviguer. » En parlant des Canaries, il dit qu'il y en a deux qui s'appellent *Fortunées* (3).

DES CARTES DES ARABES. — P. 189, 190.

Selon un savant académicien, ce fut en Orient que l'on a d'abord appliqué la géographie à l'art nautique. Les cartes géographiques des Arabes, qui avaient l'astronomie pour

---

(1) Voyez *Not. et Extr. des Manuscrits*, t. II, p. 407.

(2) Voyez, dans la I° partie, § VIII, p. 102 à 106.

(3) Voyez *Not. et Extr. des Manuscrits*, t. VIII. Notice de Langlès. Ce savant n'a pas traduit du texte arabe les premières pages relatives à la cosmographie, et il s'est contenté de dire : « Je fais grâce au lecteur « des principes d'astronomie et de cosmographie qui remplissent les « six premières pages du manuscrit, etc. !! »

Voyez p. 5, note 1, et les *Eclaircissements sur le voyage de Norden*, par Langlès, t. III, p. 158, 159-260 et 261.

base, surpassèrent infiniment tout ce qu'on faisait en Europe, où l'on ne cherchait qu'à représenter grossièrement les pays.

Les formes actuelles des cartes de l'Europe (dit M. Libri) (1) sont imitées des Arabes. *L'intersection des méridiens avec les parallèles* a été employée d'abord par les Orientaux (2).

D'après un passage de Marco-Polo, il nous semble qu'on pourrait croire qu' les Arabes faisaient usage des cartes marines sur la mer Indienne au XIIIᵉ siècle. Ce voyageur dit, en parlant de Ceylan : « *Selonc que se treuve en la mappemondi des mariniers de cel mer* (3). »

D'après un passage de Massoudi, nous avons la certitude qu'au Xᵉ siècle ils avaient des mappemondes et des cartes coloriées.

Cet auteur arabe dit à cet égard :

« J'ai vu les *climats enluminés de diverses couleurs en plu-*
« *sieurs livres*, et ce que j'ai vu de mieux en ce genre, c'est
« dans le *Traité de Géographie* de Marin, et dans la figure
« faite par le kalife Mamoun, et pour la confection de la-
« quelle plusieurs savants de son temps avaient réuni leurs
« travaux ; on y a représenté le monde avec ses sphères cé-
« lestes, ses astres, le continent, la mer, les terres habitées,
« celles qui sont désertes, les régions occupées par chaque
« peuple, les grandes villes, etc. »

Et puis il ajoute :

« Cette figure (c'est-à-dire cette mappemonde) vaut beau-

(1) Voy. *Histoire des Sciences en Italie*, par Libri, t. III, p. 64.
(2) Voy. Barros Azia, t. I, Decad. I.
(3) Voyez Marco-Polo, édition de la Société de Géographie de Paris, p. 197.

« coup mieux que les précédentes qui se trouvent dans la géographie de Ptolémée, dans celle de Marin et autres (1). »

Mais ces cartes ne nous sont pas parvenues.

D'après Aboul-Hassan, qui composa au Xe siècle un *Traité sur les Constellations*, il dit qu'il y avait des sphères célestes *dessinées* par des artistes qui ne connaissaient pas eux-mêmes le ciel, parce qu'ils prenaient les longitudes et les latitudes qu'ils trouvaient dans les livres, et plaçaient ainsi les étoiles dans la sphère (2). Il avait examiné la belle sphère faite par Ali ebn Issa al Harrani.

On rencontre d'autres cartes dans le manuscrit arabe d'Istachry, donné par Moeller.

Du XIIe siècle, on trouve non seulement celles qui se trouvent renfermées dans le manuscrit d'Édrisi d'Oxford, mais 70 autres qui se trouvent dans le manuscrit de Paris, du même géographe. Du XIIIe siècle, nous connaissons trois représentations qui accompagnent le manuscrit de *Kaswini*, de la Bibliothèque de Gotha.

La Ire figure représente une mappemonde dessinée de la manière la plus grossière. Un cercle paraît indiquer le disque de la terre, un second cercle l'Océan environnant. Huit lignes parallèles coupent la partie de la terre située au nord de l'équateur, et représentent le système des sept climats qui, selon les géographes arabes, partagent la terre jusqu'à cette limite, au delà de laquelle on suppose que le froid la rend inhabitable. Mais les climats ne se trouvent point dans cette représentation partagés par des lignes perpendiculaires. On y remarque les quatre points cardinaux placés au contraire

(1) Voyez *Not. et Extr.*, t. VIII, p. 147.
(2) Ibid., t. XII, p. 236.

du système des Occidentaux (1), savoir : on y remarque le nord placé au sud, et le sud au nord, l'ouest à l'est, et l'est à l'ouest.

Édrisi divise le globe de la terre par des bandes parallèles d'occident en orient ; et quand il a décrit une de ces bandes, ou climats, il en reprend une autre en revenant à l'occident.

Dans la Iʳᵉ bande, ou premier climat, on lit les noms suivants : la Chine, — pays de Zendje, — Nouba, — Zanguebar, — pays des Abyssins, — Badja, — Sudan (les Nègres) du magreb (du couchant).

Dans la IIᵉ bande, ou second climat : la Chine, — la mer Verte, — le golfe Persique, — l'Oman, — l'Yemen, — le golfe de Barbery, — Hedjaz, — la Haute-Égypte (Sayd), — pays des Berbers, — Sus, — Tanger, — l'Espagne.

IIIᵉ bande, ou troisième climat : Ma-tchin, — mer Verte, — Kandahar, — Inde, — Sind, — Mekran, — Tys, — Kirman, — golfe Persique, — Chiraz, — Syrie, — Jérusalem, Alexandrie, — l'Afrique, — et l'Espagne.

IVᵉ bande, ou quatrième climat : Tamgach, — Chine, — Katay, — Badakchan, — Gazna, — Gour, — Korasan, — Djebal, — Irac, — Diarbeker, — nord de l'Égypte. — nord de la Syrie, — mer Méditerranée, — et l'Espagne.

Vᵉ bande, ou cinquième climat : le pays des Turcs, — la Transoxiane, — le Karisme, — l'Arménie, — les Russes, — et les Francs.

VIᵉ bande, ou sixième climat : Bamian, — Kaptchak, — mer du Kharisme (le lac d'Aral), — la mer Caspienne (mer des *Khazars*), — le pays des Slaves et le pays des Alains.

VIIᵉ bande, ou septième climat : Gog et Magog, — la mer

(1) Les Arabes avaient adopté un mode de dénonciation des longitudes différent de celui des Grecs.

Baltique, — les Bulgares, — l'intérieur du pays des Romains, — et les Baschirs.

Afin que le lecteur puisse se former une idée exacte de cette figure, nous la reproduisons ici afin qu'il puisse la comparer avec les différentes mappemondes et les systèmes des cosmographes occidentaux, que nous donnons dans notre Atlas, et notamment avec la petite mappemonde de Schöner, où l'on remarque la théorie des climats, et que nous reproduisons également.

Mappemonde de Schoner, de 1530, tirée du livre très rare intitulé : OPUSCULUM GEOGRAPHICUM.

La seconde figure représente une rose des vents en douze divisions comme la rose grecque.

Deux cercles paraissent représenter le disque de la terre et la mer environnante. On remarque douze demi-cercles à l'horizon, au dedans desquels on lit les noms des différents pays de la terre, en se tournant toujours vers la Kaaba. Au centre de la rose on aperçoit un carré, et on y lit : Angle de l'Yrac, — la *pierre noire*, — angle de l'Yemen, — angle occidental, — la gouttière, — le Mihrab (le Sanctuaire), — et l'angle de Syrie.

Cette rose a donc pour centre la *pierre noire*, encastrée dans les murs de la *Kaaba*, c'est-à-dire qu'elle a pour centre le temple de la Mekke, qui est regardé par les musulmans comme le centre du monde, et où toutes choses célestes doivent aboutir.

Voici les noms qui se trouvent renfermés dans les demi-cercles en se tournant toujours vers l'est.

Ier cercle. — Mihrab (sanctuaire) du pays de Sind et des îles de l'Inde, et du pays situé au-delà, jusqu'au Tibet.

IIe cercle. — Du pays de Kaboul situé entre l'angle du Yemen et la pierre noire de la *Kaaba*.

IIIe cercle. — Celui d'Aden, de Sanaa, de Zebide et du Hadramaut.

IVe cercle. — D'Aïdab, de Badja et de la terre d'Abyssinie.

V^e cercle. — De Berbers, de Nouba et de Toufa, et de ce qui est au-delà.

VIe cercle. — De Kolsoum, de Tennis, de l'Égypte et d'Andalous.

VIIe cercle. — De la ville du Prophète et des pays avoisinants, de la Syrie, et de Jérusalem.

VIIIe cercle. — Pays de Damas, d'Émèse, d'Alep, de Myafarekin, et de tout le pays de Syrie, jusqu'à Tyr.

IXe cercle. — Du pays de Roum et des contrées situées au-delà, et de la péninsule d'Andalous.

X^e cercle. — D'Yatreb et des pays situés au-delà et faisant partie du Hedjaz et Djeziré, de Mossoul, du Diarbeker, et de Dyar-rebya.

XI⁰ cercle. — De Bagdad, de Koufa, du Kharisme, de Rey, de Holouan, et du Khorasan.

XII⁰ cercle. — De Baçora, d'Ahoaux, du pays des Fars, et d'Hispahan jusqu'aux frontières de la Chine (1).

Pour donner au lecteur une idée de cette curieuse figure, nous la reproduisons ici afin qu'il puisse la comparer avec les roses des vents en usage chez les occidentaux pendant le moyen-âge, et dont nous donnons les *fac-simile* dans notre grand Atlas.

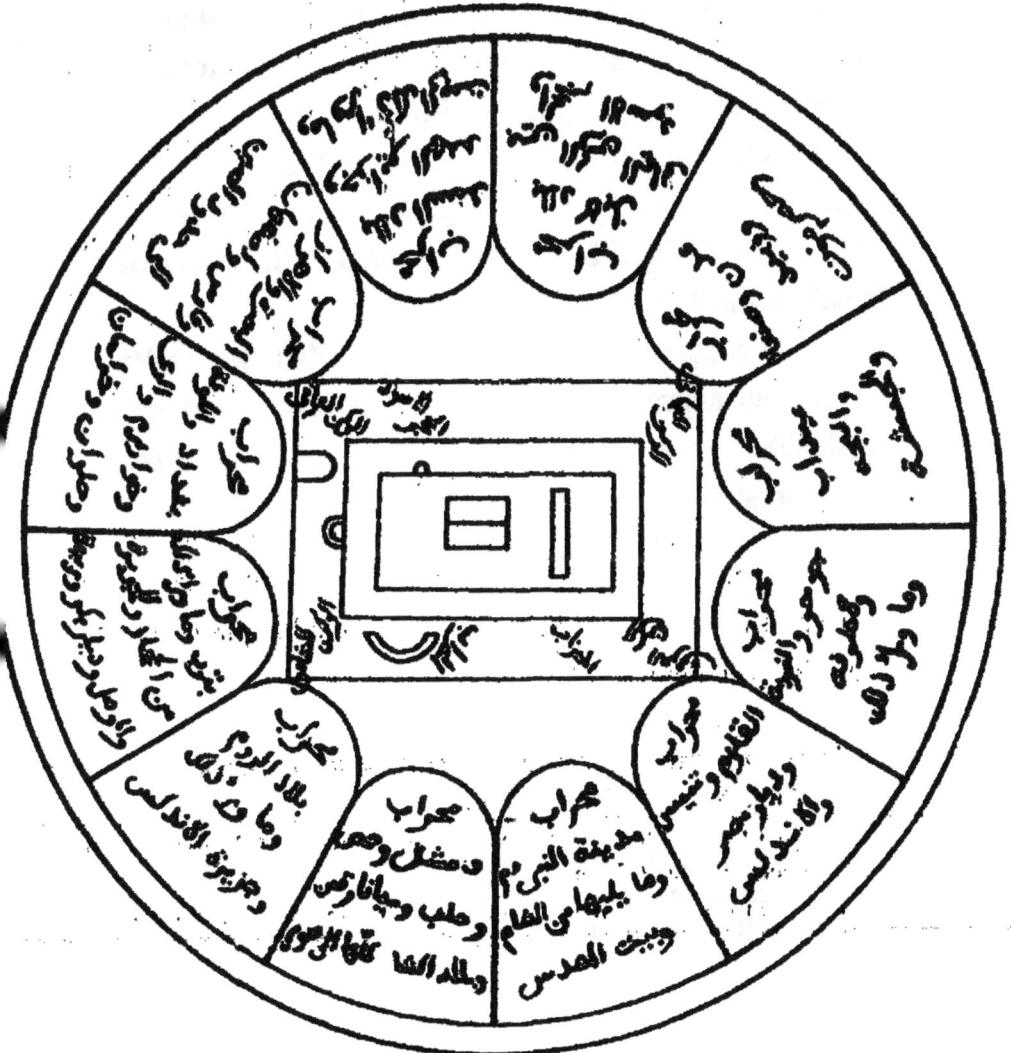

La troisième représente grossièrement le lac de *Mensale* en Égypte. La forme hydrographique que l'auteur donne à ce lac diffère entièrement de celle qui se trouve dans nos cartes modernes.

Dans le dessin de Kaswiny on remarque deux coupures qui font communiquer ce lac avec la mer, tandis que dans la carte de D'Anville on n'en remarque qu'une seule (1). Kaswini ne marque qu'une seule île, celle de *Tinis*, près de Péluse.

Plusieurs manuscrits d'Ibn-Wardy, auteur arabe, qui vécut dans le siècle suivant (XIIIᵉ siècle), renferment des mappemondes dont nous nous proposons de reproduire les *fac-simile* dans une partie supplémentaire de notre Atlas.

Deguignes, dans un Mémoire publié en 1789, avait déjà signalé une de ces mappemondes qui se trouve dans un manuscrit arabe de la Bibliothèque nationale (2). Ce savant orientaliste dit, à ce sujet, ce qui suit :

« Il offre ensuite une carte de la figure de la terre telle « qu'on la connaissait dans son temps, et elle est à peu près « semblable a celle que nous voyons dans le *Gesta Dei per Francos* (c'est-à-dire la mappemonde de Sanuto (3).

Nous avons déjà fait remarquer, dans une autre partie de cet ouvrage, que les cartographes arabes étaient encore plus barbares dans le tracé de leurs mappemondes que les cartographes occidentaux (4).

(1) Voyez la carte de d'Anville, de 1765. — *Ægyptus antiqua*.
(2) Voyez *Not. et Extr.*. t. II, p. 21.
(3) Voyez ce que nous avons dit, p. 131 et suiv. de cet ouvrage, sur la mappemonde de Sanuto.
(4) Manuscrit arabe, nᵒˢ 588, 589, 591, 597, ancien fonds, et mappe-

Nous ajouterons quelques mots sur les mappemondes qu'on trouve dans les manuscrits de la géographie d'Ibn-Wardy, conservés à la bibliothèque nationale de Paris (2). Le tracé de ces mappemondes est à peu près le même; seulement elles sont de dimensions différentes.

Elles sont circulaires. La montagne de *Kaf* environne toute la terre; puis on remarque l'Océan environnant. L'Afrique est tracée d'après le système de Ptolémée. La mer de l'Inde y est figurée comme une mer intérieure, l'Afrique se prolongeant vers l'orient ou à l'est, de manière que l'extrémité du Zanguebar se trouve en face de la mer de la Chine.

La Méditerranée y est représentée, à peu de chose près, comme dans la mappemonde de Guidonis du XII° siècle; mais le tracé des côtes de la Syrie diffère beaucoup de la forme hydrographique que leur donnaient les cartographes occidentaux. La Morée y est figurée d'une manière très bizarre.

Aucun trait ne donne une idée des peuples ni de la configuration des côtes méridionales et orientales de l'Asie. Une simple ligne droite, depuis l'Arabie jusqu'à la Chine, sert à indiquer la partie méridionale de ce continent, et on y lit à peine *mer de Hind*, *mer de Sind* et *mer de la Chine*.

Au nord de l'Asie, ils placent Gog et Magog.

Quant à l'Afrique, on remarque, au sud du Nil, *déserts inhabités*. Ils placent les sources du Nil dans les montagnes de la Lune; puis, au midi, on lit la légende suivante : « *Le quart désert, où il n'y a ri herbe, ni animal, ni*

monde détachée de l'un des manuscrits de la géographie d'Ibn-Wardy, de la Bibliothèque nationale de Paris.

oiseaux, aucun être créé, à cause de la chaleur extrême, le
manque d'eau et l'intensité du froid. »

Le nord de l'Afrique y est indiqué par une bande, dans
l'intérieur de laquelle on lit *Magreb*, et à l'extrémité de
la même est placé *Tanger*, en face d'Andalous (Espagne).

Ces représentations graphiques du globe des cartographes
arabes sont donc plus défectueuses et plus barbares que
celles des occidentaux.

Et encore, au XVIᵉ siècle, nous voyons une mappemonde arabe, faite par Ali-Ibn-Mohamed el-Scherki (l'oriental), aussi barbare que celles des manuscrits d'Ibn-Wardy.
Ce planisphère est dressé d'après Edrisi et Ibn-el-Attar (1).

Voici ce que contiennent les treize feuilles de ce petit Atlas :

La Iʳᵉ renferme le titre, enluminé, tout rempli de prières
et d'invocations religieuses.

La IIᵉ des tables astrologiques.

La IIIᵉ le plan de la mosquée de la Mecque, entourée
d'une liste des différentes villes musulmanes (2).

La IVᵉ un planisphère, d'après Edrisi et Ibn-el-Attar,
dont il a été parlé plus haut.

On y lit que la partie habitée de la terre se trouve au nord
de l'équateur, et que tout le restant est désert et inhabité, à
cause de l'excès de la chaleur et du froid; et que la partie
méridionale n'est non plus habitée à cause de la chaleur et
de la proximité du soleil. On y voit l'Océan environnant la

(1) Nous devons la notice de ce portulan arabe de la Bibliothèque
nationale (Mss. arabe, nº 847), à notre confrère à la Société asiatique
de Paris, M. le baron de Slane, qui nous l'a donnée en 1843.

(2) C'est la rose des vents que M. Reinaud vient de publier. (Voyez
sa *Traduction d'Aboulféda*, introduction, Paris, 1848.)

terre, qui paraît comme un œuf plongé dans l'Océan. Quant au quart du monde, au nord de l'équateur, dit l'auteur, les savants le partagent en sept climats, comme le disent Edrisi et Ibn-el-Attar. On lit dans la même mappemonde les mots *Magreb el Aesa*, le *Khalidat*, et rien de plus; et, au midi du monde connu, on remarque la légende suivante :

« *La moitié déserte et inhabitée, à cause de l'excès de la chaleur.* »

La V⁰ une carte des côtes d'Espagne et du littoral de l'Afrique avoisinante. On y voit flotter des pavillons.

La VI⁰ renferme la continuation de la côte de l'Espagne et celle de France située sur la Méditerranée, la Corse, la Sicile et une autre partie des côtes de l'Afrique septentrionale, avec des pavillons.

La VII⁰ l'Italie, la mer Adriatique et la Sicile.

La VIII⁰ les Syrtes, avec des pavillons.

La IX⁰ les côtes de la Grèce, l'Archipel, la côte occidentale de l'Asie-Mineure, et la portion de la côte d'Afrique située de ce côté. On y remarque aussi des pavillons.

La X⁰ la continuation de la côte septentrionale de l'Afrique, celle de la Syrie, et la partie méridionale de l'Asie-Mineure, également avec des pavillons.

La XI⁰ une belle carte de la mer Noire.

La XII⁰ un kalandrier avec des noms chrétiens.

La XIII⁰ enfin, un almanach astrologique et agricole.

Nous possédons un calque de cette mappemonde et une description du portulan arabe de cet auteur, composé au mois du Ramadan, année de l'hégire (958) 1501.

Quoique nous ayons à parler, dans la III⁰ partie de cet ouvrage, de l'influence que les géographes arabes exercè-

rent depuis l'ouvrage d'Edrisi sur les cartographes occidentaux (1), nous croyons utile de faire ici mention des monuments de la cartographie arabe déjà publiés.

Le docteur Vincent publia, en 1807, dans son célèbre ouvrage sur le commerce des anciens, la mappemonde d'Edrisi
du manuscrit d'Oxford (2).

M. Hommaire de Hell publia aussi, en 1845, dans l'Atlas
de son savant ouvrage sur les steppes de la mer Caspienne,
une des mappemondes d'Ibn-Wardy, du XIII° siècle, tirée
d'un manuscrit de la bibliothèque nationale de Paris.

Les cartes arabes du *Liber climatum d'Isztachry* ont été
données avec une remarquable fidélité par le docteur Moler,
à Gotha, en 1839, avec le texte arabe. Quelques unes de ces
cartes furent reproduites par M. Mordtmann dans sa traduction d'*Isztachry*, publiée à Hambourg, en 1845, avec une
savante préface de notre illustre confrère à l'Académie royale
des sciences de Berlin, M. Karl Ritter; M. Mordtmann accompagna cette publication d'une carte démonstrative de la
géographie de l'auteur arabe.

D'autres cartes arabes ont été publiées à la suite de la traduction française de la géographie d'Edrisi, par M. Jaubert,
en 1836-1840. Ces cartes, tirées du manuscrit de ce géographe, conservé à la Bibliothèque nationale, sont au nombre
de trois, et comprennent seulement le tableau des 1re, 2e
et 3e sections du premier climat.

Notre savant confrère M. Reinaud donne aussi, avec sa
traduction française d'Aboulféda, le *fac-simile* de la carte

(1) Voyez nos Recherches sur la découverte des pays situés sur la côte
occidentale d'Afrique, au-delà du cap Bojador, etc., p. 163. Paris, 1842.
(2) Nous possédons un *fac-simile* en couleur de cette mappemonde.

générale d'*Istachry* et d'*Ibn-Haucal*, et un autre *fac-simile*
du planisphère d'*Edrisi*, d'après les manuscrits de Paris et
d'Oxford, ainsi que la carte générale dressée sous le kalifat
d'Almamoun, d'après la description d'*Albateny* (manuscrit
de l'Escurial), et deux dessins des roses des vents, représentant deux systèmes différents; l'un est basé sur le lever et le
coucher de certaines étoiles, l'autre a pour centre la pierre
noire encastrée dans les murs de la *Kaaba*.

Enfin, quelques savants ont formulé la géographie des
Arabes dans des cartes qui accompagnent des ouvrages spécialement consacrés à ce sujet.

Frédéric Stüve a donné une carte de ce genre à la suite
de son ouvrage, publié à Berlin, en 1836, sur les rapports
commerciaux des Arabes sous les Abbassides (1).

Le savant géographe anglais Desborough Cooley, publia,
en 1841, une carte de la Nigritie des Arabes qui accompagne
son important ouvrage intitulé: *The Negro-land of the Arabs*.
Notre savant confrère, M. Reinaud, a dressé une carte de
Massoudy, d'après ses écrits, pour la joindre à sa traduction
d'Aboulféda, dont nous avons parlé plus haut (2).

Les cartes des Arabes offrent aussi de très grands défauts,
surtout en ce qui concerne la position géographique des lieux
terrestres.

(1) Voyez l'ouvrage de Stüve, intitulé : Die Handels Züge der Ara-
ber unter den Abbasiden durch Africa, Asien, und often Europa.

(2) Nous nous sommes borné, dans le texte, à citer les cartes arabes
qui ont été publiées ou formulées d'après les géographes arabes, indications que nous n'avons rencontrées dans aucun ouvrage.

Sur les livres arabes et persans qui ont été imprimés depuis l'invention de l'imprimerie, relativement à la géographie, le lecteur doit consulter l'ouvrage de M. Zenker, intitulé *Bibliotheca orientalis*; Leipzig,
1846, p. 120 et 127.

C'est ainsi que nous remarquons que les Arabes, ayant des rapports avec le *Soudan* ou pays des Nègres avant les Européens, commencèrent à parler d'un pays de Guinée situé chez les Nègres; mais ils ont mis ce nom au parallèle des Canaries, parce que c'était là le point où s'arrêtaient les navigations sur la côte. Plusieurs cartes des cosmographes européens, construites avant les découvertes des Portugais, au XV⁰ siècle, furent entièrement dressées d'après ces idées, comme on le voit dans quelques unes de celles que nous publions dans notre Atlas. Et cette erreur de la position géographique de la Guinée donna lieu, dans nos temps modernes, à des prétentions soulevées par certains écrivains contre les faits de l'histoire des découvertes les mieux établies, et qui se prêtaient le moins aux discussions (1).

D'un autre côté, les opinions des Arabes sur l'impossibilité de naviguer sur la mer Atlantique prouvent non seulement qu'ils n'y naviguaient pas, mais encore qu'ils n'avaient, à l'égard de l'Océan, d'autres notions que les traditions des anciens. En effet, la dénomination de *Mer Ténébreuse* qu'ils adoptèrent, ils la trouvèrent certainement chez les géographes anciens.

Quinte-Curce rapporte que les Macédoniens qui accompagnèrent Alexandre-le-Grand en Asie, représentèrent à ce prince, lorsqu'ils entrèrent dans le pays des Oxydraques et des Maliens (2), qu'ils se croyaient au terme de toutes leurs épreuves; et lorsqu'ils virent qu'une nouvelle guerre leur

_____

(1) Voyez nos Recherches citées. § XIV, p. 162, et § XV, p. 173 et suivantes.

(2) Indiens du cap *Malæum*, situé entre les bouches de l'Indus et le promontoire *Simylla*.

restait à commencer contre les nations belliqueuses de l'Inde, ils furent frappés d'une crainte panique, et firent entendre des cris séditieux contre le roi. « On avait été forcé, disaient-ils, de renoncer au Gange et aux contrées au delà de ce fleuve (1); et cependant la guerre n'était pas finie, elle avait seulement changé. On les poussait contre des peuplades indomptées, et leur sang allait couler pour ouvrir à leur roi une route vers l'Océan, entraînés par delà le cours des astres et du soleil; ils allaient se perdre dans des pays dont la nature avait dérobé la vue aux yeux des humains; avec de nouvelles armes, c'était toujours pour eux de nouveaux ennemis. Et quand ils les auraient tous battus ou mis en fuite, quelle récompense les attendait? *Des brouillards, des ténèbres et une mer enveloppée dans une nuit perpétuelle; des abîmes remplis de monstres effrayants; des eaux immobiles qui attestaient l'épuisement de la nature mourante* (2). » Sénèque dit aussi, en parlant de l'Océan : *Oceanus navigari non potest.* Il pense que l'Océan n'est pas navigable à cause de son immense étendue et de sa grande profondeur, et il ajoute : *Confusa lux, alta caligine et interceptus tenebris dies* (3).

_____

(1) Voyez ce que nous avons dit, p. 161 de cet ouvrage, et p. 10, note 2.

(2) .... « Trahit extra sidera et solem, cogique adire quæ morta- « lium oculis natura subduxerit : novis idemtidemar mis novos hostes « exsistere. Quos ut omnes fundant fugentque, quod præmium ipsos « manere? *Caliginem ac tenebras et perpetuam noctem profundo incuban-* « *tem* repletum immanium belluarum gregibus fretum : immobiles « undas in quibus emoriens defecerit. »

(Quinte-Curce, liv. IX, c. 4.)

(3) Sénèca *Suasoriæ.*

Cette idée de la Mer Ténébreuse était tellement vulgaire au temps des Grecs et des Romains, que César *Druse*, sortant du Rhin vers la mer du Nord et voulant y aller malgré l'opinion vulgaire, Pierre *Albinovanus* dit qu'il exclama :

Quò ferimur? ruit ipsa dies orbemque relictum
Ultima perpetuis claudit natura tenebris.

Les Arabes adoptèrent non seulement les idées des anciens, mais aussi les bases fondamentales des systèmes cosmographiques des Grecs. Et, en effet, quelques auteurs Arabes, d'après *Bakouy* (1), regardent la terre comme une surface unie ou comme une table; d'autres comme une boule dont la moitié est coupée; d'autres comme une boule entière qui tourne; d'autres pensent qu'elle est creuse intérieurement. Suivant quelques philosophes, disent d'autres auteurs Arabes, il y a plusieurs soleils et plusieurs lunes pour chaque partie de la terre. Dans le système d'Edrisi, la terre est représentée comme un globe, dont la régularité n'est interrompue que par les montagnes et les vallées de la surface. Il adopte le système des anciens, qui supposaient, comme nous l'avons montré déjà, une zone torride inhabitée. Selon lui, le monde connu ne forme qu'un seul hémisphère composé moitié d'eau, et la plus grande partie de cette eau appartient à l'Océan environnant, au milieu duquel la terre flotte comme un œuf dans un bassin.

La plupart de ces systèmes sont empruntés aux idées cosmographiques d'Homère, d'Hérodote, de Socrate, de Thalès, d'Aristote et d'autres auteurs grecs.

(1) Voyez les extraits de cet auteur, dans le t. II, p. 394 des *Not. et Extr. des Manuscrits.*

Nous avons déjà fait remarquer plus haut que Massoudi citait les cartes de Marin de Tyr ; nous ajouterons maintenant, d'après ce qu'on nous dit, d'après le même auteur, et d'après ce que nous observons dans leurs cartes, qu'il nous semble que les Arabes adoptèrent souvent aussi les doctrines de Ptolémée.

Et, en effet, ils citent souvent les auteurs anciens, chez lesquels ils recueillaient plusieurs de leurs doctrines.

Le chapitre cosmographique de Massoudi, que nous allons transcrire, prouvera mieux encore le fait que nous venons de signaler.

TITRE DU CHAPITRE.

Exposé de la terre, de sa forme, de ce qu'on dit sur son étendue et sur la partie qui est habitée, celle qui est couverte par les eaux, et de l'influence qu'elle exerce par rapport à ses habitants, etc.

« Dieu divisa la terre en deux parties, l'est et l'ouest ; l'est n'en fait qu'une avec le sud, en ce que la chaleur y domine ; l'ouest et le nord forment l'autre partie, qui est dominée par le froid. Cela vient de l'éloignement du soleil en rapport à l'étoile du chevreau, parce que l'axe se dirige de ce côté ; c'est le côté le plus éloigné (de l'équateur), voilà pourquoi le nord est froid, et humide. L'ouest est moins froid que le nord et plus sec, à cause de l'inclinaison qu'y éprouve la sphère. Les deux côtés, est et ouest, diffèrent de cela à cause de la proximité du soleil.

Le monde est composé de quatre parties : la partie orientale qui s'abaisse par rapport à la ligne du sud et du nord, vers l'est ; c'est un quart mâle qui indique la longueur des vies. »

Ici l'auteur Arabe entre dans des détails tout-à-fait étrangers à la cosmographie, et puis il continue en disant :

Quant à la partie du monde qui n'est pas habitée, elle se subdivise en deux parties. Dans l'une, le froid est extrême à cause de l'éloignement du soleil ; dans l'autre, la chaleur domine à cause de la proximité du soleil ; il n'y vit pas d'animaux et il n'y végète point des plantes. Du côté du nord, sous le 66e degré de latitude, il ne peut s'y trouver rien qui ait vie à cause de l'excès du froid. L'année se compose d'un jour et d'une nuit, chacun de six mois.

A partir du 19e degré de latitude méridionale, on ne trouve non plus rien qui ait vie, à cause de l'excès de chaleur produit par la proximité du soleil. Voici ce que dit Massoudi : Quant à Ptolémée, la contrée la plus avancée vers le nord qu'il ait connue, est l'île de *Thule*, à l'extrémité nord-ouest. Sa latitude est à 63 degrés nord.

Ensuite, le cosmographe arabe parle des limites de la terre habitable d'après Marin de Tyr.

Ptolémée, dit-il, a placé l'extrémité du monde habité du côté du sud, vers le 16e degré 35 minutes au sud de l'équateur. Quelques personnes ont cru que la partie qui n'est plus habitable est sous le 21e degré 35 minutes au sud de l'équateur. Telle a été l'opinion émise par Yacoub, fils d'Ishak-al-Kendi, dans son *Traité sur la forme du monde habité*.

Ailleurs, Massoudi dit : « L'extrémité du monde habité, du côté de l'orient, se trouve du côté de la Chine et des îles *Syla*, jusqu'à ce qu'on arrive au rempart de Gog et de Magog, qui fut bâti par Alexandre. Hors des pays habités, dans le VIIe climat, est une contrée qui fait face à l'orient, qui tourne vers le sud, et qui se prolonge en longueur jusqu'à ce qu'elle hit atteint la mer océanique ténébreuse et environnante. L'extrémité du monde habité du côté de l'ouest, s'avance aussi vers l'océan environnant. De même, le monde habité du côté du nord, s'avance vers cette mer. L'extrémité du monde, du côté du sud, atteint la ligne équinoxiale, où le jour et la nuit sont d'une égalité constante. L'île de *Serendib*, qui appartient à la mer de la Chine, se trouve sous cette ligne.

« Les personnes qui se sont occupées de la mesure de la terre et de sa forme, disent que sa circonférence est à peu près de 24,000 milles. Telle est la circonférence de la terre, en y comprenant les eaux et les mers. En effet, ajoute-t-il, les eaux présentent, ainsi que la terre, une forme ronde, et leur limite est la même. Cela vient de ce que les savants observèrent deux villes situées sous une même ligne (méridien), dont l'une avait moins de latitude que l'autre : ce furent *Koufa* et *Bagdad*. Ils déterminèrent leurs latitudes, et ils ôtèrent le nombre le plus petit du plus grand ; ils partagèrent ensuite ce qui restait d'après le nombre de milles qui séparait ces deux villes, et lorsqu'ils eurent multiplié cette somme par la totalité des degrés de la sphère, qui sont au nombre de 360, on arriva à la somme de 24,000 milles. Le diamètre de la terre, qui est sa longueur, sa largeur et son épaisseur, se trouva être de 7,667 milles. »

Il ajoute « qu'on attribuait au degré 87 milles, d'autres 56 et deux tiers. »

Au fol. 21 V°, Massoudi ajoute ce qui suit : « Ptolémée a réfuté l'opinion d'un grand nombre de ceux qui, avant lui, s'étaient occupés de l'étude de la terre habitée et de ses limites, comme Marin (Marin de Tyr), Hipparque, etc., d'après les récits des marchands et des voyageurs ; en effet

ces récits sont fautifs. Pour Ptolémée, lorsqu'il voulut exposer cette matière, il fut forcé de se servir de ces récits
défectueux ; toutefois il envoya des hommes de confiance dans
les contrées étrangères, pour s'assurer des limites de la terre
habitée (1). Il confronta leurs récits avec les observations
que lui fournirent les données astronomiques. Dans le livre
intitulé : *La partie habitée du monde* (2), il a énuméré un
grand nombre de pays et de villes, et déterminé leurs longitudes et leurs latitudes (3).

De plus, il rendit sensible pour les hommes la figure de
la partie habitée du monde, suivant ce qui s'y trouve en
fait de lieux, de mers, de rivières, en longueur et en largeur.

Aristote, dans le second livre *des Météores*, s'exprime
ainsi : « J'admire ceux qui se représentent la terre habitée
sous une forme ronde : le raisonnement et la vue attestent
qu'il n'en est pas ainsi. »

Puis Massoudi continue : « Nous avons exposé, dans le
Traité des différents genres de connaissances, ce qui s'est
passé dans les temps anciens, les différentes opinions des
Perses et des Nabathéens, et les divisions de la partie habitée du monde. Ils appelaient l'orient et la portion de
leur empire tournée de ce côté, du nom de *Khorasan ; khor*
signifie soleil, et le mot qui l'accompagne signifie son levé.
Le second côté, qui était l'ouest, s'appelait *Khorboran,*
c'est-à-dire lieu du couchant du soleil. Le troisième côté,

(1) Tout ce récit de Massoudi paraît être d'inspiration.
(2) Massoudi donne ce titre à la géographie de Ptolémée.
(3) Sur les erreurs que Ptolémée a commises dans les longitudes
de sa carte, voyez Gosselin, *Géograph. syst. des Grecs*, p. 120 et 121.

qui est celui du nord, est celui de *Bakhter* (la Bactriane);
et le quatrième côté, qui est le sud, on l'appelait *Nymrouz.*
Les Perses et les Syriens, qui sont les Nabathéens, s'accordent sur ces dénominations. Quant aux Grecs et aux Romains,
ils divisent le monde habité en trois parties, savoir: l'Europe,
la Libye et l'Asie (1). »

Tandis que Massoudi donnait à la terre 24,000 milles de
circonférence, Édrisi lui assigne 11,000 lieues de tour, se
rapportant au calcul d'*Hermès*, qui lui en trouve 12,000 (2).
Il adopte aussi la division établie de 360 degrés; mais il reconnaît l'impossibilité où sont ses habitants de franchir la
ligne équinoxiale; et d'après cela, il a établi que *le monde
ne forme qu'un seul hémisphère.*

Telles étaient les connaissances cosmographiques et cartographiques des Arabes, dont nous ne donnons qu'un simple
aperçu.

Ce petit travail malheureusement était déjà imprimé avant
le 25 juillet de cette année 1848, et par conséquent avant la
publication d'un ouvrage capital sur ce sujet. Nous voulons
parler de la savante *Introduction générale à la Géographie des
Orientaux*, par notre savant confrère M. Reinaud; ce qui,
à notre très grand regret, ne nous a pas permis d'y puiser

(1) M. Reinaud a eu l'extrême obligeance de traduire littéralement
le chapitre de Massoudi, que nous venons de donner. Ce morceau se
trouve au fol. 16 recto du manuscrit arabe de la Bibliothèque nationale de Paris, n° 337 du fonds Saint-Germain des Prés (n° 901 du
supplément arabe). M. de Sacy, qui en a donné une longue et savante
analyse dans le tome VIII des *Notices et Extraits des Manuscrits de la
Bibliothèque*, n'a pas traduit cette portion du texte de l'auteur arabe.

(2) Rapprochez les différentes mesures de la terre de celles dont il
a été question, p. 106 et 329.

de renseignements précieux et des données entièrement inconnues (1).

XIV

DES CARTES GÉOGRAPHIQUES CHEZ LES CHINOIS.

Les Chinois possèdent des cartes géographiques qui remontent à une époque très ancienne; elles ne sont jamais
graduées. Si nous croyons à la chronologie chinoise, ils
possédaient déjà des cartes géographiques d'une grande dimension il y a plus de 1,600 ans. Ces cartes paraissent avoir
été dressées d'après les procédés scientifiques, où les distances des lieux se trouvaient déterminées et assujéties à l'é-
chelle. « Et, en effet, dans l'*Éloge des princes célèbres de la
dynastie des Tsin*, *Fei-Sieou*, ayant le titre de *sze-kong*, ou
ministre des travaux publics, qui vivait en 205 de J.-C.,
(IIIᵉ siècle), considérant que l'ancienne grande carte de
l'empire, formée de quatre-vingt-quatre pièces de soie, était
difficile à étudier et à consulter, et que d'ailleurs ce travail
n'était pas exécuté avec toute la précision nécessaire, la
réduisit à une carte de dix pieds carrés où un dixième de
pouce répondait à dix lis (une lieue), et un pouce à cent lis
(dix lieues); après avoir calculé les distances, il y indiqua
les montagnes célèbres, les résidences impériales et les villes
moins importantes. Par ce moyen (ajoute l'auteur chinois),
sans sortir de son palais, l'empereur pouvait connaître tout
l'empire. »

(1) Cette introduction est placée en tête de la traduction de la géographie d'Aboulféda, et l'ensemble de cette vaste publication occupe
M. Reinaud depuis plus de douze ans.

Ce passage est tiré de l'Encyclopédie chinoise, *Youen-kien-toui-han*, par notre savant confrère, M. Stanislas Julien, qui a eu l'obligeance de la traduire à notre prière.

Ils possèdent aussi des atlas et des collections de cartes géographiques qui remontent aussi à une époque très reculée, comme il est prouvé par la préface placée en tête de l'Atlas géographique de *Fei-Sieou*, qui vivait sous les *Tsin*, en 265. On lit dans la préface citée, que « l'auteur de cette collection y décrivait les montagnes, les mers, les rivières, les cours d'eau, les plateaux, les plaines, les bassins, les lacs cités dans le chapitre du *Yu-kong* du *Chou-king*, et les neuf divisions de l'empire dans l'antiquité, y ajoutant les seize divisions actuelles (c'est-à-dire de son temps), les *Kiun* (villes chinoises), les districts, les villes qui en font partie et leurs limites. Il donne aussi les rivières et les lieux célèbres par les alliances et les assemblées des princes des anciens royaumes. Et en combinant tous ces éléments, comme les fils d'un vaste tissu, il a composé dix-huit cartes géographiques. »

(Passage traduit par notre savant confrère M. Julien, et tiré de l'Encyclopédie chinoise, citée liv. 197, f° 58).

Goguet (*Recherches sur l'origine des Lois et des Arts*, t. IV, p. 335, édit. de 1778), dit que sous l'empereur *Yu*, les Chinois représentèrent la terre de forme *carrée* dans une carte en plusieurs divisions, afin de fixer par ce moyen la quantité et la nature des redevances (*Ibid.*). (C'étaient des cartes cadastrales).

Les Chinois avaient aussi des cartes itinéraires des royaumes barbares soumis à la Chine (1).

(1) Voyez *Journal asiatique*, octobre 1847, tome X, 4° série, p. 291

Au VIIe siècle de notre ère, il est question d'autres cartes géographiques dans les livres chinois. Voir le *Journal asiatique* cité, p. 289 et suiv., où il est parlé de la description de *Si-yu* en soixante livres, avec quarante planches et livres de cartes.

En ce qui concerne les cartes chinoises d'une époque moderne, nous renvoyons le lecteur à l'intéressante publication du savant sinologue (*Journal asiatique*, cité p. 282), où l'on rencontre des notions très curieuses à cet égard.

La Bibliothèque nationale de Paris (département des cartes), possède une mappemonde chinoise faite au temps de l'empereur *Kang-Hi*, assujétie à une projection exacte, d'après les jésuites, et d'autres cartes de ce genre, mais toutes modernes. (Voyez à ce sujet le *Bulletin de la Société de géographie*, tome XII, 2e série, p. 365.)

Sur les cartes chinoises, il faut consulter aussi Neumann, *Asiastich studien*; Leipszig, 1837, f° 191.

Les précieuses notions que M. Stanislas Julien a eu la bonté de nous donner, viennent non seulement combler la lacune qu'on trouve dans les savants ouvrages de Rémusat et Klaproth, au sujet des anciennes cartes chinoises, mais aussi elles viennent nous prouver que les Chinois possédaient, à une époque très reculée, des cartes géographiques, hydrographiques, topographiques et cadastrales dressées, à ce qu'il paraît, d'après des procédés scientifiques.

Il est vraiment remarquable de trouver, à une époque si reculée, des cartes où les distances des lieux se trouvent dé-

n° 13, *Renseignements bibliographiques sur les relations de voyages dans l'Inde et les descriptions du Si-yu, qui ont été composés en chinois entre le Ve et le XVIIIe siècle de notre ère, par M. S. Julien.*

terminées par une échelle, et qui plus est, de voir les Chinois faire des réductions de ces mêmes cartes à une échelle différente. Employaient-ils, pour l'orientation du plan topographique, l'aiguille aimantée déjà inventée à une époque si reculée, ou bien suppléaient-ils à cet élément par la position respective et connue de deux points en les joignant par une droite ou à l'angle que fait cette droite avec la méridienne ? Pour la réduction de la grande carte dressée en quatre-vingt-quatre pièces de soie, à dix pieds carrés, ont-ils transporté dans les quadrilatères formés par les méridiens et les parallèles de cette dernière, ce qui était contenu dans les quadrilatères correspondants de l'ancienne, opération que les Chinois ne pouvaient pas faire sans des observations astronomiques, pour fixer la position des points un peu éloignés ?

Quelles furent les méthodes dont ils se servaient ?

Telles sont les questions que le savant sinologue pourra résoudre par ses recherches dans les livres des Chinois, et qui serviront à éclaircir des points très curieux de la science. Nous ne devons cependant pas dissimuler que plusieurs auteurs se sont prononcés contre le savoir géographique des Chinois. Azuni attaque le savoir des Chinois avec une grande vigueur; il dit que « ce peuple ne pouvait pas vérifier l'histoire de la terre par l'histoire du ciel, comme le disent certains auteurs; et il ajoute que nous n'ignorons pas que les Chinois étaient aussi peu versés dans l'histoire de la terre, qu'ils la faisaient carrée et fixée dans le milieu; les autres éléments placés à ses quatre côtés, l'eau au nord, le feu au midi, le bois à l'est et le métal à l'ouest; que, dans l'histoire du ciel, où ils supposaient les planètes aussi élevées que les étoiles, et fixées comme des clous à égale distance de la terre

dans la voûte azurée des cieux. Il ajoute qu'ils n'ont pas la
moindre idée des longitudes, puisque, selon le témoignage
du P. Kircher, ils soutiennent que toutes les villes de la Chine
sont situées sous le 36e degré (1).

Ils étaient dans une ignorance profonde de la géographie
lorsque le P. Ricci arriva chez eux, vers le commencement
du XVIe siècle, selon le P. Trigault, « encore qu'ils n'eussent
« pas faute de cartes cosmographiques, qui portaient le titre
« de Descriptions universelles du monde, néanmoins ils ré-
« duisaient l'étendue de toute la terre en 15 provinces de leur
« royaume, et inséraient quelques petites îles en la mer,
« qu'ils dépeignaient tout à l'entour, y ajoutant les noms des
« royaumes qu'ils avaient ouï nommer; tous lesquels royau-
« mes, assemblés en un, égalaient à peine la moindre pro-
« vince de l'empire chinois. »

Les cartes chinoises et japonaises que nous connaissons
sont toutes d'une date récente. La plupart sont dressées par
les missionnaires.

Klaproth, dans le *Magasin Asiatique*, Paris, 1835, cite souvent les cartes chinoises et mandchou chinoises (voir p. 55,
138), et donne des détails curieux sur les cartes de la Chine
levées par ordre de l'empereur *Khang Hi*, entreprise com-
mencée en 1708 et terminée en 1717 (ibid., p. 303 et suiv.).
Abel Rémusat parle aussi des cartes de la Chine, dont le
père *Martini* a fait la traduction, et qui étaient antérieures de
deux siècles au travail des jésuites mathématiciens. Ce savant
sinologue assure que les Chinois conservent les cartes marines

(1) Kircher, *China illustrata*, fol. 102, édit. d'Amsterdam, de 1667. —
Cf. Azuni, *De l'Orig. de la Bouss.*, p. 84.

dans les archives de chaque province du littoral de la Chine (Rémusat, *Nouveaux Mélang. Asiatiques*, tome I, p. 154).

En 1585, le père *Récci* construisit une mappemonde chinoise dans laquelle il se conforma aux habitudes de ces peuples, en plaçant la Chine au centre de la carte et en disposant les autres pays autour du *Royaume du milieu* (ibid., tome II, p. 208). Il mentionne aussi les perfectionnements adoptés par les Japonais dans la construction de leurs cartes. Ils adoptèrent la méthode de graduation et de projection, dont les cartes européennes leur fournissaient le modèle. Mais la grande carte du Japon, composée de cette manière et réimprimée avec des additions, est très moderne : elle est de l'année 1744. Les noms sont écrits en japonais, et Klaproth l'a traduite en entier (ibid., p. 155). Rémusat fait aussi mention d'autres cartes japonaises dressées dans l'année 1785 (ibid. et suiv.).

Rémusat, dans le tome VII des Mémoires de l'Académie des Inscriptions et Belles-Lettres, 2e série, p. 259, traite de la carte de la Tartarie, qui est à la tête du 1er vol. du *Souhoung - Kianlou*. Il pense que les cartes chinoises suffisent pour ces résultats approximatifs pour la géographie historique.

XV

DES CARTES CHEZ LES INDIENS.

Il paraît que les Indiens possèdent aussi des cartes qui remontent à une époque reculée.

Le major Rennell dit qu'on a trouvé à Monghir, au Bengale, une carte géographique du temps de Jésus-Christ, gravée sur cuivre, laquelle était jointe à une concession de terre, comme on en trouve beaucoup dans l'Inde, mais non pas accompagnées de cartes géographiques (1). Le célèbre indianiste Wilkins a fait une traduction du sanscrit de ce document, et d'après le dire de Rennell, ce monument se trouve maintenant en Angleterre.

Les Indous possèdent non seulement des mappemondes, mais aussi des cartes astronomiques d'après le système des Purauas et des astronomes. Selon Wilford, ces dernières sont très communes. Ils possèdent aussi des cartes de l'Inde en général et spéciales des districts, mais sans graduation ni échelle. Les côtes, les fleuves et les chatnes de montagnes y sont en général figurées par des lignes très serrées. Wilford ajoute que la meilleure carte de ce genre qu'il ait vu, est celle du royaume de Nepal, présentée à M. *Hastings*. Elle avait près de quatre pieds de long et deux et demi de largeur, et les montagnes y étaient figurées en relief à peu près d'un pouce de hauteur (2), avec des arbres peints tout autour. Les chemins y sont figurés par une ligne rouge, et les rivières par une autre ligne bleue. Les différents ponts y sont très distinctement marqués. Les vallées du Nepal y sont dessinées avec un grand soin ; mais, en ce qui concerne les

(1) Rennell. *Geographical system of Herodotus*, p. 326, in note, et non pas 526, comme on trouve par une erreur typographique dans Reinganum, p. 12, note 6 de l'ouvrage que nous avons cité plus haut. Un examen plus approfondi a montré que la carte dont il est question dans le texte, ne remontait pas à une date si ancienne.

(2) D'après ce passage, il résulterait que les Indous avaient des cartes en relief avant celles de ce genre connues en Europe depuis le XVIIe siècle, qu'on voit à Paris dans la belle collection de l'Hôtel des invalides et au Musée de la Marine, mais Wilford ne signale pas la date des cartes des Indous.

extrémités de la carte, tous les détails sont bouleversés et confondus (1).

Nous avons consulté sur ce sujet la plus grande autorité en la matière, notre estimable confrère M. Eugène Burnouf; et cet illustre indianiste pense « que l'existence de cartes géographiques anciennes, rédigées par les Indiens, n'a été jusqu'ici prouvée par l'examen d'aucun de ces monuments. Il ajoute que Wilford, dans ses Recherches trop peu critiques, n'est pas, sur cette question, une autorité suffisante. Il est d'ailleurs important de remarquer que les cartes dont on parle se rapportent aux régions les plus septentrionales de l'Inde; on n'en cite même pas d'autres que celles du Népal. Or, n'est-il pas possible que ces cartes soient d'origine Tibétaine? Et, si cela était, ne pourrait-on pas aller plus loin encore, et supposer que l'idée de ces cartes, sinon le tracé même des lieux, serait venue des Chinois aux Tibétains?

L'illustre savant fait remarquer que ce n'est là qu'une conjecture, et que la vue des cartes dont on parle pourrait seule décider la question; et il pense que c'est une raison de plus pour s'abstenir de décider, en l'absence de ces monuments eux-mêmes, si les Indiens ont anciennement connu l'art de reproduire sur une surface plane les rapports plus

---

(1) *Asiatic Researches.* — Mémoire de Wilford, publié à Calcutta en 1805, dans le tome VIII, p. 24 et 271, intitulé : *An essay on the sacred isles in the west with other essays*, etc. Notre savant ami, M. Troyer, pense que l'auteur a mis peu de critique dans les renseignements qu'il donne dans ses Essais géographiques et historiques, qu'on trouve dans les IX⁰ et X⁰ volumes de ce recueil, p. 32-244, et dans le second, p. 27-158, et dans le II⁰ vol., p. 11-153, et ce savant orientaliste ajoute, dans une note qu'il a eu la bonté de nous communiquer, que les renseignements donnés par M. Wilford sur la géographie des Indous sont pour la majeure partie tirés des légendes et sans chronologie.

ou moins scientifiqu ment reconnus des lieux, soit dans une grande étendue, soit sur une échelle restreinte.

XVI

DE LA COSMOGRAPHIE DES BOUDDHISTES.

Selon les Bouddhistes chinois, la terre habitable que nous connaissons est partagée en quatre grandes îles ou continents, placés aux quatre points cardinaux, par rapport à la montagne Céleste (1). Dans ce système cosmographique, les quatre continents sont flanqués chacun de deux îles plus petites, toutes disposées symétriquement autour de la montagne du pôle.

La longueur assignée à notre continent par ces cosmographes serait d'environ 35,000 milles anglais ou de plus de 12,000 lieues (1).

Selon Rémusat, les quatre continents des Bouddhistes ne se rapportent pas à une division naturelle des grandes terres du globe dont on aurait eu connaissance ou conservé le souvenir; mais il pense avec raison, selon nous, que c'est une notion entièrement fabuleuse, et dont il serait inutile de chercher l'origine dans les traditions historiques ou géographiques des Hindous. Le nom seul du continent septentrional, *Terre des Vainqueurs*, ainsi que l'interprètent les

---

(1) Abel Rémusat, *Mélanges posthumes d'Histoire et de Littérature orientales*, publiées sous les auspices du ministère de l'instruction publique. Paris, 1843, p. 65. — *Essai sur la Cosmographie et la Cosmogonie des Bouddhistes, d'après les auteurs chinois*. Ce volume fut publié par notre savant ami et confrère M. Lajard, qui a eu l'extrême obligeance de nous donner l'exemplaire dont nous nous sommes servi.

(2) Ibid., p. 74.

Bouddhistes, pourrait rappeler les anciennes incursions des peuples du nord et les invasions des Hindo-Scythes, en des siècles reculés. Tout le reste est complétement mythologique. »

On n'y fait mention d'aucune communication possible entre les quatre continents. La montagne Céleste qui les sépare ne saurait être confondue avec l'Himâlaya. Pour le système cosmologique des Bouddhistes, nous renvoyons le lecteur à la curieuse et savante dissertation de Rémusat. § 1er *de l'étendue de l'univers, ou du monde considéré dans l'espace*, p. 83 à 91.

XVII

§ VIII, p. 81 à 82. — MONTAGNES MAGNÉTIQUES.

Falconet, dans une *Dissertation sur l'aimant*, lu à l'Académie des Inscriptions le 6 avril 1717 (1), dit, au sujet de cette croyance de l'existence des montagnes magnétiques, « qu'il ne coûte rien à Ptolémée (liv. 7, c. 2), et à d'autres écrivains, d'arrêter les vaisseaux dans leur course par des rochers magnétiques (2) qui en attiraient les clous. Cette attraction des vaisseaux a été fort du goût des Arabes. On en trouve dans Edrisi (Ier Climat) (3). Ces derniers se sont servis de la vérité même pour autoriser une pareille fiction.

(1) Voyez Mémoires de l'Académie des Inscriptions et Belles Lettres, t. IV, p. 630 et suiv.

(2) Pseudo-Callisthène, *Hist. Ms. Greca Alexandri*. Falconet cite l'auteur du livre : *De Moribus Brachmanorum*, que Klaproth a cité plus d'un siècle après lui sur le même sujet.

(3) Édrisi dit :

La découverte de la vertu directrice de l'aimant fit d'abord
juger nécessaire de placer au milieu de la mer, près notre
pôle, des rochers magnétiques d'une force infinie au grand
péril des malheureux vaisseaux qu'ils attiraient de fort loin.
On voit ces rochers dans des cartes que d'habiles géographes
donnèrent (dit-il) il n'y a guère plus de cent ans, savoir,
Mercator et *Hondius* » (1).

XVIII

§ VIII, p. 94-95. — SUR LA PRÉTENDUE VILLE D'ARINE.

Nous avons dit que la diversité des opinions de quelques
savants du XIII⁰ siècle sur la position d'une prétendue ville
qu'ils appelaient Aryne ou Arine, nous offrait une preuve
de plus que les voyageurs européens n'avaient pas encore, à
l'époque dont il s'agit, franchi les limites des connaissances
géographiques de l'antiquité. Nous avons montré, en effet,
que Pierre d'Abano, d'un côté, plaçait cette prétendue ville
sous la ligne équinoxiale ; et, d'un autre côté, il paraissait
établir que la même ville était située par 9 degrés de latitude
nord.

Nous avons également montré que Bacon plaçait la même
ville sous l'équateur, tandis que, d'autre part, il disait que
cette ville était Syène, et qu'ainsi l'Arine viendrait à être
placée sous Assouan, qui est situé par le 24⁰ degré 5 minutes
de latitude nord.

Nous avons donc dit, d'après cela, que, suivant cette position qu'ils assignaient à Aryne, le centre du monde serait
alors 24 degrés 5 minutes plus au nord de l'équateur.

(1) Voyez Falconet, Dissertat. citée.

Nous n'entreprendrons pas de renouveler ici la question mathématique qui a été débattue à ce sujet tout récemment (1).

Nous voulons simplement montrer que les questions qui se rattachent à l'Aryne, *comme lieu terrestre*, située sous l'équateur à égale distance des quatre points cardinaux, prouvent, selon nous, que les savants de l'Europe, pendant le moyen-âge, n'ont pas connu, par l'expérience des voyageurs de cette partie du globe, les régions situées sous l'équateur; car, s'ils les avaient connues et explorées, ils auraient dû vérifier que pareille ville n'existait pas au point géographique qu'ils lui assignaient.

Et, en effet, l'Aryne a complétement disparu des ouvrages cosmographiques et est tombée dans l'oubli, après les découvertes des Portugais en Afrique et leurs grands voyages dans l'Inde.

Bacon, Pierre d'Ailly et d'autres, pour expliquer la difficulté qui se présentait de placer l'Aryne à Syène, située par le 24e degré 5 minutes de latitude nord, avec la position centrale de la même Aryne sous l'équateur à égale distance des quatre points cardinaux, inventèrent l'existence d'une autre ville de Syène située sous l'équateur.

Mais Ératosthène qui détermina, d'après le méridien de Syène (Assouan), le premier degré, et par conséquent la circonférence de la terre dans le voisinage des tropiques, ne

(1) Voyez le Mémoire de M. Sédillot, *sur les Instruments astronomiques des Arabes*, t. I, dans les Mémoires de l'Académie des inscriptions et belles-lettres, recueil des Mémoires des savants étrangers, p. 75. — Cf., articles de M. Biot, dans le *Journal des Savants*, de l'année 1841, septembre et octobre. — Et *Asie centrale*, par M. de Humboldt, t. III, p. 593 et suivantes.

cite pas d'autre Syène que celle située par le 24e degré 5 minutes de latitude nord.

Dans le système géographique d'Hipparque nous n'en rencontrons aussi qu'une seule, c'est-à-dire la même ville et à
la même position sous le tropique du cancer.

Dans les tables et dans les livres de Ptolémée, n... s n'avons
également trouvé qu'une seule Syène, c'est-à-dire toujours
la même. Ce grand géographe dit même : « Le parallèle
« de Syène, lequel est celui qui partage à peu près en deux
« portions égales la largeur et l'étendue de la terre connue
« *dans le sens de latitude.* » Dans ses tables, cette ville est
placée par le 23e degré 50 minutes de latitude nord.

Dans Pline, nous ne rencontrons pas non plus d'autre
Syène que celle située près du tropique du cancer (1). Selon
cet auteur, ce fut là que les astronomes construisirent un
puits très profond qui, au moment du solstice d'été, deve-
nait tout éclairé en dedans par les rayons du soleil, phé-
nomène qui a fait dire par les anciens que Syène étant sous
le tropique, le soleil, quand il entrait dans le signe du cancer,
ne projetait pas d'ombre (2).

Strabon (3) et Pomponius Méla (4) ne connaissaient pas
une autre Syène. Or, puisqu'il ne se trouve pas une ville du
nom de Syène sous l'équateur chez les géographes anciens,
ni chez les modernes, il s'ensuit que nos inductions nous
paraissent fondées, à savoir, que la diversité des opinions de

(1) Pline, *Hist. nat.*, liv. II, c. 73.

(2) On rencontre dans quelques mappemondes du moyen-âge une
légende sur ce fameux puits.

(3) Strabon, XVII.

(4) Méla, I, 9.

plusieurs auteurs du moyen âge sur la position de l'Aryne comme lieu terrestre, nous offrent une preuve de plus que les voyageurs européens n'avaient pas encore à cette époque franchi les limites où s'arrêtaient les connaissances de l'antiquité.

Pour mieux prouver que quelques auteurs du moyen-âge ont inventé l'existence d'une seconde Syène située sous l'équateur, nous transcrirons le passage entier de Bacon, auquel nous ajouterons d'autres éclaircissements.

Voici le passage :

« Medianum vero latus Indiæ descendit a tropico capri-« corni et secat æquinoxialem circulum apud montem mal-« cum (1) regiones ei conterminas et transit *per Syenam quæ* « *nunc Arym vocatur.* Nam in libro Cursuum planetarum « dicitur *quod duplex* est Syene; una sub solsticio, alia sub « æquinoxiali circulo, de qua nunc est sermo distans per « xc gradus ab occidente, sed magis ab oriente elongatur « propter hoc, quod longitudo habitabilis major est quam « mediatus cœli vel terræ et hoc versus orientem.

« Et ideo Arym non distat ab oriente per xc gradus tan-« tum, sed mathematici ponunt eam in medio habitationis « sub æquinoxiali distans æqualiter ab occidente et oriente, « septentrione. » (1)

Pierre d'Ailly admet aussi une seconde Syène située sous l'équateur, à une égale distance de l'orient à l'occident, du nord et du midi (2).

Nous avions pensé que les motifs qu'eurent les cosmographes occidentaux pour inventer une seconde Syène située à

(1) Bacon, *Opus Majus*, édition de Londres, de 1733, p. 195.
(1) Voyez l'*Imago Mundi*, de Pierre d'Ailly, c. XV.

l'équateur, consistaient en ce qu'ils ont voulu, d'une part, admettre la théorie des mathématiciens orientaux qui plaçaient l'Aryne au centre du monde, à égale distance des quatre points cardinaux; et, d'autre part, parce qu'ils trouvaient qu'Ératosthène et d'autres géographes anciens plaçaient à Syène sous le tropique le *premier degré*.

Et, en effet, s'ils avaient placé le centre du monde au tropique du cancer, la fameuse théorie du méridien de l'Aryne serait entièrement bouleversée.

Telle était notre première opinion; mais M. Reinaud vient de montrer que Gérard de Crémone, dans un traité intitulé: *Theoria planetarum*, voulant établir les limites de l'occident et de l'orient d'après le méridien d'Aryne, dit qu'il y avait *deux Cadix*, l'un à l'occident et l'autre à l'orient (1).

Cet auteur inventa ou supposa donc l'existence d'une seconde Cadix à l'orient, de la même manière que Bacon, Pierre d'Ailly et autres inventaient une ville du nom de Syène située sous l'équateur.

Quant aux raisons qu'eurent les cosmographes occidentaux pour inventer l'existence d'une seconde Syène située sous l'équateur, M. Reinaud pense que, Ptolémée, dans sa Géographie (liv. IV, chap. VII), faisant mention d'une petite île aux environs de l'équateur, et qu'il nomme Εσσινα ἐμπόριον, et que cette île, par la position qu'elle occupe, répondant à celle d'où les astronomes arabes firent partir le nouveau

(1) « Arim distat ab utrisque Gadibus, scilicet Alexandri et Herculis « æqualiter distat enim à Gadibus Alexandri partis inoriente, 90 gra- « dibus, et à Gadibus Herculis, positis in occidente, 90 gradibus et « ab utroque polo 90. »

Passage cité par M. Reinaud, Introduction à sa traduction d'Aboulféda, S III, p. CCXLVIII.

méridien central, les écrivains occidentaux furent frappés de la ressemblance manifeste entre l'Εσιμα de Ptolémée et la ville de Syène située en Égypte, près du tropique du cancer, et ils admirent alors l'existence de *deux Syènes*, l'une située à l'équateur et l'autre située en Égypte (1).

Nous nous sommes trouvé ainsi d'accord avec M. Reinaud, ayant pensé que l'existence d'une seconde Syène située sous l'équateur était une pure invention. Pour montrer encore que les cosmographes qui considéraient l'Aryne comme un lieu terrestre ne connaissaient pas, par expérience des voyageurs, aucune ville de ce nom, comme ils ne connaissaient d'autre Syène que celle située en Égypte, pour montrer encore ce fait, disons-nous, il suffira de faire remarquer que si l'Aryne, comme ils le soutiennent, demeurait située par 90 degrés de longitude et au centre du globe à égale distance des quatre points cardinaux, son emplacement serait alors dans la mer indienne même, et non pas une ville située sur le continent africain, ni dans aucune des îles de la mer orientale, et il était absurde de donner le nom d'une ville à un point purement mathématique (2).

C'est, selon nous, à cette persistance des cosmographes du moyen-âge de vouloir convertir un terme purement systématique en un point terrestre, en une ville, qu'est due la grande diversité d'opinions lorsqu'on a voulu l'appliquer à un point géographique.

(1) Voy. Introduct. de M. Reinaud à sa trad. d'Aboulféda, p. CCXLVI.

(2) Voyez la carte du système géographique de Ptolémée, corrigée par les Arabes d'Afrique et d'Espagne et par les modernes, donnée par M. Sédillot, à l'appui de son *Mémoire sur les systèmes géographiques des Grecs et des Arabes*, Paris. 1842.

C'est pour cela que les uns plaçaient cette prétendue ville d'Aryne à Kanka, à Lanka ou île de Ceylan; d'autres, à une autre Syène qui n'existait pas; d'autres, dans une île au milieu du monde, comme nous le voyons dans une mappemonde persane, qu'on trouve dans un manuscrit persan, n° 62 (ancien fonds persan), de la Bibliothèque nationale de Paris, et dont nous possédons une copie que M. de Slane a bien voulu nous donner. On y voit la coupole de la terre placée à la partie la plus élevée du globe et figurée en forme d'île au milieu du monde, à l'occident de l'Inde et à l'orient de l'Arabie. On remarque, dans la même mappemonde, la terre environnée par l'Océan, et celui-ci ayant pour limite les montagnes de Kaf.

Enfin, les divers points de la ligne équinoxiale (comme l'a fait remarquer M. Sédillot), qui ont été appelés *Aryne*, *Khobbet Arine*, *Arine*, *Kanka*, *Lanka*, *Kankader*, etc., quelle que soit leur liaison avec les systèmes cosmographiques de l'antiquité et du moyen-âge, on ne doit pas les regarder comme représentant un pays, *une ville de l'Inde*, une île, un fleuve, etc. Ce sont des termes purement systématiques.

Nous aurons l'occasion de revenir sur ce sujet, lorsque nous analyserons un passage de Pierre d'Abano, relativement au voyage de deux galères génoises.

XIX

Cet ouvrage se trouve au département des manuscrits de la Bibliothèque nationale de Paris (Mss. français, n° 7094).

Notre confrère, M. Paulin Paris, en a donné une notice, et ce savant académicien a fait remarquer qu'aucun géographe n'avait parlé de cet ouvrage jusqu'à présent (1).

Nous nous permettrons d'ajouter que l'ouvrage intitulé *Traité de la figure et image du monde* de ce cosmographe, est une traduction faite par lui d'ouvrages plus anciens composés en latin. « J'ay translaté (dit-il) ce livre de la figure de l'image du monde en moyen stille de *latin en françois*, suivant l'astronomie et les ystoires. »

Et, en effet, on y remarque la plupart des théories des cosmographes de l'antiquité, de ceux du moyen-âge, et plusieurs notions empruntées aux Arabes.

Nous croyons rendre un service en donnant ici quelques extraits de cette cosmographie, non seulement parce qu'elle est inédite, mais aussi parce que les notions qu'on y trouve étant puisées à des sources antérieures aux premières découvertes du XV° siècle (2), servent aussi à expliquer quelques-

(1) Voyez le t. V de l'ouvrage intitulé : *Les Manuscrits françois de la Bibliothèque du Roi*, par M. Paulin Paris, p. 191 à 197.

(2) Entre autres preuves que Jean de Beauvau avait puisées à des sources très anciennes, nous ferons remarquer qu'il parle encore de l'image de pierre, qui se trouvait au détroit de Gibraltar, ayant des clefs dans sa main *pour indiquer qu'au delà il n'y a pas de terre habitable !*

une des monuments cartographiques que nous donnons dans notre Atlas.

Au chapitre XV, f° 21 :

« Aveques l'aide de Dieu, des choses dessus dictes nous avons assez traicté de la création du monde et de sa situation, et comme la terre *est située et asize au meillieu du firmament* comme le centre ou ung point est au meillieu d'ung cercle, et si avons assez parlé de sa quantité et grandeur ; maintenant, à l'aide de Notre-Seigneur, nous dirons en ceste secunde partie de la division de la terre et de ses parties habitables. Et pour entendre ceste matière, il est à noter que de toute la quantité de la terre dessus dicte il n'y a habitable que la quarte partie des sphères d'après les philosophes. Et ceste quatre partie de la terre est divisée en quatre parts, ainsi qu'il sera dit icy dessoubs par l'exemple d'une pomme divisée par le millieu en quatre parties de long et travers : soit prinse la quarte partie de ceste pomme, et soit pellée ou mondée, et la pellure soit estandue sur aucune chose planne ou au meillieu de la main, au semblable se peut dire toute la terre habitable i de laquelle la moitié est appellée Orient et l'autre Occident. Et la ligne divisante et entre-coupante ses deux parties s'appelle ligne méridiennale, *et en la fin de ceste ligne y a une cité nommée Aryn* qu'on dit estre située au meillieu du monde (1).

(1) D'après ce qu'on lit dans le texte, il est permis de penser que Christophe Colomb aurait puisé dans un Traité de Cosmographie semblable à celui-ci, son idée bizarre de la forme de la terre, lorsqu'il la compare *à une poire partagée par le millieu*, dont une partie serait ronde et l'autre terminerait en cône (voyez cette lettre dans l'ouvrage de Navarrete, t. I, p. 256). *Cf.*, *Select Letters of Christopher Columbus*, par M. Major du *British Museum*. Londres, 1847, p. 130). Il faut rappeler ici que Jean de Beauvau termina ce traité de cosmographie en 1479, et

Et Ptolomée, en son secund livre du quadripartit, divise la terre habitable en quatre parties. C'est assavoir qu'on ymagine une ligne passante d'orient en occident par le meillieu de la terre habitable, ainsi que icelle ligne divise la partie méridionale de la septentrionale, et soit celle ligne distante de l'équinoxial par XXXVI degrés, et selon ceste division elle sera distante ou longtaine de la derrenière habitation en septentrion par XXXVI degrés ou environ, en tant que touche la largeur est LXVI degrés. Et aussi grande est la différence de l'équinoxial jusques au ciel artique avecques aucunes fractions. C'est assavoir XXVI minutes et XXX secundes ou environ ainsi que met Hally. Et en la fin de ceste ligne vers occident est le passage d'Ercules et par icy se fait ung passage en Espaigne, et y est la mer si estroicte que ung homme estant en ung des rivages peut voir ung autre estant de l'autre rivage, et est appelé vulgairement le destroit de Sibille ou le destroit de Gibraltar, et là sont troys isles desquelles ceulx qui passent en Espaigne en voient l'une près la terre d'occident. *Et y a une ymage de pierre tenant des clefs en sa main en dénotant que oultre ce lieu n'y a point de terre habitable.* Et en chascune des autres isles y a semblablement une ymage selon la manière dessus dicte. Et à la partie d'orient en icelle ligne sont les ymages de pierre en semblable manière tenans des clefs et démonstrantes que oultre ce lieu vers orient n'y a point de terre habitable. Et dit-on

la lettre de Christophe Colomb, où l'on trouve la même comparaison, est de 1498, et par conséquent près de vingt années postérieure.

M. Reinaud, sans avoir connu cette cosmographie de Jean de Beauvan, a cependant donné une explication très intéressante du passage de la lettre de Colomb dans son in... ...duction à sa traduction de la géographie d'Aboulféda, p. CCLIII.

que Hercules y mist icelles ymages en signe qu'il avait en son temps acquis tout le monde. Et la longueur de la ligne dessus dicte orientale selon Ptolomée et les autres suges est de cent quatre vins degrés, en divisant icelle ligne par le meillieu il demurra quatre vins et dix degrés vers orient et autres, quatre vins et dix degrés vers occident. Et la ligne divisante ou passante par le meillieu de l'autre ligne dessus dicte s'appelle méridionale en tant qu'elle passe par le meillieu de la terre habitable selon sa largeur, mais la première est dicte passer par le meillieu de la terre habitable selon sa longueur. Et est dicte ceste ligne méridionale pour ce qu'elle passe par les pôles du monde. C'est assavoir du pôle arctique jusques au pôle antartique et par le scénith de notre teste, c'est-à-dire par le regard du ciel qui est tout droit par dessus notre teste, et en quelconque partie que soit l'homme et en quelconque temps de l'an, quand le solail, par le mouvement ravissant du firmament, parvient jusques à sa partie méridionale, il est là mydi, et pour ce s'appelle ceste ligne ou ce cercle le cercle mis au mydi. Et pour ce quand il y a deux cités desquelles l'une aproche plus d'orient que l'autre ils ont divers mydis, et quand ils ont tout ung mydi, lors elles sont également distantes d'orient et d'occident, donques il aparoist que les deux lignes dessus dictes divisent toute la terre habitable en quatre parties et sont conjointes les lignes en ung lieu où ils s'entrecoupent, lequel lieu est ung point au meillieu de la terre habitable. Ainsi, par les choses dessus dictes il apert assez clerement que ceste quarte partie de la terre est seulement habitable ; et affin qu'il aparoisse mieulx, nous ferons ladicte quarte partie en cercle rond, en mettant lesdictes deux lignes ainsi qu'il aparoist

cy dessoubs. Ainsi chacune partie de la terre habitable est
réduite à son nom, chacune partie sera quarte part ainsi
que montre la figure

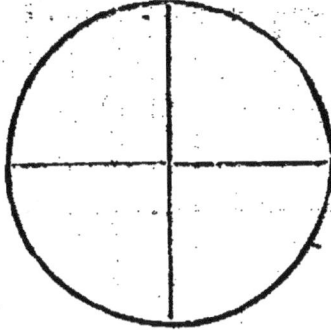

CHAPITRE XVI.

« Et toute ceste quarte partie est généralement divisée en
troys parties, c'est assavoir, en Asye, Europe et Afrique,
desquelles Asye tient la partie orientale, et dit-on qu'elle
contient en soy de la quarte habitable autant que les deux
autres parties contiennent, et fut nommée Asye d'une royne
ainsi nommée qui fut dame de icelle région, ainsi que disent
les ystoriens, et s'appelle Asye-la-Gran pour la grande
quantité de sa région, qui dure depuys septentrion, par
orient, jusques à mydi. L'autre partie est appelée Europe
d'ung roy qui s'appelloit Europ, et sa grandeur est depuys
occident jousques à septentrion et circonvoisine d'Asye. La
tierce partie est appellée Afrique de laquelle la grandeur
est depuis mydi jousques en occident. Et desquelles parties
et régions, et de leurs provinces et habitations apparoistra
si Dieu plaist cy après. Toutesfoys, premièrement et principalement, nous deviserons ou dirons des quatre quartes
dessus dictes c'est assavoir, de la quarte orientale et de son
habitation, semblablement de la quarte occidentale, septen-

trionale et méridionale. Après nous dirons particulièrement desdictes troys parties, et de la diversité de gens et nations habitant en icelles, et des autres choses qui naturellement y sont trouvées. Après nous parlerons *des sept parties de la quarte habitable qui se nomment climats*, et metrons la figure desdictes troys parties affin qu'on les entende mieulx. »

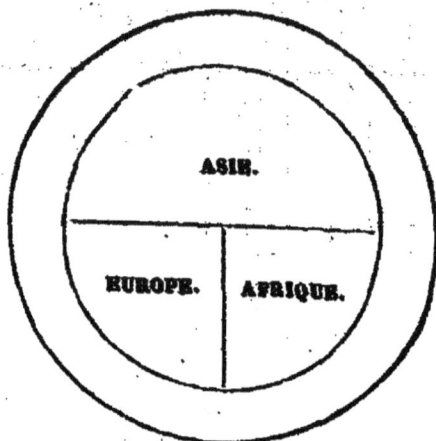

L'auteur, suivant la méthode qu'il a adoptée, passe à traiter des quatre parties de sa première division; et d'abord il traite de la *quarte* orientale; et après avoir nommé les différentes nations qui l'habitent, il fait observer que toute la rondeur de la terre habitable contient trente mers méditerranées, quarante montagnes et cinquante-sept fleuves de renom. Passant ensuite à la quarte occidentale, il énumère ses régions, fleuves, îles et montagnes. Il en est de même de quarte septentrionale et méridionale; mais en venant à traiter de cette dernière, dans laquelle l'Afrique se trouve comprise, *il commence par déclarer que cette partie n'était pas assez connue;* que dans la portion connue il n'y avait que deux mers, seize îles, six montagnes, douze provinces, soixante-quatorze villes et deux fleuves.

Parmi les provinces, il cite les suivantes : la province d'Egypte, d'Ethiope, d'Afrique la Mineure, des Gentilye, de Thugy, de Numidie, qui est une région joignant Carthage ; la province de Libye aussi en Afrique, la province de Pantalolyon, qui se joint et confine avec l'Arabie et la Palestine ; la province de Tripolis, de Mauritanie, de Césarée, la province de Mauritanie où sont les hommes noirs et la province de Sitesefex. Parmi les cités, il nomme Merceolos, Cretan, Thebras, Thebeys, Bétonice, Amora, Tolocine, qu'il dit être entre les mores ; Césarée, Mardocque, Syrenne, Sibean, Sabirte ou Saline, grande cité dans la province de Tripolis ; Lepris la Gran, dans la province de Tripolis ; de Calapas, de Discon, de Thenis, de Capsis, de Lepris la Mineure, de Hadeument, de Naples, de Merdian, de Chipres, de Cartage, de Utique, de Dypopon, de Cariton, de Trabicachin, d'Ipone, d'Oroyon, de Ruficaden, de Bally, de Celdris, et plusieurs autres dont les noms, dit-il, sont inconnus.

Parmi les fleuves, il mentionne le Nil qu'il dit naître de la terre qui est sous l'équinoxiale, et qui traverse l'Éthiopie ; et le Bagrada qui est dans la province d'Afrique.

Il passe ensuite à la description des trois parties de la terre de sa seconde division ; et, après avoir parlé de l'Asie et de l'Europe, il donne de l'Afrique la description qui suit :

« DE LA PARTIE D'AFRIQUE.

« Le commencement d'Afrique est à la fin d'Égypte, vers la cité d'Alexandrie, où est assise la cité de Paletone, sur la grande mer. Afrique est la tierce partie du monde, non pas par l'espace de mesure, mais pour ce qu'elle est environnée Et de l'Océan et estendue du long de la mer Océane à midy. la description des gens et des provinces d'icelle est en ensui-

vant Ybernie et la province Sirenaïque qui est après Égypte
en la partie d'Afrique. Et premièrement elle commence à
la cité de Paletone et de Cathalemon, et s'étend jusques à la
mer appelée Sillaines, où les autels des Sillaines sont et est
estendue jusques à la mer de l'Océan de midy, et y sont les
gens et nations qui suivent; c'est à savoir : Éthiopie, Libye
et les Garamantes, et du côté d'orient à Égypte, et du côté
de septentrion à la mer de Libye, et d'occident la mer
appelée les Gran-Syrtes et les Trogodictes qui ont contre
eulx l'île de Calipso, et du côté du midy l'Océan d'Étiope
et la province de Tripolis, qu'on appelle Basterne, ou la région des Auquattes, où est la cité de Leptis-la-Gran, appelée généralement les limites d'Afrique. Les Tonges ont,
du côté d'orient, les alpes ou autels des Sillaines, entre les
gran Syrtes qui valent autant à dire comme les grands
bancs de sables et la nation des gens trogodittes. Du côté de
septentrion ils ont la mer de Secille qui vault mieulx à dire
la mer Adriatique et les *petites* Syrtes. Du côté d'occident
ils ont la mer de Salines, de Lathe ou d'Italye. Du côté de
midy ils ont les Barbaires et les Getuliens et les Vencaures
et les Garamantes qui attaignent jusques à l'Océan d'Éthiope.
Ces gens yci, ne sont pas d'un lieu ne d'une province, mais
sont jusques à aujourd'huy ainsi qu'il est écrit par les précédents ystoriens sont de plusieurs provinces. Bisumcium est
une cité métropolitaine assise en cette province. Zeugis est une
province où est située Carthage-la-Gran. Umoudre est une
province où sont les Hiptiens, les Rogiens et les Rucicides,
sont cités et ont, du côté du septentrion, nostre mer, laquelle
regarde, du costé d'occident, la Sardaine et Secille, et du côté
d'occident ils ont la Mauritanie et Cytiphane. Et du côté de

midy ils ont Fasga. Et après eux ils attaignent jusqu'aux Éthiopes qui dure jusques à l'Océan. Cptiphence et Caphanence sont les Mauritaines qui apportent plus de fruits et sont mieux labourées, et de leur grandeur plus renommées. Et cela suffise pour la description desdites trois parties de la terre habitable. Toutefois aucuns auteurs mettent Libye sous Afrique, ainsi qu'il est dit, et Surie Jherusalem et la terre de promission ; et Grece, Romanie ; Tuscanne, Lombardie, Alexandrie et Espagne, avec toute Gascogne. Et en cette partie d'Afrique sont contenus tous les royaumes des barbares qui sont vers midy, comme le royaume de Tunis et de Maroc et de Cete et autres royaumes parvenants jusques à l'Océan d'Étiope. Et y a plusieurs autres régions et cités desquelles les noms sont prins et imposés aux noms des bêtes qui habitent en ces régions. *Ethiope est assise en la fin d'Afrique et outre Ethiope n'a point d'habitation pour la gran chaleur de la sainture brûlée du soleil ; et n'y a rien que lieux déserts, bêtes brutes et serpents jusqu'a la grande mer.* »

Il passe ensuite à traiter longuement des habitants et animaux de l'Inde, place le siége de Prete Jean, dans le Cathay, donne une longue description de l'empire du grand Kan des Tartares, et sur ce sujet s'étend jusqu'au chapitre 74e. Dans le 75e, il traite des climats de la quarte partie habitable de la terre, et il en compte sept, et commence de la manière suivante :

« Et quoique cette matière soit d'astrologie spéculative et ne soit pas commune à tous, toutefois par raison d'aucuns ayant introduction en icelle science, ou des voulans l'avoir, j'en escripray yci aucunes choses le plus clerement que je pourrai. Et premièrement diray que c'est que climat, secondement où ils commencent, tiercement la distance d'un climat à l'autre, quartement je diray les diversités des habitants des climats. Et quant au premier je dys que climat n'est autre chose que une espace de terre en laquelle espace il faut muer l'orloge selon la quantité de demye heure. Ainsi que toute la diversité du commencement des climats jousques à la fin d'iceulx est de trois heures et demie. Et toute la diversité du pol sur l'orizonte du commencement du premier climat jusques à la fin du septième, est de trente-huit degrés; ainsi que assez clerement on peut voir par la figure de la division des climats en ce livre peinte et figurée. Secondement où commencent lesdits climats; et la pratique c'est assavoir que si aucun veult savoir où commence le premier climat il le pourra savoir en ceste manière :

« Mettons que aucun soit soubs le cercle équinoxial et ait ung quadran ou ung astrolabe et regarde le pol, certainement il verra que le pol sera au plus près de sa vue. Et si icelui monte vers la partie septentrionale selon la ligne droite en tant despace que le pol artique soit eslevé sur l'orizont par douze degrés et demy, et la carte d'ung; adonques il pourra dire qu'il est au commencement du premier climat, et on peut voir ceci par le cadran ou astrolabe, e si iceluy mesme procède oultre jousque qu'il voye la haulteur du pol par vingt et un degré et demy, il saura qu'il est au commencement du second climat. Et ainsi en procédant continuellement vers septentrion, il pourra savoir en quel lieu les climats commencent, et où se fine et se termine le dernier climat. Et la fin du dernier climat, selon l'opinion de Alfragamme et les autres, mathématiques est où largeur du pol est trouvé de cinquante degrés et demi. Et cecy est bien près oultre la mer d'Angleterre, laquelle Angleterre est hors le climat et n'est point hors parla mauveise dudit lieu, mais pour ce que du temps de la division des climats n'estait point habitée, et pour avoir plus grand notice des sept parties des climats qui sont sept, leurs distinctions peuvent estre ainsi comprises. C'est assavoir qu'on entende ung grand cercle ceignant et environnant le corps de la terre soubs le pol artique et soubs le pol antartique, et aussi ung grand cercle ceignant et environnant toute la terre subs le cercle équinoxial, ainsi est que selon la situation de ces deux cercles deux mers ceignent et environnent toute la terre et celle mer qui ceint la terre subs les pols est appelée amphitrites, et l'autre qui ceint subs le cercle équinoxial est appelée la mer Océane. Ces deux mers dessus dictes divisent toute la terre en quatre parties desquelles *n'en y a que l'une habitée, c'est assavoir la partie ou la région septentrionale* et c'est celle qui est divisée en ses climats. Et l'angle ou le coing de la section ou division des des deux mers de la partie d'orient de ladite quarte habitable, est dicte simplement orient, et l'angle oposite *est dict occident.* Si adonques on faisait mensuration ou dimension *dudit* Océan vers septentrion par l'espace dessus dit et par la fin d'icelle dimension on mène une ligne en la superficie ou espace de la terre qui diste de l'Océan l'une, et l'autre terre, à la mer amphytrite contenant l'espace de la terre, entre la ligne ainsi escrite? et l'Océan est un climat. Et ainsi brefvement aparoist assez clér par les choses dessus dictes que c'est que *climat et comme et où ils commencent.* Du tiers que j'ay dit c'est de la distance du climat à l'autre et pour savoir ceci il est a noter que le cercle du ciel et le cercle de la terre sont soubs ung centre et autant de parties u'il yq a au plu long, autant en y a au plus petit. Ja soit (quoique)qu'ils ne soient pas egaulx ou d'une grandeur ainsi qu'on peut voir plus clerement au dernier chapitre de la première partie, mais ainsi est que une partie ou degré du ciel contient de degrés ou de parties de la terre LVI milles et deux tiers d'ung millier, selon la quantité du millier qui est terme de geometrien qui est de quatre C coudées. Adonque veue la hauteur du pol de deux lieux distant de septentrion, on pourra voir la différence de la hauteut du pol d'ung lieu ou d'une region jousques à l'autre, etc. »

XX

P. 103.

A l'égard des instruments d'observation dont les Arabes faisaient usage sur la mer indienne à l'arrivée de *Vasco de Gama*, et dont il est question dans Barros, le lecteur en trouvera les détails et les explications les plus curieuses dans la préface de la traduction d'Aboulféda, par M. Reinaud, p. CCXXIX à CDXLIV.

XXI

P. 107 et 191.

L'imperfection que nous remarquons dans les représentations du globe des dessinateurs des cartes du XIIIe siècle était justement blâmée par les savants du même siècle. Gervais de Tilbury dit à ce sujet : « *Considerantes, quod*

*ipsa pictorum varietas mendaces efficit de locorum varietate
picturas quas mappamundi vulgus nominat.* » (1)

XXII

P. 161.

Nous avons montré que l'embouchure du Gange était le
terme des connaissances positives d'Eratosthène et de tous
les géographes de son école; nous rappellerons ici que c'était
au Gange que se bornaient aussi les connaissances des Latins, même du temps de *Manilius,* qui plaçait l'embouchure
du Gange *à l'extrémité des terres habitables* (2).

XXIII

P. 175.— DU GLOBE QU'ON VOYAIT DANS LA CITADELLE DE SYRACUSE, DONT PARLE OVIDE, ET DE LA MOSAÏQUE DE LA PALESTRINE.

Pour éclaircir la citation que nous avons faite d'Ovide, au
sujet des représentations graphiques chez les anciens, nous
transcrirons ici un passage curieux, où ce grand poète parle
d'un globe qui existait dans le temple de Vesta.

« On dit que l'antique forme du temple (de Vesta) a été
« conservée, et la cause de cette forme, la voici : Vesta n'est
« autre que la terre; l'une et l'autre a son feu perpétuel, et

---

(1) Voyez *Otia Imperialia,* liv. II, et *Annal. Colmariens,* Ann. 1265,
Joan. Villan., lib., I, cap. 89.

(2) Voyez *Manilius, Astronomicon,* liv. IV—V, 754, t. II, p. 88 de
l'édition de Pingré. Jean Muller (*Regiomontanus*) publia le premier
l'ouvrage de Manilius.

Sur son système, voyez Delambre, *Histoire de l'Astronomie,* t. I, p. 251.

« la position du foyer sacré est modelée sur celle de la terre.
« Comme une balle sans appui, la terre, masse énorme, se
« tient suspendue au milieu de l'air qui l'environne. Son
« globe est maintenant en équilibre par son propre mouve-
« ment, et n'a point d'angle qui entraîne la balance. Ainsi,
« la terre est placée au milieu de l'univers, à distance égale
« de toutes ses parties. Si elle n'était point ronde, elle serait
« plus voisine d'un point que d'un autre, et ne serait point
« le centre du monde. Dans la citadelle de Syracuse *est un*
« *globe suspendu dans un air renfermé; petite, mais fidèle*
« *image de l'immense univers;* même distance sépare la terre
« des points supérieurs et inférieurs; c'est un effet de la ro-
« tondité. Le temple offre un aspect semblable. » (1)

Nous ajouterons à ce curieux passage d'Ovide quelques
mots sur la *mosaïque de la Palestrine.*

Cette mosaïque, qu'on fait remonter au Ier siècle, paraît
être une représentation géographique, quoiqu'une partie
des figures qu'on y remarque soient allégoriques (2). Déjà
l'abbé Du Bos regardait ce monument comme une espèce
de carte géographique de l'Égypte (3), et Barthélemy adopta
cette idée (4). Selon ce savant, ce monument représente
l'arrivée d'Adrien en Égypte et les pays que cet empereur
a parcourus, ainsi que l'état du Nil qui y est marqué. La
mosaïque représente un canton de l'Égypte (5). On y voit

(1) Ovide, *Fastes,* liv. VI, édition de Panckoucke, t. VIII, p. 143 et
suivantes.

(2) Voyez Mémoire de l'abbé Barthélemy sur cette mosaïque, dans le
t. XXX du Recueil de l'Académie des Inscriptions, lu en 1760.

(3) *Réflexions critiques sur la Poésie,* t. I, p. 347.

(4) Mémoir. de Barthél., déjà cité, p 544.

(5) Ibid., p 516.

les montagnes, les édifices, les animaux, les Ethiopiens, ainsi que le célèbre puits de Syène (1).

XXIV

P. 176, note 2. — SUR LA TABLE THÉODOSIENNE.

Le lecteur doit consulter, au sujet de cet intéressant monument, outre les auteurs que nous avons cités, la savante discussion de Gérard Meerman, dans le second volume de l'*Anthologie latine*, de Burman, p. 392, et dans Schoel, *Histoire de la Littérature romaine*, t. III, p. 250 et suiv. ; Cf. Freret, *Mémoires de l'Académie des Inscriptions*, t. XIV, p. 174.

XXV

P. 179. — SUR LES TRAITÉS COSMOGRAPHIQUES DU IVᵉ SIÈCLE DE NOTRE ÈRE.

Il n'existait pas seulement, à cette époque, des cartes géographiques, mais on possédait aussi des traités de géographie. Nous en connaissons un, en grec, de cette époque, dont il existe une ancienne traduction latine en style barbare, mais très littérale, sous le titre de : *Veteris orbis descriptio*.

Jacques Godefroi l'a retraduite et l'a publiée à Genève, en 1678, in-4°. L'ancienne se trouve aussi dans *les Petits Géographes* d'Hudson.

Nous ajouterons ici, au sujet des cartes des portiques des écoles d'Autun, que le passage d'Eumène donné par Du

(1) Voyez ce que nous avons dit sur le fameux puits de Syène, dans l'addition XVIII, p. 370.

Cange, dans son Glossaire, au mot *Mappamundi*, n'est pas aussi complet que celui que nous donnons, p. 179.

Saint Jérôme parle aussi de cartes géographiques de son temps, c'est-à-dire du IV⁰ siècle : *Sicut ii qui in brevi tabella terrarum situs pingunt* (1).

XXVI

P. 180. — V⁰ SIÈCLE.

Sédulius, poète qui vécut dans ce siècle, s'est occupé aussi de géographie et surtout de cartes. C'est par lui que nous savons que les matériaux recueillis par les commissaires de Théodose furent employés pour la rédaction d'une nouvelle carte géographique du monde entier, carte qui surpassait en exactitude celle qu'on devait aux soins d'Agrippa (1).

XXVII

P. 184. — NOTKER, SAVANT DU X⁰ SIÈCLE.

Ce savant était abbé du monastère de Saint-Gall au X⁰ siècle. Sur ses ouvrages, voyez Goldast *Rerum Germanicarum*, t. I, p. 58 ; Cf. Eckchard, c. 4, p. 228 ; Fabricius, *Biblioth. Mediæ et inf. latin.*, t. V, p. 425, et l'article que notre confrère à la société Philotecnique de Paris, M. Depping, publia, en 1822, dans le t. XXXI de la Biographie universelle, p. 407.

(1) Voyez saint Jérôme, épist. III, et sa Lettre toute géographique à saint Paulin sur l'étude des livres sacrés.

(1) Voyez, à cet égard, les vers de ce poète, dans Dicuil, édition de Letronne ; Cf. Schœl, *Histoire de la Littérature romaine*, t. III, p. 248. Labbé donne, à l'égard de cet auteur, de longs détails dans ses *Scriptor. Eccles.*, t. II, p. 324. Au sujet de ses ouvrages, voyez Fabricius *Biblioth. Mediæ et inf. Lat.*, t. VI, édit. in-8°.

XXVIII

P. 183. — MAPPEMONDES DU X° SIÈCLE.

Après la notice que nous avons donnée des onze mappemondes de ce siècle, nous en avons découvert encore trois
autres dans un manuscrit d'Isidore de Séville (MMs. 7, 585
et 538 de la Biblioth. nationale de Paris). Le lecteur pourra
examiner ces monuments dans notre Atlas.

XXIX

P. 184 et 185. — MAPPEMONDE INÉDITE DU XI° SIÈCLE, DE LA
BIBLIOTHÈQUE DE DIJON.

Après l'impression du texte de ce volume, nous avons eu
le bonheur de recevoir de Dijon le *fac simile* de cette intéressante mappemonde, dont il est question dans le texte.
Nous la faisons graver dans ce moment, et le lecteur pourra
l'examiner parmi les monuments publiés dans notre Atlas.

Ce monument représente encore, au XI° siècle, le système
de Macrobe et d'autres géographes de l'antiquité. On y remarque le système des terres opposées. On y voit la terre
habitable se borner simplement à la zone tempérée boréale.

Nous devons le *fac simile* de ce précieux monument géographique du moyen-âge à M. Garnier, archiviste du département de la Côte-d'Or et de l'ancienne province de Bourgogne.

Quoique nous ayons à donner l'analyse de ce monument
et de ses légendes dans un autre volume de notre ouvrage,
où nous publierons les détails pleins d'intérêt que M. Garnier

nous a envoyés, nous nous empressons de lui adresser ici les expressions de notre reconnaissance.

M. Libri, qui a vu ce monument pendant son séjour à Dijon, dit à cet égard « que cette mappemonde est digne de « l'intérêt des savants, qui ont accordé une attention spéciale « à la carte de Turin et à celle qui se trouve dans l'*Ormesta* « (MMs. d'Orose, de la Bibliothèque d'Alby) » (1).

P. 184.

Nous avons montré que, du XIᵉ siècle, nous connaissions jusqu'à présent à peine cinq monuments géographiques. Nous venons d'en découvrir encore un autre dans un manuscrit d'Isidore de Séville, de cette époque.

Tandis que les représentations graphiques du globe étaient si rares et si barbarement tracées, les études de l'astronomie paraissaient être plus en faveur parmi les savants du même siècle.

Nous lisons, en effet, dans la vie d'Odon d'Orléans, célèbre professeur de cette époque, le passage suivant :

« Jam vero si scholæ appropriares cerneres magistrum Odonem, nunc quidem peripateticorum more cum discipulis dicendo deambulantem, nunc vero stoicorum instar residentem, et diversas questiones solventem. Vespertinis quoque horis ante *januas ecclesiæ usque ad profundam noctem disputantem, et astrum cursus digiti protensione discipulis ostendentem, zodiacique seu lactei circuli diversitates demonstrantem.* »

(1) Voyez Notice des Manuscrits des Bibliothèques des départements, par M. Libri, p. 45.

XXX

P. 185. — XII° SIÈCLE.

Le rabbin Abraham composa dans ce siècle un traité de la sphère publié sous ce titre : *Sphera mundi authre rabbi Abrahamo Kispano.* Cet ouvrage fut commenté par Munster, et publié à Bâle, in-4°. (Voyez Delambre, *Histoire de l'Astronomie au moyen-âge.*)

XXXI

P. 185. — INFLUENCE DES CROISADES.

Sur l'influence des croisades, le lecteur doit consulter les deux excellents ouvrages de Heeren, intitulé : *Essai sur l'influence des croisades*, et celui de M. de Choiseul-Daillecourt, Paris, 1809, ouvrages qui ont partagé le prix décerné par l'Institut dans la séance publique du 1er juillet 1808.

La section quatrième de ce dernier ouvrage est consacrée aux lumières; on y voit signalée, quoique brièvement, l'influence des croisades sur chaque science en particulier.

En ce qui concerne la partie qui nous occupe, c'est-à-dire la géographie, l'auteur lui consacre près de quatre pages, où il nous fait remarquer que les Croisés parcouraient l'Asie avec les livres saints à la main, s'obstinant à retrouver tous les lieux dont il est fait mention dans l'Écriture ; ainsi n'apercevant pas cette superbe Babylone, ruinée depuis tant de siècles, ils donnèrent ce nom à Bagdad, quelquefois au Caire, villes nouvelles l'une et l'autre (1).

(1) Voyez *Mémoire sur l'Influence des Croisades*, par M. de Choiseul, p. 178.

Les cartographes donnaient aussi, dans leurs cartes, le nom de Babylone à une ville d'Asie, et, en même temps, à une autre ville d'Egypte qui correspondait au Caire (1). Ce ne fut véritablement que sous le règne de saint Louis, après que les croisades antérieures eurent établi de fréquentes relations avec l'Orient, qu'on commença à prendre des informations positives sur l'Arménie, sur les Indes, sur la Tartarie et d'autres pays.

XXXII

P. 186. — SUR LES MAPPEMONDES DRESSÉES AU XII° SIÈCLE ET CONNUES JUSQU'A PRÉSENT.

Après l'impression de notre texte, notre savant ami, M. Miller, nous communiqua deux autres mappemondes de ce siècle, qui se trouvent dans la collection des manuscrits latins de la Bibliothèque nationale de Paris (Ms. latin, n° 87, Navarre).

Ainsi, le nombre des monuments cartographiques déjà connus appartenant à ce siècle serait de huit.

XXXIII

P. 186, NOTE 3. — ABBAYE DE TÉGERNSÉE.

Cette abbaye célèbre était située dans la Haute-Bavière, sur le lac de Tegern, du côté du Tyrol, dans le diocèse de Freising (2).

(1) Voyez les mappemondes et les cartes du moyen-âge que nous donnons dans notre Atlas.

(2) Voyez Appendice sur Hugues Métel, p. 296, dans l'Histoire des OEuvres d'Hugues Métel, par M. de Fortia d'Urban. Paris. 1839.

XXXIV

P. 86. — CARTES CADASTRALES DES XII° ET XIII° SIÈCLES.

Dans ce premier volume, nous nous sommes borné à traiter des représentations graphiques du globe, antérieurement aux grandes découvertes du XV° siècle; nous devons dire néanmoins qu'il existe des cartes cadastrales des XII° et XIII° siècles. Nous citerons ici celles que Waldemar II, roi de Danemarck, fit dresser en 1231, et dont parle Gebhardi dans son Histoire du Danemarck. Les rois d'Angleterre ont fait dresser aussi, pendant le moyen-âge, sept cartes topographiques et cadastrales, dont quelques unes ont été reproduites par Gough dans son livre intitulé : *Anecdotes of British topography*, t. I, p. 50.

Les Italiens possédaient aussi des cartes topographiques pendant les derniers siècles du moyen-âge. M. Libri, dans son *Histoire des sciences mathématiques en Italie*, cite quelques travaux de ce genre. Ils avaient également des cartes perspectives.

XXXV

P. 190. — LA THÉORIE DE LA DIVISION DE LA TERRE PAR CLIMATS, ADOPTÉE PAR LES ARABES ET PUISÉE CHEZ LES ANCIENS.

Nous avons fait remarquer dans cet ouvrage que les mappemondes dressées par les Arabes étaient tracées, pendant le moyen-âge, d'une manière plus barbare que celle des Occidentaux; et, p. 337, nous avons produit l'opinion d'un savant sur leurs cartes géographiques. Nous nous permettrons d'ajouter ici que, en ce qui concerne ces dernières, les

Arabes ont puisé aussi les règles systématiques chez les Grecs, et surtout dans l'ouvrage de Ptolémée et dans les cartes de Marin de Tyr, géographes dont Massoudi a vu les cartes au Xe siècle. (Voyez, plus haut, le passage de cet auteur que nous transcrivons p. 337.) Mais les cartes géographiques qui nous sont parvenues des Arabes sont aussi d'une exécution grossière.

Il est vrai que les Arabes y ont apporté des changements. Tout en partageant la terre en sept climats, à partir de l'équateur, comme nous l'avons montré plus haut, ils partageaient chaque climat lui-même par des lignes perpendiculaires en onze parties égales, qui commencent à la côte occidentale de l'Afrique et finissent à la côte orientale de l'Asie. Ainsi, d'après le système arabe, le monde se compose de soixante-dix-sept carrés égaux, semblables aux cases d'un échiquier, ou à celles que forme sur une carte plate l'intersection des longitudes et des latitudes.

Nous venions d'écrire ces lignes, lorsque a paru l'ouvrage de M. Reinaud ; nous y voyons confirmé aussi par le savant orientaliste, que les Arabes ont puisé leurs doctrines cosmographiques chez les Grecs, et notamment dans les ouvrages de Ptolémée. Ils empruntèrent à ce grand géographe les divers cercles d'après lesquels étaient censés réglés les mouvements célestes. Ils donnèrent à ces cercles des dénominations qui n'étaient que la traduction de celles des Grecs, et ils empruntèrent même à ceux-ci la dénomination de pôle ou pivot, pour désigner les deux extrémités d'un axe autour duquel les planètes opèrent leur révolution diurne. Ils ont emprunté de même aux Grecs les signes du zodiaque. Les signes arabes sont en général les mêmes que

les signes grecs et pour le nom et pour la forme (1). Les
Arabes adoptèrent aussi la théorie des sept climats des
anciens.

Et, en effet, nous lisons dans Pline (Hist. nat., liv. VI,
ch. 34), qui a pour titre: *Digestio terrarum in paralleles et
umbras pares* (division de la terre en différents climats), que
la terre se divisait en sept climats. Nous y voyons commencer le premier par la partie la plus méridionale de l'Inde,
s'étendant jusqu'à l'Arabie et jusqu'aux colonnes d'Hercule.

Puis il mentionne les pays situés dans chacun des sept
climats, et termine en déclarant que ce calcul était des auteurs de l'antiquité, et que ceux qui ont écrit avec plus
d'exactitude ont ajouté trois climats pour les autres contrées
de la terre. Nous aurons l'occasion de revenir sur ce sujet
lorsque nous analyserons, dans le second volume de cet ouvrage, certaines cartes des Occidentaux, où on remarque la
théorie des climats. En attendant, nous ferons remarquer
ici qu'il ne nous est parvenu aucune carte arabe graduée.

XXXVI

P. 191-192. — NAPPEMONDES DU XIIIᵉ SIÈCLE.

Nous avons indiqué dans le texte que treize mappemondes
du XIIIᵉ siècle étaient déjà connues, dont onze formaient
déjà partie de notre Atlas; mais dans l'énumération nous
en avons seulement cité dix, ayant oublié de faire mention
de la mappemonde islandaise tirée d'une Saga publiée dans
une des planches de notre Atlas.

(1) Voyez l'Introduction de M. Reinaud à la traduction d'Aboulféda,
p. CLXXXI.

Depuis l'impression de notre texte, trois autres monuments de ce siècle viennent d'être découverts, faisant déjà seize monuments connus de cette époque.

XXXVII

P. 192. — MAPPEMONDES DU XIVᵉ SIÈCLE.

Dans le texte, nous avons signalé vingt-cinq mappemondes et portulans de ce siècle déjà connus. Nous ajouterons maintenant que, depuis l'impression du même texte, une autre mappemonde de ce siècle a été trouvée par M. Miller. Cette mappemonde fait aussi partie des monuments renfermés dans notre Atlas.

XXXVIII

P. 193. — IGNORANCE OU ON ÉTAIT, IL Y A ENCORE VINGT ANS, AU SUJET DE LA CARTOGRAPHIE DU MOYEN-AGE.

Nous avons déjà montré qu'à la fin du dernier siècle Robertson croyait la mappemonde de la Bibliothèque de Sainte-Geneviève, du temps de Charles V, la plus ancienne carte connue du moyen-âge, et que le savant Mannert croyait encore, en 1821, que les plus anciennes cartes du moyen-âge étaient celles de Sanuto, faites au commencement du V·XI siècle.

Maintenant nous ajouterons qu'il y a vingt ans l'abbé Halma, le traducteur des ouvrages de Ptolémée, connaissait encore si peu les cartes du moyen-âge qu'il pensait qu'elles devaient être *toutes* dressées d'après Ptolémée.

Il dit, en effet : « Il existait cependant une (traduction)

plus ancienne (de Ptolémée) par Boèce, sous le roi Théodoric, suivant Cassiodore. C'était de celle-ci, *sans doute*, que
se servaient les navigateurs italiens du moyen-âge pour se
diriger dans leurs courses maritimes et comme d'un modèle pour la construction de leurs globes et de leurs mappemondes, tels qu'en faisaient le frère de Colomb en Espagne
et Martin de Behaim » (1).

XXXIX

P. 198 ET 201. — SUR LES QUATRE FLEUVES DU PARADIS TERRESTRE ET SUR L'ARBRE DE LA VIE.

Sur cette théorie systématique des Pères de l'Église, nous
ajouterons à ce que nous avons dit ailleurs (2), que le lecteur
doit consulter à ce sujet l'ouvrage de Saint-Clément Romain,
dans la *Bibliotheca Patrum*, édit. de Lyon, t. II, p. 183 D.

Il doit consulter aussi Théophile, patriarche d'Antioche,
au sujet de ce qu'il dit relativement au fleuve *Ghion* ou *Geon*,
ce savant étant d'opinion que ce fleuve environnait toute la
terre d'Éthiopie. On y remarque une longue description du
Paradis (3). Christophe Colomb, rempli de ces traditions, se
trouvant à l'embouchure de l'Orénoque, crut reconnaître les
environs du Paradis terrestre, parce qu'il se croyait placé
aux extrémités orientales du monde.

Quant à l'arbre de la vie du Paradis terrestre, qu'on voit

(1) Voyez la préface de la *Géographie Mathématique de Ptolémée*, par
l'abbé Halma, p. XXXII. Paris, 1828.

(2) Voyez dans cet ouvrage, p. 13, 23, 34, 39, 55, 59, 60, note 1; —
64, note 1; — 45, 83, 99, 100, 108, note 2; — 112, note 3.

(3) Voyez *Bibliotheca Patrum*, t. II, pars II, fol. 155-D.

dessiné dans quelques unes des mappemondes du moyen-âge que nous donnons dans notre Atlas, et sur sa signification allégorique, le lecteur en trouvera l'explication dans les *Commentaires sur la Genèse*, par saint Eucher, évêque de Lyon, qui vivait au V⁰ siècle de notre ère. On trouve aussi, sur la même allégorie et sur l'expulsion de l'homme de ce lieu de délices, des passages curieux dans le tome V de la *Bibliotheca Patrum*, p. 700, et également dans le poème d'*Ermengaud de Béziers*, dans un manuscrit du XIV⁰ siècle, où on remarque une série de miniatures qui représentent Adam et Eve dans le Paradis, et leur expulsion, etc. (1).

LX

P. 198 ET 199. — JÉRUSALEM PLACÉE AU CENTRE DE LA TERRE DANS LES CARTES DU MOYEN-AGE.

En général, les peuples de l'antiquité, dont les connaissances géographiques du globe étaient très limitées, et en même temps, par un sentiment de vanité, croyaient que leurs pays étaient placés au centre du monde.

C'est par cette raison que les Juifs, et puis les cosmographes chrétiens, placèrent constamment *Jérusalem* au centre du monde, et les cartographes qui y puisaient leurs renseignements pour leurs représentations graphiques, placèrent dans leurs cartes la même ville au centre de la terre. Les Chaldéens regardaient Babylone comme le centre du monde,

(1) Bibliothèque nationale de Paris, manuscrit n° 7725. Notre confrère, M. Paulin Paris, donne une curieuse notice de ce manuscrit dans le t. VII de son ouvrage, intitulé : *Les Manuscrits français de la bibliothèque nationale*, p. 20 à 22.

les Indiens, les Thibétains, leurs pays respectifs, comme nous avons dit ailleurs. Les Grecs regardèrent longtemps le mont Olympe, et puis la ville de Delphes, comme le centre auquel venaient converger toute chose. Les Chinois ont cru de tout temps que leur empire était au centre du monde.

XLI

P. 211. — MAPPEMONDE DE LA CATHÉDRALE DE HEREFORD EN ANGLE-TERRE, DESSINÉE PAR RICHARD DE HALDINGHAM.

Nous avons dit que, dans cette mappemonde, les villes se trouvent figurées par des édifices de différentes formes, comme dans plusieurs cartes du moyen-âge. Quoique nous donnions une analyse détaillée de ce monument dans le second volume de cet ouvrage, nous croyons devoir dire ici que nous avons recueilli des notices sur ce curieux monument depuis l'année 1841. Notre confrère à l'Institut de France, M. Thomas Wright, qui a écrit lui-même un Mémoire sur ce monument, nous a fourni des renseignements, et nous a offert, à différentes reprises, d'en faire faire une copie pour être publiée dans notre Atlas.

Dans la portion seulement de cette carte, donnée par M. de Laborde, qui renferme la Palestine et l'Arabie, on remarque près de quarante édifices qui représentent les différentes villes dont les noms sont inscrits à côté (1).

(1) Voyez ce que nous avons dit au sujet de cette carte dans nos Recherches déjà citées, publiées en 1842, p. XCVIII de l'Introduction et p. 274.

Voyez aussi ce que nous disons au sujet de cette carte, p. 214 de ce volume.

XLII

P. 218. — SUR LES LISTES DE NOMS GÉOGRAPHIQUES QU'ON REMARQUE DANS CERTAINES CARTES DU MOYEN-AGE.

Les cartographes qui se bornaient à inscrire dans les différentes parties du globe une simple liste de noms géographiques, puisaient cette méthode, non seulement dans la cosmographie attribuée à *Æthicus* et dans l'ouvrage de *Julius Honorius*, comme nous l'avons dit, mais aussi dans la partie géographique de certaines chroniques et dans les ouvrages des cosmographes du moyen-âge.

On remarque, en effet, ces nomenclatures disposées de la sorte dans les écrits de Raban Maur au IXe siècle (1), dans le Traité géographique du XIIe siècle, attribué à Hugues de Saint-Victor (2), et dans plusieurs autres ouvrages.

Nous reviendrons ailleurs sur ce sujet.

XLIII

P. 221. — SUR LES MAPPEMONDES DE FORME CARRÉE DESSINÉES AU MOYEN-AGE.

Nous avons montré que *Alcuin*, au VIIIe siècle, considérait le monde *triquadrum*, et que quelques dessinateurs du moyen-âge le dessinèrent de la sorte dans leurs représentations graphiques; nous ajoutâmes que *Gervais de Tilbury* figurait le monde de forme carrée; nous montrâmes enfin, page 244, les raisons qui agirent sur l'esprit des cosmographes et des

(1) Voyez, sur Raban Maur, le § IV de ce volume, p. 37 et suiv.

(2) Voyez, sur Hugues de Saint-Victor, le § VII, p. 63.

cartographes pour représenter le monde sous cette dernière forme. Maintenant nous citerons deux mappemondes nouvellement découvertes où on remarque ces deux systèmes mêlés ensemble.

D'abord une mappemonde du X⁰ siècle qui se trouve dans un manuscrit latin de la Bibliothèque nationale de Paris, n° 538, de cette époque, où on remarque la division d'Alcuin encadrée dans un carré et entourée par la mer.

Les mêmes particularités se font remarquer dans une autre mappemonde du XIII⁰ siècle renfermée dans un manuscrit d'Isidore de Séville de la même Bibliothèque (1).

XLIV

P. 223-224. — SUR LE TRACÉ DE PLUSIEURS MAPPEMONDES
AU MOYEN-AGE.

Aux mappemondes déjà citées dans les pages 224 et 225, doivent être ajoutées deux autres mappemondes du X⁰ siècle, découvertes, après l'impression de notre texte, par notre savant ami M. Miller. Ces deux précieux monuments se trouvent dans un manuscrit renfermant les ouvrages d'Isidore de Séville (Ms. latin de la Bibliothèque nationale, n° 7583); et enfin une troisième mappemonde du XIII⁰ siècle.

Quant aux mappemondes où une simple ligne circulaire représente le disque de la terre, où une autre ligne coupant le centre du nord au sud, sépare l'Europe et l'Afrique de l'Asie, et où une autre enfin, tracée de l'occident à l'orient, sépare l'Europe de l'Afrique; quant aux monuments

(1) Voyez ces deux monuments dans notre Atlas.

de cette catégorie, disons-nous, il faut ajouter aux quatre que nous avons mentionnés, page 226, six autres nouveaux découverts après l'impression de notre texte.

Ces mappemondes sont les suivantes :

I. — Une mappemonde du X° siècle, qui se trouve dans un manuscrit d'Isidore de Séville.

II. — Une autre du XI° siècle, qui se trouve également dans un autre manuscrit renfermant les ouvrages du même auteur.

III. — Une autre du XII° siècle, qui se trouve également dans un autre manuscrit de cette époque.

IV. — Une autre petite mappemonde, du même siècle, qui se trouve dans le manuscrit latin n° 87 (fonds de Navarre) de la Bibliothèque de Paris.

V. — Une autre du XIII° siècle, qui se trouve dans le manuscrit latin n° 6 (fonds de Navarre).

VI. — Une autre mappemonde coloriée, du XIII° siècle, avec légendes, renfermée dans un magnifique manuscrit d'Isidore de Séville, de la même Bibliothèque (1).

XLV

P. 232. — SUR LA FAUSSE DIRECTION DONNÉE AU COURS DU NIL DANS LA PLUPART DES CARTES DU MOYEN-AGE.

Aux cartes que nous avons citées, où on remarque la fausse direction du Nil, coulant de l'est à l'ouest, nous devons ajouter celle d'Hereford, du XIV° siècle, quoique l'auteur

(1) Nous donnons tous ces monuments dans notre Atlas.

Richard de Haldingham fasse traverser ce fleuve par la Thé-
baïde et près du monastère de Saint-Antoine dans le désert.

Sur la théorie du cours du Nil, il faut consulter aussi
l'ouvrage de *Scortia*, intitulé : *De natura et incremento Nili,
libri duo* (1617).

Cet écrivain cite, à l'égard du Nil, les opinions de deux
cent quarante-quatre auteurs.

Ce livre paraît être rare. Les différents bibliographes que
nous avons consultés n'en font pas mention.

XLVI

P. 234 A 236. — SUR LES MAPPEMONDES OU ON REMARQUE LE
PARTAGE DE TROIS PARTIES DE LA TERRE ENTRE LES DESCENDANTS
DE NOÉ.

Aux trois monuments dont nous avons fait mention, et
dans lesquels on remarque le partage de la terre entre les
descendants de Noé, nous devons ajouter quatre autres mappemondes découvertes après l'impression de notre texte,
savoir : deux du Xe siècle, qui se trouvent dans un manuscrit
d'Isidore de Séville de la Bibliothèque nationale de Paris
(Ms. latin, suppl. lat., n° 538); une autre du XIIIe siècle (ibid.,
Ms. latin, n° 7580); et une autre dans le Ms. latin, n° 7583
de la même Bibliothèque; enfin, une quatrième mappemonde tirée de l'édition *princeps* d'Isidore de Séville, de 1493,
copiée sans doute d'une représentation originale renfermée
dans des manuscrits antérieurs au XVe siècle.

Nous avons reproduit ce monument dans la 2e planche de
notre Atlas, monument n° 11. Nous donnons aussi les autres
dans la même collection.

Les dessinateurs de ces cartes représentaient ainsi le monde partagé entre les fils de Noé, d'après les chroniqueurs et les cosmographes.

Julius Pollux, écrivain qui vivait au V° siècle de notre ère, et qui composa un ouvrage intitulé : *Historia naturalis de mundi fabrica ex genesi et subsequentibus chronicis*, fournissait aussi aux auteurs du moyen-âge et aux cartographes des passages relatifs au partage général des trois parties de la terre entre les descendants de Noé (1). Ils rencontraient aussi le même partage indiqué dans une chronique anonyme du VI° siècle (année 529), où ce partage était signalé sous le titre : *Divisio terræ et tribus filiis Noe* (1), de même que dans la chronique composée par Herman *Contractus* au XI° siècle (3).

XLVII

P. 237 ET SUIV. — SUR LE GOG ET LE MAGOG.

Nous avons déjà parlé, dans plusieurs endroits de cet ouvrage, des peuples du Gog et du Magog, et malgré l'obligation où nous serons d'y revenir dans le second volume de cet ouvrage, nous ajouterons ici, comme éclaircissement de notre texte, que le géographe arabe Bakouy parle ainsi du pays de Gog :

« Gog et Magog sont des enfants de Japhet, fils de Noé.

(1) Voyez *Julius Polux*, édition de Hart, publiée à Leipsik, en 1742, in-8°, avec le texte grec.

(2) Labbe publia cette chronique sous ce titre : *Anonymi de divisio-*

(1) Voyez plus haut p. 319, addition IX.

nibus et generationibus gentium.

Voyez la *Bibliotheca Manuscriptorum Nova* de cet auteur, t. I, p. 298.

« On prétend que lorsque Dhoulcarnaïn alla dans le pays de Gog et de Magog ces peuples s'assemblèrent autour de lui, et se plaignirent que derrière les montagnes il y avait une nation nombreuse qui venait ravager leur pays, et se prirent à bâtir une grande muraille pour les arrêter, ce que ce prince exécuta (1). »

M. de Sacy pense que cette fable est la grande muraille de la Chine, et il renvoie à d'Herbelot qui en parle beaucoup.

Le lecteur doit consulter sur ce sujet l'ouvrage intitulé : *Recherches sur les populations primitives et les plus anciennes traditions du Caucase*, p. 40 à 47, par notre savant confrère à la Société de Géographie, M. Vivien de Saint-Martin. Paris, 1847.

XLVIII

P. 240 à 243. — SUR LE SYSTÈME COSMOGRAPHIQUE DE PLATON ET D'AUTRES AUTEURS DE L'ANTIQUITÉ, ADOPTÉ EN PARTIE PAR DES COSMOGRAPHES ET DES CARTOGRAPHES DU MOYEN-AGE.

Nous avons montré que plusieurs cartographes suivirent le système de Platon dans leurs représentations cosmographiques, les mêlant ensemble avec les théories systématiques de Ptolémée et des Pères de l'Église.

Afin d'éclaircir mieux ce sujet et pour que le lecteur puisse comparer les monuments de ce genre, publiés dans notre Atlas, avec l'explication que nous donnons dans notre

(1) Voyez *Not. et Extr. des Mss.*, t. II, p. 536.

texte et avec l'analyse qu'il trouvera dans le deuxième volume de notre ouvrage, nous dirons ici quelques mots sur les systèmes cosmographiques du Timée, de Platon et d'Aristote, qui sont les sources primitives auxquelles remontent les systèmes qui, en se modifiant plus tard par les théories de la cosmographie chrétienne, servirent de base à certains cartographes du moyen-âge pour leurs représentations graphiques.

SYSTÈME DU TIMÉE.

D'abord il place la terre au centre de l'univers ; sur la terre s'appulent tous les dieux sans exception. Depuis la surface de la terre jusqu'à l'orbite de la lune, Timée place l'eau, l'air et le feu élémentaire. Depuis la lune jusqu'aux étoiles fixes sont placés le soleil, Vénus, Mercure, Mars, Jupiter et Saturne. Après se trouve la substance éthérée, toute divine, pure et sans aucun mélange de matière (1).

SYSTÈME D'ARISTOTE.

Dans le livre sur le système du monde, attribué à ce philosophe (2), Aristote place la terre au centre de l'univers, fixe et immobile. Autour d'elle immédiatement il place

---

(1) Rapprocher ce système de ceux dont il est question p. 240 et 241, de celui de la cosmographie d'Asaph au XIe siècle, p. 319, et des monuments cosmologiques que nous donnons dans notre Atlas du XIVe et du XVe siècle.

(2) Voyez, à cet égard, les remarques de l'abbé Batteux de l'Académie des Inscriptions, publiées à la suite de sa traduction de l'ouvrage attribué à Aristote. Paris, 1768.

l'air qui l'environne. Dans la région plus élevée est la demeure des dieux (le ciel); il est rempli de corps divins que nous appelons astres. Le ciel et le monde sont sphériques. Puis il parle des deux pôles, et il dit :

« De ces deux pôles, l'un, au nord, est toujours visible sur notre horizon; c'est le pôle arctique; l'autre, au midi, reste toujours caché pour nous, c'est l'antarctique. Il place tous les astres en différents cercles; les fixes sont les plus éloignés de la terre. Les sept planètes se meuvent chacune dans autant de cercles concentriques, de manière que le cercle d'au-dessus est plus grand que celui d'au-dessous, et que les sept, renfermés les uns dans les autres, sont tous renfermés dans la sphère des fixes. Immédiatement après les fixes est Saturne, puis Jupiter, Mars, Mercure, Vénus, le soleil, la lune et la terre. »

La mer et la terre sont placées au dessous de l'air. La terre tout entière (selon lui) *est une seule île environnée par la mer nommée Atlantique* (Ζέφυρος).

Aristote ajoute : « Il est même probable qu'il y a d'autres terres au loin, les unes plus grandes, les autres plus petites que celle-ci, mais qui *nous sont inconnues*. Ce que nos îles sont à l'égard des mers qui les environnent, la terre habitée l'est à l'égard de la mer prise dans sa totalité. Ces terres ne sont que des grandes îles, baignées par des grandes mers. »

Dans le chapitre VI, en parlant des dieux, il dit : « Aussi dans la première et la plus haute région de l'univers, au sommet du monde, comme a dit le poète, il se nomme Très-Haut. Il agit sur tous les corps voisins de lui, et ensuite sur tous les autres corps, à proportion de leur proximité, descendant par degrés jusqu'aux lieux que nous habitons. »

Il divise la terre en Europe, Asie et Libye : division adoptée par un grand nombre d'auteurs et de cosmographes du moyen-âge.

La terre habitée, selon le livre attribué à Aristote, est resserrée dans un espace étroit (1).

Et en effet, comme nous l'avons déjà signalé ailleurs, la terre habitable des anciens ne comprenait que la zone tempérée septentrionale, même du temps de Pline (2).

Les auteurs et les cartographes européens, pendant le moyen-âge, n'étaient pas plus avancés.

XLIX

P. 246. — SUR LA FORME CARRÉE DONNÉE AU MONDE PAR CERTAINS CARTOGRAPHES DU MOYEN-AGE.

Nous avons montré que Raban-Maur, au IX⁰ siècle, pensait comme Lactance, saint Augustin et saint Jean-Chrysostôme, qui trouvaient que le sytème de Ptolémée était en contradiction avec quelques passages de la Bible, notamment *sur la rondeur de la terre*, et que, d'après l'Évangile, il conviendrait mieux de donner à la terre *la forme carrée*. Nous avons montré que *Cosmas* au VI⁰ siècle, Gervais de Tilbury au XIII⁰ (3), Nicolas d'Oresme dans le siècle suivant, et Guillaume Fillastre au XV⁰ siècle (1417) donnèrent encore au monde la forme d'un carré. Maintenant nous ajouterons qu'après l'impression de notre texte trois autres mappemondes ont été découvertes, qui représentent cette théorie

(1) Voyez le Traité d'Arioste *De Mundi*.
(2) Voyez Pline, *Hist. nat.*, liv. II, c. 68.
(3) Voyez plus haut § VIII, p. 107.

systématique de la cosmographie chrétienne; savoir : 1° une mappemonde renfermée dans un manuscrit du X° siècle des ouvrages d'Isidore de Séville, conservée à la Bibliothèque nationale de Paris; 2° une autre mappemonde du XIII° siècle, renfermée également dans le manuscrit latin, n° 7500, de la même Bibliothèque; enfin une autre mappemonde coloriée, qui se trouve dans le manuscrit du commencement du XIV° siècle, renfermant le poème d'Ermangaud de Béziers (1). Dans ce dernier monument on remarque le monde de forme ronde, encadré dans un carré, afin sans doute de concilier les deux systèmes, celui de la rondeur de la terre, d'après les cosmographes grecs et latins, avec la forme carrée de la cosmographie des Pères de l'Église.

Quant aux deux premières mappemondes, la terre y est figurée entièrement de forme carrée (2).

L

P. 256-257. — SUR LES ERREURS DES CARTOGRAPHES OCCIDENTAUX RELATIVEMENT A LA POSITION DES BOUCHES DU GANGE.

Pour mieux éclaircir ce que nous avons dit relativement aux erreurs dans lesquelles sont tombés les cartographes occidentaux qui prenaient pour base de leurs travaux la mappemonde de Ptolémée, nous ajouterons que lorsqu'ils adoptaient les bases du géographe d'Alexandrie, en ce qui concerne l'emplacement des bouches du Gange, ils les pla-

(1) Voyez ce monument dans la planche II de notre Atlas, monument n° 8.

(2) Voyez ces deux monuments dans notre Atlas, planche V, n° 5.

çaient trop à l'est. Et en effet Ptolémée les a reculées plus à l'est de plus de 40 degrés au delà de leur véritable position, ce qui faisait une erreur de près de 1,200 lieues.

LI

P. 261. — SUR LES ROSES DES VENTS DE MICHEL PSELLUS, MATHÉMATICIEN DU XI° SIÈCLE, ET D'HERRADE AU XII° SIÈCLE.

Aux différents auteurs du moyen-âge, qui traitent de la rose des vents et que nous avons cités dans le texte, nous ajouterons *Michel Psellus*, mathématicien célèbre de Constantinople, auteur d'un grand nombre d'ouvrages, et qui vécut dans le XI° siècle (1080). Il s'occupa aussi de cosmographie et de géographie. Fabricius cite, à cet égard, parmi les ouvrages de ce savant, les traités suivants : *De Partibus Mundi*, — *De Fluminibus*, — *De Circulorum initiis quæ habent Cœlum, mare*, etc. (1). Mais malheureusement entre les nombreux ouvrages de ce savant, qu'on a publiés, personne n'a jusqu'à présent mis en lumière la partie cosmographique et géographique, quoiqu'on ait eu soin de publier jusqu'à son traité sur *la Nature des Démons*, qui a eu les honneurs d'une traduction italienne (2).

Dans un ouvrage où Psellus traite de l'astronomie, et

(1) Voyez Fabricius, *Bibliotheca Græca*, t. X, p. 64. Il existe aussi, à la Bibliothèque de Vienne en Autriche, un opuscule de cet auteur, qui traite du Paradis terrestre.

(2) Sur les nombreux ouvrages de Psellus, qui ont été publiés, voyez Hoffmann, *Lexicon Bibliographicum, sive Index editionum et interpretationum Græcarum*, t. III, p. 492 et suiv. Leipsick, 1836.

qu'on rencontre dans un manuscrit de la Bibliothèque nationale, on remarque, au chapitre CXXII, ce qui suit :

« Les philosophes (dit-il) divisent le ciel en plusieurs cercles. Le premier, l'équinoxial, le partage par le milieu et sépare les parties septentrionales des méridionales ; ensuite, ils placent à droite le cercle d'été (θερινὸν), et l'arctique à gauche, le notius (notus ?) Νότιον et l'antarctique. Ils forment un autre cercle, le méridional (μεσημβρινὸν), placé du levant au couchant, et coupant les cinq cercles dont nous venons de parler, et partageant la partie orientale et la partie occidentale ; ils appellent ce sixième cercle horizon (ὁρίζοντα), qui sépare les deux hémisphères. Le septième cercle est le zodiaque, commençant au cercle d'été (θερινὸν), coupant l'équinoxiale, et finissant au notius (Νότιον). »

Au chapitre CLXXV, il parle des fleuves. Là, il dit qu'en Lybie sortent des monts éthiopiens les fleuves l'Ægon (ὁ Αἰγών), le Nysses (Νύσσης), le Chrometès (Χρεμέτης), et il ajoute que le Nil court du mont d'Argent.

Quant à la rose des vents, c'est au chapitre CXLVI du manuscrit que nous avons cité, qu'elle se rencontre.

Voici les divisions de la rose :

Quatre vents : d'Est (ἀπηλιώτης), le Zéphir (Ζέφυρος), le Borée et le Notus.

Du couchant équinoxial souffle le Zéphir.

Du levant équinoxial, l'Apeliotes ou d'est.

Du pôle arctique, l'Aparctias.

Du sud-est souffle le Notus.

Du levant d'été, le Cæcias.

Du couchant d'hiver, le Lips.

Du levant d'hiver, l'Eurus.

Du couchant d'été, l'Argestès, appelé par Ptolémée Iapyx.

Le Borée souffle entre le Cœclas et l'Aparatias.

Le Thrascias, entre l'Aparatias et l'Iapyx.

L'Euronotus, entre l'Eurus et le Notus.

Le Libonotus, entre le Lips et le Notus, appelé aussi Phœnicias.

Dans les manuscrits grecs des XIV⁰ et XV⁰ siècles, on rencontre des roses des vents en douze divisions. Parmi celles-ci nous devons à M. Miller la communication d'une assez curieuse, que nous nous proposons de donner dans notre Atlas.

Nous ajouterons ici quelques mots au sujet de la rose des vents d'Herrade, dans son encyclopédie intitulée *Hortus deliciarum*, dont il a été question à la page 201.

Herrade donne aussi la rose grecque en douze divisions, avec les noms grecs estropiés. Dans le manuscrit de cet ouvrage, conservé à Strasbourg, on remarque cette rose des vents que M. Le Noble a restituée en partie.

Voici la rose en question :

1. Boreas.
2. Mesquias, pour Meses.
3. Enesquias.
4. Apeliores, pour Apeliotès.
5. Eurus.
6. Stimbras.
7. Auster.
8. Iunoletus, pour Libonotus.
9. Zips, pour Libs.
10. Zephinus, pour Zephyrus.

11. Argostes, pour Argestes.

12. Triquias, pour Thrascias.

On rencontre dans l'édition de Bède, de 1563, t. II, p. 35, une rose des vents en douze divisions. Cluverius, dans son introduction à la Géographie (1), donne les dessins de deux roses de douze divisions avec les noms de celle des Grecs; une autre, également de douze divisions, avec les noms en usage chez les Italiens; et, enfin, une troisième de trente-deux divisions.

Les Arabes, aux IX⁰ et X⁰ siècles, faisaient usage d'une rose de quatre divisions. Massoudi nomme les quatre vents cardinaux avec les noms arabes, et mentionne les phéno-nomènes météorologiques qu'ils produisent (2). De la même manière que les cosmographes et les cartographes de l'Europe avaient fait usage, pendant le moyen-âge, des roses des vents dont les Grecs se servaient, de même aussi ils ont adopté le zodiaque des Grecs qu'on remarque dans presque tous les manuscrits astronomiques et géographiques de cette époque.

M. Letronne, dans un Mémoire du plus haut intérêt, publié le 15 août 1837, dans la *Revue des deux mondes*, s'est proposé de prouver que notre zodiaque est dû aux Grecs.

L'origine des signes du zodiaque a fourni le sujet d'un grand nombre de travaux. Dernièrement encore, M. Biot père a discuté ce sujet.

Le lecteur doit consulter à cet égard les savantes investigations de cet illustre physicien, dans les Mémoires de l'Académie, t. XIII, p. 777.

(1) Voyez Cluverius, édition Elzivir, année 1661.

(2) Voyez *Not. et Extr. des Mss.*, t. VIII, p. 144 et suiv.

On doit le comparer aussi avec le Mémoire de M. Letronne, inséré au Journal des Savants en 1840. Ce Mémoire a pour titre : *Sur l'origine du zodiaque grec et sur plusieurs points de l'astronomie et de la chronologie des Chaldéens, à l'occasion d'un Mémoire de M. Ideler* (1).

Sur les zodiaques orientaux, voyez la savante note de M. Libri : *Histoire des sciences mathématiques en Italie*, t. I, p. 380, note XIV.

LII

P. 290, NOTE 2.

Herwart de Hohembourg, chancelier de Bavière, savant du XVI⁰ siècle, composa l'ouvrage dont il est question dans notre texte, et qui a pour titre : *Admiranda ethnicæ theologiæ mysteria propulata*, etc., publié à Munich, 1626, in-4⁰. Ce livre est fort rare.

LIII

P. 296, NOTE 3.

Etienne Pasquier, que nous citons à propos du passage de Guyot de Provin.. sur l'aiguille nautique, dit dans le tome I⁰⁰ de ses Recherches, liv. IV, p. 370, chap. XXV, qui a pour titre : *Contre l'opinion de ceux qui estiment que l'invention du quadrant des mariniers est moderne :*

« Le quadrant des mariniers est appelé, par les Italiens, boussole. Les mariniers s'en servent de la manière suivante :

« L'étoile polaire qui fait la queue de la petite ourse, ainsi

(1) Ce Mémoire a été tiré à part; nous en devons un exemplaire à l'obligeance de l'auteur.

nommée pour être la plus prochaine de celles qui sont près du pôle arctique, est appelée en la mer Méditerranée, par les Italiens, Tramontaine.

« L'aiguille se met chez nous dans une figure *carrée*, qui est la cause pour laquelle nous l'appelons quadrant. Les Italiens la mettent dans une petite boîte, qu'ils appellent boussole. Quelques uns estiment que ce soit invention moderne *trouvée par les Portugais depuis leurs grandes navigations ès terres incognues à nos anciens géographes.* Ils s'abusent, car du temps de *Jean de Mehun*, cette invention était en usage, comme nous l'apprennent ces trois vers :

« Un marinier, qui par mer nage,
« Cherche mainte terre sauvage,
« Tant il a l'œil en une estoile. »

LV

P. 299, NOTE 1.

L'usage de la boussole, en Orient, paraît ne pas être général encore vers la fin du XVᵉ siècle.

Une note qu'on remarque dans la fameuse mappemonde de Fra Mauro, de 1459, sur la mer Indienne, dont voici la traduction, prouve ce fait :

« Les navires, ou jonchi (*sic*)(1), qui naviguent dans cette « mer........................ portent un seul gouvernail, *et* « naviguent sans boussole ;* car il y a un astrologue qui se

(1) Voyez cette mappemonde dans notre Atlas.

« tient en haut et séparé, ayant un astrolabe à la main; c'est
« lui qui donne les ordres pour la navigation. »

Nicolas de Conti, vénitien, qui a fait le tour de l'Inde vers
la même époque, et qui y a demeuré l'espace de vingt-cinq
ans, dans sa description de la manière de naviguer des marins orientaux et de leurs pilotes, dit ce qui suit :

« Les navigateurs de l'Inde se règlent par les étoiles du
« pôle antarctique, qui est la partie du midi; car rarement
« ils voient notre tramontaine. *Ils ne naviguent point avec la*
« *boussole;* mais ils se conduisent selon qu'ils trouvent les
« étoiles hautes ou basses, ce qu'ils exécutent avec de cer-
« taines mesures dont ils font usage (1). »

Une autre relation d'un gentilhomme florentin qui accompagna Vasco de Gama lors de son voyage dans l'Inde, en
1497, dit aussi :

« Les marins de ces contrées ne naviguent point avec la
« tramontaine (*la boussole*), mais avec une espèce de cadran
« de bois (2). »

Et ailleurs il ajoute :

« Qu'on navigue dans ces mers *sans boussole*, et avec cer-
« tains cadrans de bois, etc. (3). »

---

(1) Voyez cette relation dans Ramusio, t. Ier, p. 379.

(2) Voyez cette relation dans la Collection de voyages de Ramusio,
t. I, ch. V, p. 137 et suiv.

(3) Ibid., ch. VIII.

LVI

Nous avons signalé, dans notre texte, que la forme hydrographique de tout le continent africain, depuis le cap Bojador jusqu'au cap Guardafui, sur la côte orientale, les côtes de la mer Rouge, celles de l'Asie méridionale, les immenses archipels de la mer orientale jusqu'au Japon, n'ont paru régulièrement dessinées dans les cartes modernes des occidentaux qu'après les découvertes et les explorations des Portugais. Nous avons également montré que les connaissances positives des cosmographes occidentaux ne s'étendaient pas, quant à l'Asie méridionale, au-delà du Gange. Ils étaient ainsi dans l'impossibilité de décrire les vrais contours hydrographiques qui n'étaient connus ni fréquentés par leurs voyageurs et leurs marins. Mais ce qui est plus surprenant, c'est que les Arabes, dont les navires partaient de la mer Rouge, de Sofala et du golfe Persique, se dirigeant vers l'est, n'étaient pas plus avancés que les occidentaux pendant le moyen-âge. Les Arabes croyaient toujours marcher dans la même direction, et ils n'ont pas connu non plus la grande saillie qui forme la presqu'île de l'Inde.

M. Reinaud montre que, lorsqu'ils étaient privés de l'avantage des moussons, ils ne perdaient pas de vue la côte, et, dès ce moment, ils mettaient peu d'intérêt à se rendre un compte exact de l'état du ciel; en même temps, la multitude des courbes et des sinuosités auxquelles ils étaient obligés de s'assujettir, troublaient leurs calculs. Ils ne jugeaient du contour général de la côte que par la position relative des deux points qui marquaient le commencement et la fin du voyage. De là vient cette compression des côtes qu'on remarque dans les cartes de l'antiquité et du moyen-âge, cette réduction sous la même ligne de caps et de golfes qui, sur les cartes modernes, forme une saillie considérable (1).

Quant aux côtes de l'Afrique, nous avons montré dans nos Recherches sur les découvertes des Portugais dans cette partie du globe, et notamment par les cartes renfermées dans notre Atlas, que la vraie forme de ce vaste continent n'a été dessinée dans les cartes qu'après les découvertes des Portugais (2). Maintenant nous ferons remarquer ici, à l'appui de ce que nous avons dit dans cet ouvrage, que *Juan de la Cosa*, dans sa fameuse mappemonde dressée en 1500, n'ayant pas encore connu les nouvelles cartes hydrographiques de l'Inde, dressées par les Portugais après le voyage de Gama, qui ne fut de retour à Lisbonne que le 29 juillet 1498, ne dessina pas encore la péninsule de l'Inde. Il se contenta de consigner, par la légende qui suit, la découverte effectuée par les Portugais :

« *Tierra descobierta por el rei don Manoel de Portugal.* »

Mais dans la belle mappemonde de Ruysch, de 1508, dressée après les voyages de Cabral (1500), du voyage de Gama (1502), de Lopez et de François d'Albuquerque (1503),

(1) Voyez l'introduction à la Géographie d'Aboulféda, par M. Reinaud, p. CCLX.

(2) Voyez nos Recherches citées (Paris, 1842), § XI.

de don François d'Alméida (1505), et autres, après ces voyages, disons-nous, Ruysch indiqua déjà, quoique d'une manière défectueuse, la saillie de la péninsule de l'Inde explorée par les Portugais et dessinée dans leurs cartes.

On remarque, enfin, dans les cartes postérieures à 1508, les contours des péninsules de l'Asie se perfectionner dans les cartes au fur et à mesure que les Portugais exploraient ces régions (1), et marquaient dans leurs cartes les vrais contours de leurs côtes, de la même manière qu'ils avaient fait pour les côtes de l'Afrique (2).

LVII

EXAMEN DES MOTIFS QUE PARAISSENT AVOIR EU LES ARABES, POUR PLACER DANS LEURS REPRÉSENTATIONS GRAPHIQUES DU GLOBE, LE SUD AU NORD, CELUI-CI AU SUD, — L'OUEST A L'EST, ET CELUI-CI A L'OUEST A L'INVERSE DES MAPPEMONDES ET DES CARTES DES OCCIDENTAUX.

A la page 338 et suivantes, nous avons fait remarquer que les quatre points cardinaux dans les cartes arabes se trouvent placés d'une manière différente de celle adoptée par les occidentaux, depuis les géographes grecs jusqu'à nos jours. Nous y avons indiqué que, dans les cartes arabes, le sud se trouve placé où les Occidentaux placent le nord, et le nord placé où ils placent le sud, — l'est se trouve à l'ouest, et celui-ci à l'endroit où nous plaçons l'est; et quoique les

(1) Voyez la IIIᵉ et IVᵉ partie de notre Atlas.
(2) Voyez nos Recherches citées, § XI, et les cartes-marines, renfermées dans notre Atlas.

Arabes, tout en plaçant le *sud* au haut et le *nord* au bas, n'altéraient pour cela ni la position des lieux terrestres ni les points cardinaux, et que le point qui est pour nous le nord, l'est aussi pour eux, et ainsi de suite. Il fallait cependant trouver le motif qu'ils eurent pour renverser dans leurs représentations graphiques la position des mêmes points cardinaux.

Nous pensons cependant que les Arabes et d'autres peuples orientaux en dressant ainsi les cartes, n'agissaient pas arbitrairement, et guidés par un caprice ou par une fantaisie, puisque nous trouvons ce système invariablement suivi par leurs géographes, et représenté dans leurs mappemondes dressées depuis le X⁰ siècle jusqu'au XVI⁰. C'est ce que nous attestent les mappemondes d'Ibn-Haucal, d'Albategny, de Massoudi, d'Édrisi, de Kasouiny, d'Ibn-Wardy et d'autres.

Nous croyons donc que les Arabes étaient forcés d'agir ainsi, afin de suivre leur système d'écriture qui diffère entièrement de celui des occidentaux. Ces derniers écrivant de gauche à droite, commencent tout naturellement la description géographique de la terre, en partant de l'occident vers l'orient, c'est-à-dire de gauche à droite, tandis que les Arabes, au contraire, écrivrant de droite à gauche, étaient, pour ainsi dire, forcés, selon nous, à dresser leurs cartes dans le sens inverse, en retournant le système des Européens, et de mettre ainsi l'*Ouest* à droite, ou à l'orient où nous plaçons l'*Est*, afin de commencer de droite à gauche leur description des lieux terrestres. Et c'est pour cela que nous remarquons dans la mappemonde de Kasouny, que nous donnons à la page 340, la description du premier climat commencer par la Chine, et se terminer au magreb du couchant, et ainsi de suite.

Or, les représentations graphiques de ces peuples devaient en conséquence être dressées d'après les deux systèmes d'écriture tout-à-fait différentes l'une de l'autre.

M. Reinaud dit en parlant de l'orientation des Arabes, que pour les points du nord et du midi, leur place était fixée par les points *est* et *ouest*, mais qu'ils ne pouvaient être dénommés que d'une manière arbitraire et conforme à un usage qui existait chez les anciens Hébreux, chez les Indiens, etc. Les Arabes, dans l'origine, pour s'orienter se tournaient vers le lieu du lever du soleil, de manière qu'ils avaient le *sud* à droite, le *nord* à gauche et l'*ouest* par derrière. En même temps par un rapprochement qui est fondé sur la nature, ils rattachaient les principaux vents à ceux des points cardinaux d'où ils venaient habituellement, et ils les dénommaient les uns par les autres. Le *nord* était appelé par les Arabes *le gauche*, l'est *le devant*, ou celui qui souffle *devant*, et l'ouest le *derrière* ou *celui qui souffle derrière*.

M. Rainaud ajoute « que l'équivalent de *droite* existe dans le mot *côté* qui sert à désigner le *sud*, c'est-à-dire le côté d'honneur et le côté par excellence » (1).

Or, il nous semble que d'après cette orientation, les Arabes n'avaient rien à altérer dans leurs représentations graphiques. — Et, en effet, s'ils avaient l'*est* ou l'orient en face, l'*ouest* par *derrière*, le *sud* à droite et le *nord* à gauche, leur orientation étant la même que celle des occidentaux, les quatre points cardinaux devaient en conséquence être placés aux endroits où ils sont indiqués dans les cartes des

---

(1) Voyez Introduction de M. Rainaud, p. CXCII et suiv., à la traduction d'Aboulfeda.

occidentaux. Ainsi ce que dit le savant orientaliste vient donner plus de poids au motif que nous assignons plus haut qui força les Arabes à figurer tout le contraire dans leurs représentations graphiques.

LVIII

REMARQUE SUR L'OPINION ERRONÉE DE GINGUENÉ, RELATIVEMENT A UN PASSAGE COSMOGRAPHIQUE DU *Morgante* DE PULCI, POÈME COMPOSÉ VERS LA FIN DU XVe SIÈCLE.

Pulci fait dire à Astaroth, c'est *une ancienne erreur* de croire qu'au-delà des colonnes d'Hercule, on ne peut pas naviguer, et le démon ajoute *que cette ancienne erreur, on avait été bien des siècles à la reconnaitre, les premiers peuples ne savaient pas cela* (1), selon eux, on ne pouvait aller dans un autre hémisphère.

Ginguené qui paraît n'avoir pas étudié l'histoire des systèmes cosmographiques qui eurent cours dans l'antiquité et pendant le moyen-âge, ajoute mal à propos ce qui suit : « Il « faut pour s'étonner, comme on le doit de ce passage, se « rappeler que Copernic et Galilée n'existaient pas encore, « et que Christophe Colomb ne partit pour découvrir le « Nouveau-Monde qu'en 1492, plusieurs années après la « mort de l'auteur du *Morgante*.

Et il conclut ainsi : « Astaroth, comme on le voit, est un « géographe et un astronome très avancé pour son siècle. »

_____

(1) Voyez Ginguené, *Histoire littéraire de l'Italie*, t. IV, c. V, p. 243.

Nous ferons remarquer d'abord, qu'il n'y avait pas de quoi s'étonner du fait que le poète de la fin du XV° siècle signalait, savoir : que c'était une erreur des anciens de croire qu'on ne pouvait pas passer au-delà des colonnes d'Hercule.

Et, en effet, étant né en 1432, et ayant vécu jusqu'en 1487, Pulci avait été contemporain des grandes découvertes et des navigations des Portugais commencées dès 1415. — A l'époque de sa mort, les marins de cette nation avaien déjà franchi les limites du monde connue des anciens et des navigateurs du moyen-âge au-delà des colonnes d'Hercule ; mais aussi ils avaient complétement détruit, par leurs découvertes, l'ancienne croyance qui avait traversé plusieurs siècles, croyance qui faisait penser que les zones intertropicales étaient inhabitées; personne ne l'ignore, un de leurs capitaines, Barthélemy Dias avait, une année avant la mort de Pulci, doublé le cap de Bonne-Espérance.

On voit donc d'après ces faits, qu'il n'y avait rien d'extraordinaire dans les connaissances géographiques de Pulci qui, du reste, nous le répétons, avait été témoin des immenses progrès que les navigations dont il s'agit avaient fait faire touchant la connaissance du globe.

Ses assertions mêmes que l'*ancienne erreur avait été bien des siècles à être reconnue*, sont, selon nous, une preuve qu'il parlait de l'état des connaissances de son temps, c'est-à-dire de celles qu'on avait en 1487.

En ce qui concerne les autres passages qui ont aussi étonné Ginguené, savoir : « L'eau est plane dans toute son étendue « quoiqu'elle ait ainsi que la terre la forme d'une boule, « *la terre est suspendue* parmi les astres, ici dessous étaient « des villes, des châteaux, des empires; *mais ces premiers*

« *peuples ne le savaient pas...* Ces gens-là sont appelés An-
« tipodes. » Tous ces passages, renfermés dans un ouvrage de
la fin du XV° siècle, ne pouvaient surprendre que ceux qui
n'avaient pas, nous le répétons, rapproché les dates, et suivi
l'étude des cosmographes depuis l'antiquité jusqu'à l'époque
des grandes découvertes maritimes.

Si Ginguené avait fait attention aux progrès que les
sciences dont il s'agit avaient faits pendant toute la vie de
Pulci, il n'aurait pas tiré une pareille conclusion. Les idées
du système du monde, de la rondeur de la terre et autres
qu'on y remarque, sont antérieures de plusieurs siècles à
Copernic et à Galilée, comme nous l'indiquerons plus loin.

L'existence des Antipodes, ainsi que l'opinion que la terre
était suspendue parmi les astres, comme dit Pulci ou bien
Astaroth, toutes ces idées avaient été soutenues par les anciens
cosmographes, par les mathématiciens de l'antiquité, et par
les auteurs du moyen-âge.

Les savants et même les poètes trouvaient dans les ouvrages des astronomes anciens un grand nombre de systèmes
sur l'arrangement de l'univers, où ils pouvaient choisir.

Nous allons indiquer ici quelques-uns de ces systèmes et
le lecteur verra que Ginguené avait tort de s'étonner du
passage du *Morgante*.

Dans l'opinion des Égyptiens, Mercure et Vénus tournaient
autour du soleil, et mettaient Mars, Jupiter, Saturne et le
soleil lui-même en mouvement autour de la terre. Apollonius de Perge (1), au contraire, établissait que le soleil était

(1) Apollonius de Perge en Pamphylie florissait sous Ptolémée
Philopator. Ce savant est antérieur à Hipparque. Les Arabes profitè-
rent des écrits de ce mathématicien et en firent plusieurs traductions

le centre de tous les mouvements planétaires, et il faisait tourner cet astre autour de la lune.

D'un autre côté, les Pythagoriciens avaient éloigné la terre du centre du monde, et ils y plaçaient le soleil.

Nicétas, Héraclide et d'autres savants de l'antiquité, tout en plaçant la terre au centre du monde, lui avaient donné un mouvement de rotation sur elle-même, pour produire les phénomènes du lever et du coucher des astres, ainsi que l'alternative des jours et des nuits. D'autres, comme Philaüs, ôtaient la terre du centre du monde, lui donnèrent un mouvement de rotation sur elle-même autour de son axe; mais aussi un mouvement de circulation annuelle autour du soleil, en faisant ainsi de la terre une simple planète (1).

Le lecteur verra aussi plus haut (p. 407) que d'autres adoptaient en partie une des bases des Égyptiens, comme on le remarque dans le système de Timée de Locres, de Platon et d'Aristote. Tandis que dans le système du globe de Syracuse, dont Ovide nous a laissé la description (voy. p. 387 et suiv.), la terre était suspendue dans l'air, comme dans la théorie de Pulci.

Quelques-uns de ces systèmes se trouvent figurés dans plusieurs représentations graphiques, mais pendant le moyen-âge, la théorie la plus constamment suivie fut celle qui plaçait la terre immobile au centre du monde, afin de suivre le système cosmographique de la Bible : *Terra autem in œternum stabbit.*

ou même des abrégés. Le géomètre persan Nassir-Eddin en 1230, en enrichit un de notes.

(1) Pour les systèmes de Copernic et de Galilée, et de plusieurs savants de l'antiquité, voyez les articles de M. Biot, sur ces deux astronomes, publiés dans la Biographie universelle.

La plupart des monuments que nous donnons dans notre Atlas représentent cette théorie.

Comme on le voit dans les figures de la cosmographie d'Asaph, au XI° siècle, et dans les trois monuments cosmographiques tirés des manuscrits de Florence et de Paris des XIV° et XV° siècles.

Ainsi, toutes les théories et tous les systèmes que nous venons d'énumérer furent adoptés et suivis bien des siècles avant Copernic et Galilée.

Le premier imagina un système plus simple dans les mouvements des astres, et le second a soutenu dans son système de la construction de l'univers, le contraire de la théorie des Pères de l'Église, en soutenant que la terre n'était pas immobile. — Il a eu en cela pour devanciers les anciens, comme nous l'avons montré plus haut.

Et en tout cas ce qu'on remarque dans le passage du *Morgante* de Pulci ne prouve rien contre Copernic, Galilée et Christophe Colomb.

FIN DES ADDITIONS ET NOTES.

TABLE

MÉTHODIQUE ET RAISONNÉE

PAR ORDRE ALPHABÉTIQUE

DES AUTEURS ET DES MATIÈRES.

A

C

CARTES.

D

E

G

H

K

L

M

O

Q

R

S

T

W

Y

Z

FIN DE LA TABLE ALPHABÉTIQUE.

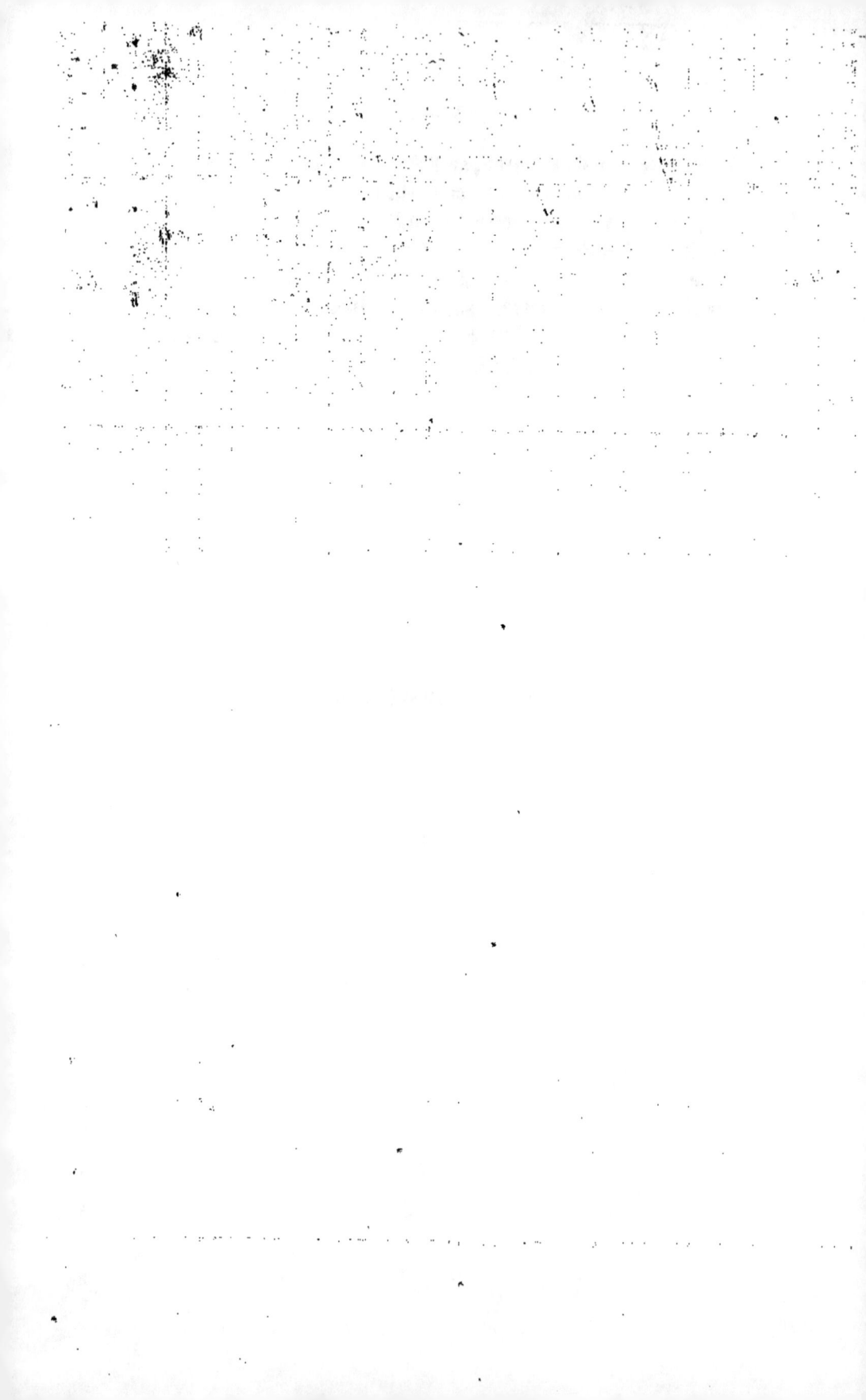

ERRATA.

P. VI, avant-dernière ligne, Terre d'Ailly, *lisez* Pierre d'Ailly.

P. XXIII, 3° alinéa, ligne 5, Maurone, *lisez* Mauro, ne, etc.

P. XXV, ligne 12, *Arabe*, lisez *Arabes*.

P. XXXVI, 2° alinéa, ligne 6, des institutions, *lisez* les institutions.

P. LXXXVI, avant-dernière ligne de la note, géographiques et celtiques, *lisez* et critiques.

P. 9 ligne 4. *Prouvera*, lisez *prouverons*.

P. 15 *Azaph*, lisez *Asaph*.

   Ib. note 1. *Possidonius*, lisez *Posidonius*.

   Ib. note 2. *Azaph*, lisez *Asaph*.

P. 21 note 1, ligne 5, *notiam*, lisez *notitiam*.

P. 54 note 1. Doit être placée après la deuxième.

P. 55 note 1. *Tanais*, lisez *Tanaïs*.

P. 69 note 2. *Epit.*, lisez *Epist.*

   Ib. note 5. *Walckenoer*, lisez *Walckenaer*.

   Ib. ligne 9. *Siène*, lisez *Syène*.

P. 70 note 1 ligne 10. *Littéraire*, lisez *littéraire*.

P. 73 ligne 8. *divisent*, lisez *dérivent*.

P. 74 note 2, ligne 5. *Cotonienne*, lisez *Cottonienne*.

P. 75 Dans le titre du § VIII°. *Blemmide*, lisez *Blemmyde*.

P. 79 on doit lire 78, et 78 on doit lire 79.

P. 94 note 1 ligne 6. *gigast conomicus*, lisez *gigas iconomicus*.

P. 96 ligne 12 où il est dit : « Jean de Beauvau, etc., *encore l'Aryne*, lisez *place encore l'Aryne*.

P. 100 note 3. *Azaph*, lisez *Asaph*.

P. 106 note 3. *Freret*, lisez *Fréret*.

P. 139 *Alfragani*, lisez *Alfregani*.

P. 141 ligne 14. *Alar*, lisez *Aler*.

P. 151 ligne 12. *Filastre*, lisez *Fillastre*.

P. 171 note 1, ligne 1. *Roomer*; lisez *Roemer*.

Ib. *fructen*, lisez *fruhesten*.

P. 173 note 1. *Versuchelner*, lisez *Versuch einer*.

Ib. note 2. Lisez *de la même manière*.

Ib. note 3. *Romer*, lisez *Roemer*.

P. 182 ligne 18. *systemaine*, lisez *systhématique*.

P. 304 ligne 18. *Cap Guadafui*, lisez *Guardafui*.

Après la page 311, lisez 312 au lieu de 812.

Après la page 315 lisez 316 au lieu de 216.

P. 324 ligne 8. *Asronomie*, lisez *Astronomie*.

P. 331 note, ligne 1. *Mefmuni*, lisez *Mofmuni*.

P. 340 ligne 2. *Basckirs*, lisez *Baskhirs*.

P. 359 ligne 3. *de la traduire*, lisez *de le traduire*.

P. 368 note 1. *Rémunsat*, lisez *Rémusat*.

P. 370 ligne 11. *dans le sens de latitude*, lisez *dans le sens de la latitude*.

P. 393 lisez 399.

Ib. ligne 18. *VXI siècle*, lisez *XIVe siècle*.

FIN DU TOME PREMIER.

2592   IMPRIMERIE MAULDE ET RENOU,
               Rue Bailleul, 9 et 11.

www.ingramcontent.com/pod-product-compliance
Lightning Source LLC
Chambersburg PA
CBHW031719210326
41599CB00018B/2446